UYGARLIĞI YENİDEN
NASIL KURARIZ?

KOÇ ÜNİVERSİTESİ YAYINLARI: 91   BİLİM | TEKNOLOJİ

Uygarlığı Yeniden Nasıl Kurarız?
Lewis Dartnell
İngilizceden çeviren: Özgür Bircan

Yayına hazırlayan: Hülya Hatipoğlu
Düzelti: Gaye Dinçel
Mizanpaj uygulama: Gelengül Erkara
Kapak tasarımı: Gabrielle Wilson

Aftermath: How to Rebuild Civilization in the Aftermath of a Cataclysm
© Lewis Dartnell, 2014
© Türkçe yayın hakları: Koç Üniversitesi Yayınları, 2015
1. Baskı: İstanbul, Haziran 2016

Baskı: 12.matbaa   Sertifika no: 33094
Nato Caddesi 14/1 Seyrantepe Kâğıthane/İstanbul +90 212 284 0226

Koç Üniversitesi Yayınları   Sertifika no: 18318
İstiklal Caddesi No:181 Merkez Han Beyoğlu/İstanbul +90 212 393 6000
kup@ku.edu.tr • www.kocuniversitypress.com • www.kocuniversitesiyayinlari.com

Koç University Suna Kıraç Library Cataloging-in-Publication Data
Dartnell, Lewis
  Uygarlığı yeniden nasıl kurarız? / Lewis Dartnell ; İngilizceden çeviren Özgür Bircan ; yayına hazırlayan Hülya Hatipoğlu.-- İstanbul : Koç Üniversitesi, 2016.
  274 pages ; 16,5x24 cm.-- Koç Üniversitesi Yayınları ; 91.
  Includes bibliographical references and index.
  ISBN 978-605-9389-01-3
  1. Technology--Popular works. 2. Discoveries in science--Popular works. 3. Survival--Popular works. 4. Knowledge, Theory of--Popular works. I. Bircan, Özgür. II. Hatipoğlu, Hülya. III. Title.
  T47.D3720 2016

Uygarlığı Yeniden
Nasıl Kurarız?

LEWIS DARTNELL

İngilizceden Çeviren: Özgür Bircan

KÜY

İçindekiler

Bu parçalarla yıkıntılarımı
payandaladım[*]

Çorak Ülke, T.S. Eliot

[*]   T.S. Eliot, *Çorak Ülke, Dört Kuartet ve Başka Şiirler*, çev. Suphi Aytimur, İstanbul: Adam
      Yayınları, 2000.

Resim Listesi

Teşekkür

Her ne kadar kapakta benim ismim görünüyorsa da bu kitabın, yol boyunca bana yardım eden sayısız insanın sıkı çalışması ve uzmanlığı olmadan var olamayacağını söylemeye bile gerek yok. En başından, muhteşem yazar temsilcim Will Francis'ten başlayalım. 2008'de *Life in Universe*'ü okuduktan sonra bana dönüş yaptığın ve o günden beri yaptığın yönlendirmelerin ve cesaretlendirmelerin ve, hadi dürüst olalım, kafamın arkasında bir yerlerde bu konsept üzerine düşünmekten ötesine geçip gerçekten araştırma ve yazma konusunda içten teşviklerin için teşekkürler Will... Londra'daki Janklow & Nesbit ajansından Kirsty Gordon, Rebecca Folland ve Jessie Botterill'e ve New York'tan PJ Mark ve Michael Steger'a da tüm yardımları için teşekkürler.

The Bodley Head yayınevinden Stuart Williams'a ve Penguen ABD'den Colin Dickerman'a, bu fikirle ilgili olarak gösterdikleri heyecan ve bu büyük projeyi kıvırabileceğime dair inançları için teşekkürler. Colin'e ve özellikle Jörg Hensgen'e (The Bodley Head) yazılarımı büyük bir yetenek ve izanla düzelttikleri için minnettarım; kitabın bu son hali bu kadar iyiyse, benim kabaca yontulmuş bir taş bloğu olarak teslim ettiğim ilk taslaktan gösterişli bir heykel çıkaran kusursuz işçiliğiniz sayesindedir. Ayrıca tüm yardımları için Akif Saifi ve Mally Anderson'a ve işi sorunsuz bir şekilde Colin Dickerman'dan teslim alan Scott Moyers'a (Penguin) da teşekkürler. Ve özellikle bu sayfaları süslemesi ve sözcüklere hayat vermesi için bu kadar müstesna görseller bulmaktaki çabaları için Katherine Ailes'e (The Bodley Head) de kadirbilir selamlarımı yollarım. Yine Maria Garbutt-Lucero ve Will Smith'e (The Bodley Head) ve Samantha Choy Park, Sarah Hutson ve Tracy Locke'a (Penguin), kitabın tanıtımı ve pazarlaması konusundaki yardımları için teşekkürler.

Kitabın konusu oldukça eklektik ve beni kendi akademik uzmanlık alanımın sınırlarının çok ötesine götürdü. Kitap için yaptığım araştırmalar birçok insanla tanışmama neden oldu ve bir yabancıya yardım etmek için harcadıkları zaman ve çabanın boyutları her daim içimi ısıttı. Yaptıkları katkılara paha biçilemez ve bunların arasında şöyle şeyler var: Damdan düşer gibi gelen bir e-postaya çok faydalı bilgiler ve başka nelere bakılabileceğiyle ilgili tüyolar içeren cevaplar vermek, benim küçük bir çocuk gibi sorduğum, nedenler, niçinler ve nasıllardan oluşan sorularıma maruz kalmayı kabul etmek, görsellerle ilgili yardım etmek ve basit hataları tespit etmek üzere taslak bölümleri okumak ve saatlerce benimle oturarak ve yavaş yavaş (ve tekrar tekrar) kendi uzmanlık alanlarının ayrıntılarını ve tarihini anlatmak. Dolayısıyla şu isimlere de derin ve kalpten bir teşekkür gidiyor:

Paul Abel, Jon Agar, Richard Alston, Stephen Baxter, Alice Bell, John Bingham, John Blair, Keith Branigan, Alan Brown, Mike Bullivant, Donal Casey, Andrew Chapple, Jonathan Cowie, Thomas Crump, Sam Davey, John Davis, Oliver De Peyer, Klaus Dodds, Julian Evans, Ben Fields, Steve Finch, Craig Gershater, Vince Gingery, Vinay Gupta, Rick Hamilton, Vincent Hamlyn, Colin Harding, Andy Hart, Rebekah Higgitt, Tim Hunkin, Alex Karalis Isaac, Richard Jones, Jason Kim, James Kneale, Roger Kneebone, Monika Koperska, Nancy Korman, Paul Lambert, Simon Lang, Marco Langbroek, Pete Lawrence, Andrew Mason, Gordon Masterton, Rich Maynard, Steve Miller, Mark Miodownik, John Mitchell, Ginny Moore, Terry Moore, Francisco Morcillo, James Mursell, Jheni Osman, Sam Pinney, David Pryor, Antony Quarrell, Noah Raford, Peter Ransom, Carole Reeves, Alby Reid, Alexander Rose, Steven Rose, Andrew Russell, Tim Sammons, Andrea Sella, Anita Seyani, James Sherwin-Smith, Tony Sizer, William Slaton, Simon Smallwood, Frank Swain, Stefan Szczelkun, Ian Thornton, Thomas Thwaites, Phiroze Vasunia, Alex Wakeford, Mike Ware, Simon Watson, Andrew Wear, Kathy Whalen Moss, Sophie Willett, Emma Williams, Andrew Wilson, Peter Wilson, Lofty Wiseman ve Marek Ziebart.

Medeniyet bir gün gerçekten nalları dikerse, herhangi birinizin kıyamet sonrası ekibimde yer almasını çok isterim!

Çalışırken dinlediğim güzel müzikleri için Max Richter, Arvö Part, Godspeed You Black Emperor, M83, Tom Waits ve Kate Rusby ile *Floodplain* albümündeki şarkıları muhtemelen en iyi kıyamet sonrası folk müzik albümü olan Jon Boden'e; saatler boyu yazarken damardan moka almama ve dudak çiğnememe katlandıkları için Nor ve Fat Cat Café'ye de teşekkürler. Domuz göbeği sandviçleriniz medeni toplumun ulaştığı son nokta.

Kıyamet sonrası meselelerle ilgili, akşam yemeklerinde ya da bar sohbetlerinde yaptığım sayısız gevezeliğe yüzlerinde bir gülümsemeyle katlandıkları ya da araştırma için giriştiğim maceralara müsamaha gösterdikleri için aileme ve arkadaşlarıma da teşekkürler. Son ve en önemli teşekkürse, tabii ki, muhteşem eşime gidiyor. Vicky, bilgisayarının başından kafasını kaldırmayan huysuz bir kocaya haftalarca sessizce katlanarak ve evde tek başına, kasvetli kıyamet sonrası filmleri ve romanlarından yaptığım "arka plan çalışmanları"nı takiben hemen keyfimi yerine getirerek bu uzun süreç boyunca beni bir peygamber sabrıyla destekledi.

Giriş

B ildiğimiz dünyanın sonu gelmişti.

Son derece öldürücü bir kuş gribi türü, sonunda kuşlardan insanlara geçmeyi başarmış veya belki teröristler tarafından kasıtlı olarak yayılmıştı. Günümüzün yüksek yoğunluklu şehirleri ve kıtalar arası hava ulaşımı sayesinde korkunç bir hızla yayılan salgın, bir aşı geliştirilemeden, hatta karantina bölgeleri bile oluşturulamadan dünya nüfusunun büyük kısmını yok etmişti.

Ya da belki Hindistan ve Pakistan arasındaki gerilim kopma noktasına gelmiş ve aralarındaki sınır anlaşmazlığı çığrından çıkarak nükleer silahların kullanılmasına kadar varmıştı. Savaş başlıklarının yaydığı kendine has elektromanyetik titreşimler, Çin'in savunma sistemleri tarafından tespit edilmiş ve ülkenin ABD'ye karşı önleyici füzeler göndermesine yol açmıştı. Amerika'yla müttefikleri Avrupa ve İsrail hızla misilleme yapmışlardı. Dünyanın her yanında büyük şehirler radyoaktif bulutların gölgesiyle kararmıştı. Atmosfere inanılmaz miktarda toz ve kül karışmış ve dünyaya ulaşan güneş ışığını azaltarak onlarca yıl sürecek bir nükleer kışa neden olmuştu. Tarım bitmiş ve küresel bir kıtlık başlamıştı.

Ya da belki insanların ellerinin kollarının bağlandığı bir şey yaşanmıştı. Mesela hepi topu bin metre boyundaki bir meteor dünyaya çarpmış ve atmosferin bileşimini ölümcül derecede değiştirmişti. Meteorun çarptığı noktanın yüz kilometre civarında yaşayan insanlar, bir sıcaklık ve basınç dalgasıyla yok olmuştu ve kalanların da fazla zamanı yoktu. Meteor nereye düşmüş olursa olsun, kaldırdığı toz ve bir ısı dalgasının yol açtığı yangınların yarattığı duman rüzgârla yayılmış, gezegeni kaplamıştı. Nükleer kışta olduğu gibi, küresel sıcaklıklar hızla düşmüş ve tüm dünyada tarımdan alınan verimi düşürerek küresel bir kıtlığa yol açmıştı.

Kıyamet sonrası bir dünyayı anlatan sayısız roman ve filmde gördüklerimiz de bu tür şeylerdir. Bundan hemen sonrası –*Mad Max*'te ya da Cormac McCarthy'nin romanı *Yol*'da olduğu gibi– çorak ve şiddetle dolu bir dünya olarak resmedilir. Yağmacı çeteler kalan yiyeceğe el koyar ve birlikte hareket etmeyenleri ya da silahlanmayanları acımasızca avlar. En azından çöküşün ilk şokunu takip eden dönemde bu tür senaryoların yaşanması pekâlâ mümkün olsa gerek. Öte yandan ben daha iyimserim: Nihayetinde ahlak ile akıl üstün gelecek ve insanlık tekrar ayaklarının üzerine basmaya başlayacaktır.

Bildiğimiz dünyanın sonu geldi. Can alıcı soru: Peki şimdi ne olacak?

Hayatta kalanlar kaderlerini kabullendiklerinde –önceki yaşamlarını mümkün kılan altyapının tamamen çöktüğünü fark ettiklerinde– uzun vadede küllerinden yeniden doğmak ve gelişmeyi sağlamak için ne yapabilecekler? Olabildiği kadar hızla toparlanabilmeleri için hangi hayati bilgilere ihtiyaçları olacak?

Bu kitap bir hayatta kalma kılavuzu. Kıyamet sonrasında hayatta kalmak için sahip olmanız gereken becerileri anlatanlardan değil –onlardan zaten bir sürü var– teknolojik gelişmişliğe sahip bir medeniyeti tekrar nasıl inşa edebileceğimizi gösteren bir kitap. Elinizde çalışan bir örneği yoksa, mesela içten patlamalı bir motoru, bir saati ya da mikroskobu nasıl yaparsınız? Hatta daha geriye gidelim, nasıl tarım yapar ve kıyafet üretirsiniz? Bilginin dallara ayrılıp, her bir bilgi türünün belirli insanların uzmanlığı haline geldiği çağımızda, yukarıda anlattığım kıyamet senaryoları bir düşünce deneyinin başlangıcı, bilimin ve teknolojinin temel noktalarını incelemek için bir araçtır.

Gelişmiş ülkelerde yaşayan insanlar, yaşamlarını mümkün kılan medeniyetin temel süreçlerinden kopmuş durumda. Yediklerimizin, evlerimizin, kıyafetlerimizin, ilaçlarımızın, kullandığımız malzemelerin nasıl üretildiğiyle ilgili en basit bilgiler konusunda bile cahiliz. Temel becerilerimizi o denli kaybettik ki, bir gün raflardaki yiyecekler ya da askılardaki kıyafetler büyülü bir şekilde ortadan kalksa, günümüz medeniyetinin yaşam destek ünitesi çökse, büyük bir bölümümüz hayatlarımızı devam ettiremeyiz. Kuşkusuz, toprakla ve üretim biçimleriyle çok daha derin bir bağla, bu becerilere herkesin sahip olduğu bir devir vardı ve kıyamet sonrası bir dünyada hayatta kalabilmek için saati geri almamız ve bu temel becerileri tekrar öğrenmemiz gerekiyor.*

Dahası bugün hayatlarımızın ayrılmaz birer parçası olan aletlerin teknolojisi, sayısız başka teknolojilerin varlığını gerektiriyor. Bir iPhone yapabilmek için onun tasarımını ve her bir parçası için hangi malzemeye ihtiyacınız olduğunu bilmekten çok daha fazlasına ihtiyaç var. Söz konusu alet, dünya kadar altyapı teknolojisinden oluşan –dokunmatik ekranın üretiminde kullanılan nadir indiyum elementinin çıkarılması ve rafine edilmesi, işlemcisinde kullanılan çiplerdeki mikroskobik devrelerin yüksek hassasiyet isteyen fotolitografik üretimi ve mikrofonunda kullanılan inanılmaz ufak bileşenler, ayrıca telekomünikasyonu ve bir cep telefonunun çalışmasını mümkün kılan baz istasyonları ile diğer gerekli altyapı– piramidin en

---

* Küçük çaplı benzer senaryolar yakın tarihimizde gerçekleşti: 1991'de Sovyetler Birliği'nin çöküşüyle küçük Moldova Cumhuriyeti'nin ekonomisi de çöktü ve halkı kendi kendine yetmeyi öğrenmek zorunda kalarak, artık sadece müzelerde gördüğümüz çıkrık, dokuma tezgâhı ve yayık gibi aletleri yeniden kullanmaya başladı.

tepesine bir kapak taşı gibi oturuyor. Yıkımdan sonra doğan ilk neslin, günümüz telefonlarının iç mekanizmalarını, mikroçiplerinin devrelerinin üzerindeki gözle görülemeyecek kadar küçük yolları ve bunların işlevlerini son derece gizemli bulacağına şüphe yok. Bilimkurgu yazarı Arthur C. Clarke 1961'de, yeterince gelişmiş her teknolojinin büyüden ayırt edilemeyeceğini söylemişti. Kıyamet sonrasında bu mucizevi teknolojilerin uzaylı bir ırka değil, kendi atalarımıza ait olduğuna inanmak güç olacak.

Medeniyetimizin öyle yüksek teknoloji gerektirmeyen gündelik aletleri bile, yeraltından çıkarılarak, bitkilerden elde edilip işlenerek ya da başka şekillerde toplanarak bir üretim tesisinde birleştirilmesi gereken çok farklı hammaddelere ihtiyaç duyuyor. Bütün bunları yapabilmek için bir de elektrik santralleri ile uzak mesafelere nakletmeye ihtiyacınız var. Bu nokta, Leonard E. Read'in en temel araçlarımızdan birinin gözünden bakarak yazdığı 1958 tarihli makalesi "I, Pencil"da ["Ben, Kalem"] oldukça ikna edici bir şekilde ortaya konuyor. Makalenin vardığı şaşırtıcı sonuç şu: Hammaddeler ve üretim yöntemleri o kadar dağınık ki, dünya üzerinde bu basit aleti bile yapacak olanaklara ve beceriye sahip tek bir insan yok.

Bireysel yeteneklerimiz ile gündelik yaşamımızdaki en basit cihazların üretimi arasındaki uçurum, 2008 yılında, o dönem Royal Collage of Art'ta yüksek lisansını yapan Thomas Thwaites, sıfırdan bir ekmek kızartma makinesi yapmaya giriştiğinde gayet açık bir şekilde ortaya serildi. Thwaites ucuz bir ekmek kızartma makinesini alıp parçalarına ayırdı (demir çerçeve, mika-mineral yalıtım levhaları, nikel ısıtma telleri, bakır teller ve fiş ile plastik kasa) ve sonra tüm hammaddeleri ocaklardan ve madenlerden kendisi kazıp çıkardı. Ayrıca basit, tarihsel metalürji teknikleri öğrendi. 16. yüzyıldan kalma bir metne bakarak ve metal bir çöp kutusu, mangal kömürü ve körük yerine bahçelerdeki yapraklardan kurtulmak için kullanılan şu üfleyicilerden kullanarak ilkel bir demir eritme ocağı yaptı. Sonuç son derece ilkel, grotesk bir güzelliği olan bir alet ve bu kitapta ele aldığımız sorunu gayet başarılı bir şekilde ortaya koyuyor.

Tabii ki, en uç mahşer günü senaryolarında bile hayatta kalan gruplar, derhal kendi kendilerine yetmek zorunda kalmayacak. Nüfusun büyük bir bölümü ölümcül bir virüsün kurbanı olduğunda geriye büyük miktarlarda kaynak kalır. Süpermarketler yiyeceklerle dolup taşar ve terk edilmiş alışveriş merkezlerinden tasarımcıların elinden çıkma kıyafetler edinebilir ya da galerilerden her zaman hayalini kurduğunuz spor arabalardan birini altınıza çekebilirsiniz. Kendinize bir de villa buldunuz mu, edineceğiniz bir dizel jeneratörle aydınlanma ve ısınma sorununuzu çözebilir, ev aletlerini çalıştırabilirsiniz. Her benzin istasyonunun altında bulunan benzin gölleri, yeni evinizi ve arabanızı kayda değer bir süre boyunca kullanmaya devam etmeniz için yeter. Hatta aslına bakarsanız hayatta kalan küçük gruplar, kıyamet sonrasında bir süre oldukça konforlu bir hayat bile sürebilir. Medeniyet bir süre dengede kalmaya devam edebilir. Hayatta kalanlar kendilerini, ellerini uzatıp alabilecekleri sınırsız nimetlerle dolu bir Cennet Bahçesi'nde bulabilir.

Ancak o bahçe çürüyor.

Yiyecekler, kıyafetler, ilaçlar, makineler ve diğer teknolojiler zamanla bozulur, çözülür, dağılır ve çürür. Hayatta kalanların sahip olduğu bolluk sadece bir süre için geçerlidir. Medeniyetin çöküşü ve temel süreçlerin –hammaddelerin toplanması, işlenmesi ve ürüne dönüştürülmesi, nakliye ve dağıtımının– aniden durmasıyla bir kum saati düzenli bir şekilde akmaya başlar. Elimizde kalanlar, tarımsal ve endüstriyel üretimin yeniden başlamak zorunda olduğu ana kadarki geçişi kolaylaştırmaktan başka bir işe yaramaz.

Yeniden Başlama Kılavuzu

Hayatta kalanların karşılaşacağı en temel sorun bilginin kolektif, insanlığın geneline dağılmış bir şey olması. Bir toplumun varlığını sürdürebilmesi için gerekli olan hayati süreçleri, tek başına yeterli olacak ölçüde kimse bilmiyor. Bir dökümhanede çalışan mahir bir tekniker hayatta kalmış olsa bile, dökümhanenin çalışmaya devam etmesi için gerekli, orada çalışan diğer işçilerin sahip olduğu bilgileri değil, sadece yaptığı işin ayrıntılarını bilecektir; dahası demirin nasıl çıkarılacağına ya da işyerinin çalışması için gerekli elektriği nasıl sağlayacağına dair bir fikri olmayacaktır. Her gün kullandığımız, en çok gördüğümüz teknolojiler devasa bir buzdağının sadece görünen ucudur; sadece üretimi mümkün kılan devasa altyapıdan dolayı değil, aynı zamanda bunların her biri uzun bir tarih boyunca biriken gelişmelerin bir sonucu olduğu için. Bu buzdağı hem zaman hem de mekân boyunca uzanır.

Öyleyse hayatta kalanlar nereye bakacak? Artık terk edilmiş olan kütüphanelerde, kitapçılarda ve evlerdeki raflarda toz toplamakta olan kitaplarda büyük miktarda bilginin kalacağına şüphe yok. Sorun şu ki bu bilgi, ayaklarının üzerinde doğrulmaya çalışan bir topluma ya da bir uzmanlığı olmayan herhangi bir bireye yardım edecek şekilde verilmiyor. Diyelim raftan bir tıp ders kitabı aldınız ve özel terimlerle, ilaç isimleriyle dolu sayfalar arasında gezinmeye başladınız, ne anlayacaksınız? Tıp fakültesi ders kitapları büyük miktarda bir önbilgiye sahip olduğunuz kabulüyle yazılır ve hocaların verdiği bilgiler ile gösterdiği şeylerin yanı sıra okunacakları düşünülür. İlk kurtulanlar arasında doktorlar olsa bile, test sonuçlarının ya da kullanmak üzere eğitildikleri ve halihazırda eczanelerin rafları ile hastanelerin çalışmayan buzdolaplarında çürümekte olan modern ilaçların yokluğunda pek başarılı olamayacaklardır.

Bir kısmı, boşaltılmış şehirlerdeki kontrolsüz yangınlarda olmak üzere, bu akademik bilgilerin büyük kısmı yok olacaktır. Daha kötüsü benim ve diğer bilim insanlarının araştırmalarında kullandığı bilgiler dahil olmak üzere, günümüzde üretilen bilginin önemli bir kısmı hiç de kalıcı olmayan bir ortama kaydediliyor. İnsan aklının en son ürünleri ağırlıklı olarak kısa ömürlü veri kırıntıları halinde mevcut; ihtisas dergilerinin web sitelerinin sunucularında akademik "makaleler" olarak saklanıyor.

Genel okur kitlesine yönelik kitapların da pek bir faydası olmayacaktır. Sadece sıradan bir kitapçıdaki kitap stoku seçkisine erişimi olan bir hayatta kalanlar grubu düşünün. İş yönetimi, zayıflamak ya da karşı cinsin vücut dilini okumakla ilgili kitapların sayfalarında bulabileceğiniz bilgilerle nasıl bir medeniyet inşa edebilirsiniz ki? En absürd kâbus, sayfaları sararmış, dökülmekte olan birkaç kitabı keşfeden ve vebayı tedavi etmek için homeopati, hasat gününe karar vermek için astroloji kullanan bir kıyamet sonrası toplumu olurdu. Bilim bölümündeki kitapların da fazla bir yararı olmazdı. Her gün bir yenisi çıkan sürükleyici popüler bilim kitapları okuru kolayca içine alıyor, gündelik yaşamdan başarılı gözlemler yapıyor ve okuruna son araştırmaları başarılı bir şekilde aktarıyor olabilir ama çok fazla işe yarar bilgi barındırdıkları söylenemez. Kısacası, ortak aklımızın büyük kısmı bir afetten sağ çıkanlar için –en azından kullanılabilir bir formda– erişilebilir olmayacak. Peki bu insanlara en iyi şekilde nasıl yardım edebiliriz? Bir rehber kitapta olması gereken bilgiler nelerdir ve bunlar nasıl ortaya konmalı?

Bu soruyla boğuşan ilk insan ben değilim. James Lovelock, bu sorunun derinliklerine diğer meslektaşlarından çok daha önce inen bir bilim insanı. Kendisi en çok, –taş bir kabuk, okyanuslar ve dönüp durmakta olan bir atmosfer ile yüzeyde vücut bulmuş ince bir yaşam tabakasından oluşan– gezegenimizin, milyarlarca yıldır dengesizlikleri düzelten ve doğal ortamını kendi kendine düzenleyen tek bir varlık olarak görülebileceğini öne süren *Gaia* hipoteziyle ünlü. Lovelock, bu sistemin bir unsuru olan *homo sapiens*'in, yıkıcı etkisiyle bu doğal kontrol ve denge mekanizmasını bozabilecek kapasiteye artık sahip olmasından ciddi olarak kaygı duyuyor.

Lovelock, mirasımızı nasıl koruyabileceğimizi anlatmak için biyolojik bir benzetmeye başvuruyor: "Kurumayla mücadele etmek zorunda kalan organizmalar, tekrar canlanabilmeleri için gerekli bilgi, kuraklığı atlatabilsin diye, genlerini genellikle sporların içine saklar." Lovelock bunun insana karşılık gelen eşitinin, "açık bir dille yazılmış, ne anlattığı kolayca anlaşılan bir bilim elkitabı; dünyanın hali ve onun üzerinde nasıl hayatta kalıp iyi bir yaşam süreceğiyle ilgilenen herkese yönelik bir elkitabı", her derde deva bir kitap olduğunu düşünüyor. Önerdiği şeyse öyle kolay kolay altından kalkılabilecek bir şey değil: İnsanlığın tüm bilgisini devasa bir kitapta toplamak; en azından teoride, başından sonuna kadar okuyacağınız, sonra hayatınıza bugün bilinen her şeyi bilerek devam edeceğiniz bir metin.

Aslına bakarsanız "ilgili olan her şeyi içeren bir kitap" fikri yeni değil. Geçmişte, ansiklopedileri derleyenler, büyük medeniyetlerin kırılganlığını ve toplum çöktüğünde uçup gidecek olan, halkın hafızasındaki bilimsel bilginin ve pratik becerilerin ne denli değerli olduğunu bizim bugün yaptığımızdan çok daha iyi kavrıyordu. Denis Diderot, ilk cildi 1751'de yayımlanan *Ansiklopedi*'sini, arkalarında bilgi kırıntılarından başka bir şey bırakmadan yok olup giden Mısır, Yunan ve Roma'nın antik kültürlerinde olduğu gibi, bizim uygarlığımızı söndüren bir felaket olması durumunda insan bilgisini gelecek nesiller için koruyan güvenli bir bilgi havuzu olarak görüyordu. Böylece ansiklopedi, bilgiyi toplayan, bir mantık çerçevesinde düzenleyen, çapraz referanslar veren ve büyük çaplı bir felaket durumunda onu zamanın aşındırmasından koruyan bir zaman kapsülü haline geldi.

Aydınlanma çağından beri dünyaya dair bilgilerimiz katlanarak arttı ve bugün insan bilgi birikiminin eksiksiz bir özetini yapmak binlerce kat daha zor. Böyle "ilgili olan her şeyi içeren bir kitap"ın ortaya çıkarılması, on binlerce insanın yıllarca gece gündüz çalışmasını gerektiren bir modern dönem piramit inşa projesine benzer. O dönemde bu zahmete firavunların öte dünyaya güvenli bir şekilde geçmesi için giriliyordu, bizim örneğimizde de medeniyetimizin ölümsüzleştirilmesi için girilecek.

Bu kadar zor bir görev istek olmadan başarılamaz. Anne babamın nesli Ay'a insan göndermek için çok çalıştı; en şaşaalı zamanında Apollo programında 400 bin kişi çalışmış ve program Amerika'nın toplam bütçesinin %4'ünü tüketmişti. Gerçekten de, insan bilgisinin mükemmel bir özetinin, Wikipedia'nın arkasındaki adanmış gönüllülerin inanılmaz çabasıyla çoktan yaratıldığını düşünmek mümkün. Bir internet sosyolojisi ve ekonomisi uzmanı olan Clay Shirky, bugün itibariyle Wikipedia'nın yaratılması için 100 milyon saatlik bir emek harcandığını hesapladı. Ama Wikipedia'nın tamamını basabilseniz, sayfalardaki linklerin yerine gönderme sayfalarının numaralarını koysanız bile, yine de elinizde sıfırdan bir medeniyet yaratmayı mümkün kılacak bir elkitabından dağlar kadar farklı bir şey olurdu. Wikipedia'nın hiçbir zaman böyle bir amacı olmadı ve temel bilim ve teknolojiden daha gelişmiş uygulamalara geçişi sağlayacak pratik ayrıntılardan ve düzenlemeden yoksun. Dahası basılı bir versiyonu inanılmaz büyük olurdu ve zaten kıyamet sonrasında sağ kalanların bir kopyasına ulaşabileceğinden nasıl emin olabilirsiniz ki? Aslına bakarsanız ben insanlığın yeniden ayağa kalkmasına, biraz daha zarif bir yaklaşımla çok daha fazla yardımcı olabileceğimize inanıyorum.

Çözüm, fizikçi Richard Feynman'ın yaptığı bir yorumda bulunabilir. Feynman, tüm bilimsel bilginin yok olması ve bu durumda ne yapılabileceğine dair varsayımda bulunurken, felaketten kurtulan herhangi bir zeki canlıya güvenli bir şekilde aktarmak üzere kendisine tek bir cümle seçme izni veriyor. Peki en az kelimeyle en çok bilgiyi hangi cümle içerir? "Bence," diyor Feynman, "bu atom tezidir; yani her şeyin atomlardan oluştuğu, bu küçük parçacıkların sürekli hareket halinde olduğu, aralarında az bir mesafe olduğunda birbirlerini çektikleri ama sıkıştırıldıklarında birbirlerini ittikleri."

Bu basit cümlenin kastettiği şeyleri ve sınanmaya açık varsayımlarını düşündüğünüzde dünyanın yapısına dair ne kadar çok şey anlattığını görüyorsunuz. Mesela parçacıkların birbirlerini çekmesi suyun yüzey gerilimini açıklıyor ve birbirlerine yakın atomların birbirlerini karşılıklı olarak itmeleri, neden üzerinde oturduğum kafe sandalyesinden düşmediğimi açıklıyor. Atomların çeşitliliği ve onların kombinasyonlarıyla oluşan bileşimler kimyanın temel prensibini oluşturuyor. Bu tek, son derece dikkatli bir şekilde kurulmuş cümle, içinde çok yoğun bir bilgi barındırıyor ve cümle siz üzerine düşündükçe daha çok şey söylüyor.

Peki ya bu şekilde birkaç kelimeyle sınırlı değilseniz? Kelimelerimizi kısıtlamamak gibi bir lükse sahip olduğumuzda, medeniyetin baştan kurulmasını hızlandıracak yoğunlaştırılmış, anahtar bilgileri sağlamak şartıyla, bildiklerimizin eksiksiz bir ansiklopedisini yazmaya çalışmak yerine, teknoloji toplumunu hızla yeniden başlatmaya yardım edecek tek bir kitap yazmak mantıklı mı?

Bence Feynman'ın tek cümlesi etkili bir şekilde geliştirilebilir. Onu işlevli kılacak araçlara sahip olmadığınız sürece, "saf" bilgiye sahip olmanın bir anlamı yok. Yeniden doğmakta olan bir toplumun kendisini toparlamasına yardım etmek için ayrıca bu bilgiden nasıl istifade edebileceklerini belirtmeniz, pratik uygulamalarını göstermeniz gerekiyor. Yakın zamanda gerçekleşmiş bir kıyametten sağ çıkanlar için bu uygulamalar çok önemlidir. Metalürjinin temel teorilerini anlamak bir şey, örneğin ölü şehirlerden metal toplayıp işleyebilmek için bu prensipleri kullanmak başka bir şeydir. Bilginin ve bilimsel kaidelerin kullanılması teknolojinin temelini oluşturur ve bu kitapta göreceğimiz üzere, bilimsel araştırma ve teknolojik gelişme ayrılmaz bir şekilde iç içe geçmiş haldedir.

Feynman'dan aldığım feyizle, medeniyetin yıkılmasından sağ çıkanlara yardım etmenin en iyi yolunun, tüm bilgi birikiminin kapsamlı bir kaydını oluşturmak değil, en temel bilgilere dair bir rehber hazırlamak olduğunu savunuyorum. İçinde yaşamaları olası şartlara göre tasarlanmış, aynı zamanda kendileri için kritik olan bilgileri yeniden keşfetmek için gerekli tekniklerin –güçlü bilgi üretme mekanizmasının, yani bilimsel yöntemin— yer aldığı bir rehber. Medeniyetimizi korumanın anahtarı, devasa bilgi ağacını belgelemeye çalışmak yerine, onu hızla yeniden doğuracak yoğunlaştırılmış bir tohum yaratmaktan geçiyor. Peki, T.S. Eliot'tan alıntı yapacak olursak, hangi parçalar yıkıntılarımızı en iyi şekilde payandalar?

Bu tür bir kitabın değeri olasılıkla paha biçilemez olur. Tarihimizi bir düşünün, klasik dönem medeniyetleri biriktirdikleri bilginin yoğunlaştırılmış tohumlarını bıraksalardı ne olurdu? 15. ve 16. yüzyıllarda Rönesans'ın en önemli katalizörlerinden biri, eski çağların Batı Avrupa'ya sızan bilgi damlalarıydı. Roma İmparatorluğu'nun çöküşüyle kaybolan bu bilginin büyük bir kısmı, eski metinleri tercüme eden ve kopyalayan Araplar tarafından korunmuş ve yayılmış, diğer bazı el yazmaları da Avrupalı âlimler tarafından keşfedilmişti. Peki ya felsefe, geometri ve gündelik yaşama dair bu risaleler zaman kapsülleri şeklinde düzenlenip her yana yayılsaydı? Benzer şekilde, ulaşılabilir doğru kitapla, bir kıyamet sonrası karanlık çağların önüne geçilebilir miydi?*

Hızlandırılmış Gelişme

Bir yeniden başlama durumunda, bizi günümüzdeki bilimsel ve teknolojik gelişmeye götüren yolu baştan katetmek için bir neden yok. Tarih boyunca katettiğimiz yol uzun ve dolambaçlıydı; uzun dönemler boyunca tökezledik, boş işler peşinde koştuk ve önemli gelişmeleri kaçırdık. Ama bugün geçmişi bildiğimizi göre, deneyimli bir gemici gibi kestirmeleri kullanıp doğrudan elzem gelişmelere atlayabilir miyiz? İlerlemeyi olabildiğince hızlandırmak için birbirine derinlemesine bağlı bilimsel kaideler ve hayatımızı kolaylaştıran teknolojiler arasından en doğru rotayı nasıl çizeceğiz?

Kilit öneme sahip büyük buluşlar genellikle tesadüfidir; tarihimiz içinde şans eseri keşfedildiler. Alexander Fleming'in 1928'de *Penicillium* küfünün antibiyotik özelliklerini keşfetmesi şans eseri olan bir olaydı. Ve yine elektrik ile manyetizma arasındaki yakın ilişkiye işaret eden gözlem —içinden akım geçen bir kablonun yanına bırakılan bir pusula iğnesinin titremesi— rastlantısaldı; X-ray ışınlarının keşfi de. Kilit öneme sahip bu keşifler çok daha önce yapılabilirdi, hatta bazıları çok çok daha önce. Yeni bir doğa olgusu keşfedildiğinde, gelişme seyri onun nasıl

---

* Medeniyetimizin çöküşünden sonra geriye kalacak malzemeyi dikkate almazsanız, hayatta kalanların tekrar ayakları üzerinde doğrulmasına yardım etmeye yönelik bu düşünce deneyi, bir zaman sıçramasıyla kazara zamanda on binyıl geriye Palaeolitik döneme düştükten ya da bir uzay gemisi Dünya benzeri yaşama uygun ama yerleşim olmayan bir gezegene zorunlu iniş yaptıktan sonra teknolojik bir uygarlık geliştirmek için ihtiyaç duyacağınız bir kılavuz da sağlar. Yaptığımız şeyi *Robinson Crusoe* ya da ünlü *İsviçreli Robinson Ailesi* filmindeki gibi düşünebilirsiniz, sadece sahnemiz ıssız bir ada yerine bomboş bir dünya.

meydana geldiğini anlayacak ve etkilerini ölçecek sistematik ve metodik araştırmalar tarafından yönlendirilir, ama yeniden ayağa kalkmaya çalışan bir medeniyete nereye bakması ve hangi araştırmalara öncelik vermesi gerektiğine dair verilmiş birkaç seçilmiş ipucuyla, o ilk keşifler hedef gösterilebilir.

Aynı şekilde, geriye doğru baktığımızda birçok icadın ortaya çıkması aşikâr gibi görünür, ama bazı durumlarda, önemli bir gelişme ya da icadın ortaya çıkma anı, belirli herhangi bir bilimsel keşfin ya da etkin bir teknolojinin arkasından gelmek zorundaymış gibi görünmüyor. Bir medeniyetin yeniden başlatılması konusunda bu örnekler cesaret verici, çünkü hızlı başlatma kılavuzumuzun, hayatta kalanların bazı kilit teknolojileri yeniden nasıl üretebileceklerini bulmaları için sadece birkaç temel tasarım özelliğini anlatmasının yeterli olduğunu gösteriyor. Mesela el arabası, birilerinin aklına daha önce gelmiş olsaydı, ortaya çıkışından yüzyıllar önce bulunabilirdi. Kulağa tekerlek ile kaldıracın çalışma prensiplerini birleştiren önemsiz bir örnekmiş gibi gelebilir, ama bu alet muazzam bir işgücü tasarrufunu temsil eder ve Avrupa'da tekerlekten binyıl sonrasına kadar görülmemiştir (ilk tasvir MS yaklaşık 1250 yılında bir İngiliz el yazmasında görülür).

Bu denli geniş etkileri olan ve kıyamet sonrasında yeniden toparlanmanın pek çok diğer unsurunu destekleyecek diğer icatlara da kuş uçuşu bir yoldan ulaşılabilir. Söz gelimi taşınabilir hurufatlı matbaa, hızlandırılmış gelişmenin bu tür çığır açan bir teknolojisi ve tarihimizde karşılaştırılamaz toplumsal sonuçlara yol açtı. Biraz yardımla, ileride göreceğimiz üzere, seri olarak üretilen kitaplar yeni bir uygarlığın yeniden inşasında, erken bir aşamada yeniden ortaya çıkabilir.

Yeni teknolojiler geliştirilirken, ilerlemedeki bazı adımlar tamamıyla atlanabilir. Bir hızlı başlangıç kılavuzu, toparlanmaya çalışan bir topluma, tarihimizdeki ara aşamaları atlayıp daha ileri ama gerçekleştirilmesi mümkün gelişmelere nasıl geçebileceğini gösterebilir. Günümüzde gelişmekte olan Afrika ve Asya toplumlarında bu tür teknolojik sıçramaların bir sürü örneği var. Mesela enerji nakil hatlarına uzak birçok topluluk, güneş enerji panellerinden enerji sağlayıp, fosil yakıtlara bağımlı olan Batı ilerlemesinden yüzyıllarca ileri gitmiş durumda. Afrika'nın kırsal bölgelerinde kerpiç kulübelerde yaşayan birçok köylü, semafor kuleleri, telgraf ve sabit hat telefonları gibi ara teknolojileri atlayarak cep telefonlarını kullanmaya başladı.

Muhtemelen tarihteki en çarpıcı sıçrama başarısı Japonlar tarafından 19. yüzyılda gerçekleştirildi. Japonya, Tokugawa şogunluğu döneminde iki yüzyıl boyunca dünyadan yalıtılmış bir şekilde yaşamıştı. Vatandaşların ülkeden çıkması ya da yabancıların ülkeye girmesi yasaktı ve ülke sadece birkaç başka ülkeyle çok küçük hacimlerde ticaret yapıyordu. Dış dünyayla doğru dürüst bir temas ancak

1853'te, ABD Donanması ağır silahlarla donatılmış, teknolojik açıdan çok geri olan Japonya'nın sahip olduğu her şeyden çok daha üstün buharlı savaş gemileriyle Edo (Tokyo) Koyu'na yanaştığında yaşandı. Aradaki teknolojik uçurumun idrak edilmesinin verdiği utanç Meiji Restorasyonu'nu başlattı. Japonya'nın daha önce yalıtılmış, teknolojik açıdan geri kalmış feodal toplumu, bir dizi siyasi, ekonomik ve hukuki reformla dönüştürüldü ve bilim, mühendislik ve eğitim konusunda uzman yabancılar, ülkeye nasıl telgraf ve demiryolu hatları yapılabileceğini gösterdi. II. Dünya Savaşı dönemine gelindiğinde, Japonya tüm bu süreci başlatan ABD Donanması'yla boy ölçüşebilecek hale gelmişti.

Peki doğru bilgileri korunaklı bir şekilde saklamak, kıyamet sonrası bir toplumda benzer bir hızlı gelişme seyrine ulaşılmasını sağlayabilir mi?

Ne yazık ki ara aşamaları atlayarak bir medeniyeti ancak bir noktaya kadar iteleyebilirsiniz. Kıyamet sonrasının bilim insanları, bir teknolojiyi mümkün kılan her şeyi anlasalar ve prensipte çalışabilecek bir tasarım üretseler bile, çalışan bir prototip üretmek yine de mümkün olmayabilir. Ben buna Da Vinci etkisi diyorum. Bu büyük Rönesans mucidi, fantastik uçan makineler gibi sayısız mekanizma ve makine tasarlamış ama sadece birkaçını gerçeğe dönüştürebilmişti. Sorun büyük ölçüde Da Vinci'nin zamanının çok ilerisinde olmasıydı. Doğru bilimsel anlayış ve dâhiyane tasarımlar ne yazık ki yeterli değil: Üretim için kullanacağınız malzemelerin de yeterince gelişmiş olması ve elinizde doğru enerji kaynaklarının bulunması gerekiyor.

Dolayısıyla bir hızlı başlama rehberi, tıpkı bugün dünyanın gelişmekte olan bölgelerindeki toplumlara ara teknolojileri sağlayan yardım kuruluşları gibi, kıyamet sonrası dünyası için doğru teknolojileri sağlayabilmeli. Bunlar, mevcut durumda önemli bir iyileşme sağlayacak çözümler —eldeki ilkel teknolojiden bir sıçrama— olmalı; öte yandan kıyamet sonrasının insanları tarafından, sahip oldukları basit yetiler, aletler ve malzemelerle tamirleri ve bakımları yapılabilmeli. Başka bir deyişle medeniyetin hızla yeniden başlatılabilmesinde amaç, zamana yayılmış bir gelişmenin yüzlerce yılından kurtaracak bir sıçrama, ama buna basit malzemeler ve tekniklerle, kilit öneme sahip ara teknolojiler kullanarak yine de ulaşılabilir.

Tarihimizin bu özellikleri —şans eseri gerçekleşen keşifler, herhangi bir önbilgi gerektirmeyen icatlar, pek çok alanda ilerlemeyi tetikleyen kilit teknolojiler ve ara aşamaları atlamayı mümkün kılan şanslar— iyi tasarlanmış bir hızlı başlatma rehberinin, bilim ile teknoloji alanına uzanan ve yeniden inşa sürecini olabildiğince hızlandıran en uygun rotada rehberlik edecek kilit teknolojilerin ardındaki en verimli araştırmalara ve elzem prensiplere giden yönü gösterebileceği konusunda iyimser olmamızı sağlıyor. Karanlıkta el yordamıyla yolunuzu bulmaya çalışmadan, atalarınızın sizi bir el feneri ve nerede hareket ettiğinizi gösteren kabaca çizilmiş bir haritayla donattığı koşullarda bilimi bir düşünün.

Yeniden başlamakta olan bir medeniyet bizim katettiğimiz yolu takip etmek zorunda değil, bambaşka bir gelişme çizgisi izleyebilir. Aslına bakarsanız bugünkü medeniyetimizle aynı yolu takip etmek artık çok zor olabilir. Sanayi Devrimi enerji kaynağı olarak büyük oranda fosil yakıtları –kömürü, petrolü ve doğalgazı– kullandı ve bugün bu kaynaklar tükenme noktasında. Elde böyle hazır bir enerji kaynağı olmadan bir medeniyetin bizimkini takip ederek ikinci bir sanayi devrimini gerçekleştirmesi mümkün mü? Çözüm, göreceğimiz üzere, yenilenebilir enerji kaynaklarının daha önce kullanılmaya başlanmasından ve eldeki malzemelerin dikkatlice geri dönüştürülmesinden geçiyor. Bir sonraki medeniyette sürdürülebilir gelişmenin mümkün olabilmesi için yeşil bir yeni başlangıç yapmak zorunda olmamız muhtemel.

Zaman içerisinde, teknolojiler bugün bilmediğimiz şekillerde de bir araya gelip yeni şeyler oluşturacaktır. Dolayısıyla toparlanmaya çalışan medeniyetimizin bizden farklı bir yol izlemesinin –bizim gitmediğimiz yollardan gitmesinin– olası olabileceği örneklere ve bizim zaman içerisinde bir kenara attığımız teknolojik çözümlere de bakacağız. Medeniyet 2.0'nin, *steampunk* olarak bilinen edebiyat türünde olduğu gibi, farklı çağlardan teknolojilerin bir çorbası gibi görünmesi muhtemel. *Steampunk* türünde yazılan eserler, farklı bir gelişim çizgisi izlemiş alternatif bir zamanda geçer ve çoğunlukla Victoria dönemi İngiltere'sinin teknolojisi ile farklı uygulamaların kaynaştırılmasıyla karakterize edilir. Bilim ve teknolojinin değişik alanlarında birbirinden oldukça farklı ilerleme hızlarına sahip olacak bir kıyamet sonrası dünyasının, bu edebi türde olduğu gibi anakronistik bir yamalı bohçayla sonuçlanması oldukça mümkün.

İçerik

Bir yeniden başlama rehberi en iyi iki düzeyde işe yarar. Öncelikle size hazır bir şekilde sunulacak belirli miktarda pratik bilgiye ihtiyacınız var ki mümkün olduğu kadar hızlı bir şekilde temel düzeyde bir yetkinlik kazanıp rahat bir yaşam tarzına kavuşabilesiniz ve bozulmayı durdurabilesiniz. Ama keşfetmeye yeniden başlamak için aynı zamanda bilimsel araştırmanın da toparlanmasına yardım etmeniz ve en fazla faydalı olabilecek bilgileri vermeniz gerekiyor.*

---

* Bir toplumun en ayırt edici özelliği büyük anıtları ya da sanatı, müziği ya da diğer kültürel ürünleriyken, bir medeniyeti destekleyen en önemli şeyler tarımsal üretim, kanalizasyon

Temel şeylerle başlayacağız ve kıyametten sonra kendiniz için konforlu bir yaşamın –yeterli yiyecek ve temiz su, kıyafet ve yapı malzemeleri, enerji ve en gerekli ilaçlar gibi– temel unsurlarını nasıl sağlayacağınıza bakacağız. Hayatta kalanların bir dizi acil meselesi olacak: Tarlalardan toplanabilen ürünler toplanmalı ve ölüp yok olmadan önce tohum havuzları oluşturulmalı; biyoyakıt olarak kullanılan ürünlerden elde edilecek dizel yakıtla makineler çalıştırılmaya devam edilebilir ve bir enerji nakil hattı oluşturmak için parça toplanabilir. Bu yüzden ölü bir medeniyetin yıkıntıları arasından nasıl en iyi şekilde malzeme toplanacağına bakacağız: Kıyamet sonrasının dünyası, bir şeye yeni kullanım alanları bulma, tamircilik ve çözüm yaratma konusunda ustalaşmayı gerektirecektir.

Olmazsa olmazları yerine koyduktan sonra tarımı nasıl eski haline getirebileceğimizi, yiyeceklerimizi nasıl koruyacağımızı ve bitki ile hayvan liflerinin nasıl giyeceğe dönüştürülebileceğini anlatacağım. Kâğıt, çömlek, tuğla, cam ve demir gibi malzemeler bugün o kadar yaygın ki bize sıradan ve sıkıcı geliyorlar ama ihtiyacınız olsa bunları nasıl yapardınız? Ağaçlar –yapı malzemesi olarak kullanılacak ahşaptan, içme suyunu arıtmakta kullanılacak odunkömürüne, yanı sıra cayır cayır yanan bir katı yakacak sağlamaya kadar– fevkalade yararlı çok önemli bir kaynak. Odunun yakılmasıyla da önemli malzemeler elde ediliyor, hatta külleri de hem sabun ve cam yapımında kullanılıyor hem de barutun bileşenlerinden birini elde etmekte kullanılan ve potas denilen bir madde içeriyor. Temel teknik bilgilerle doğal çevrenizden kritik öneme sahip başka maddeler de –karbonat, kireç, amonyak, asitler ve alkol– toplayabilir ve bir kıyamet sonrası kimya endüstrisi başlatabilirsiniz. İmkânlarınızı geri kazandıkça, hızlı başlatma rehberi, madencilik ve eski binaların cesetlerini yıkmak için uygun patlayıcılar geliştirmenize, yanı sıra suni gübre ile fotoğrafçılıkta kullanılan ışığa duyarlı gümüş bileşenler üretmenize yardımcı olacaktır.

Sonraki bölümlerde tıbbı yeni baştan nasıl öğreneceğimizi, mekanik güçten nasıl yararlanacağımızı, elektrik üretimi ile depolanmasını ve basit bir telsiz yapmayı öğreneceğiz. Ayrıca *Uygarlığı Yeniden Nasıl Kurarız?* kâğıt, mürekkep ve matbaa yapımına ilişkin bilgiler de içerdiğinden, bu kitabı baştan üretmek de mümkün olacak.

---

sistemi ve imalat gibi vazgeçilmezlerdir. Elinizdeki kitap sadece genel geçer niteliğe sahip bilim ve teknolojiye odaklanacak. Bir fizik kanunu nerede ve hangi zamanda olduğunuzdan bağımsız olarak doğrudur ve binyıl ileride yaşasa bile her toplumun yiyecek, kıyafet, enerji, ulaşım gibi teknolojinin sağlamayı kolaylaştıracağı temel ihtiyaçları vardır. Sanat, edebiyat ve müzik kültürel mirasımızın önemli parçalarıdır, ama bir medeniyetin baştan yaratılması onlarsız, diyelim beş yüzyıl gecikmez ve kıyametten sağ çıkanlar kendilerine önemli gelen yeni ifade biçimleri geliştireceklerdir.

Bir kitap dünyayı anlama yetimizi ne kadar artırabilir? Tabii ki bu tek ciltlik kitabın insanlığın bilim ve teknoloji birikiminin tam bir özeti olduğunu iddia etmeye başlayamam. Ama bence kıyameti takip eden ilk yıllarda hayatta kalanlara yardım edecek bir temel oluşturmak için yeterli bilgileri sağlıyor ve hızla toparlanabilmeleri için bilim ve teknoloji ağı içerisindeki en doğru rotayı takip etmeleri amacıyla önemli yönlendirmelerde bulunuyor. Araştırmaya devam ettikçe yeşerip gelişecek yoğun bilgi tohumları sunan prensiplerin takip edilmesiyle, tek bir cilt muazzam bir bilgi hazinesini kapsayabilir. Bu rehberi elinizden bıraktığınızda medeni bir yaşam biçimi için gerekli altyapıyı nasıl baştan kurabileceğinizi anlamış olacaksınız. Ayrıca, umuyorum, bilimin göz kamaştıran temellerine dair daha fazla fikriniz olacak. Bilim, olguların ve rakamların toplamından ibaret bir şey değildir: Dünyanın nasıl işlediğini anlamanız için güvenle kullanmanız gereken yöntemdir.

Bir yeniden başlama rehberinin amacı merak, sorgulama ve keşfetme arzunuzu ateşlemek. Umudum, korkunç bir felaket darbesinde bile medeniyetin ışığının sönmemesi ve hayatta kalanların çok fazla gerilememesi; toplumumuzun özünün korunması ve bu bilgi tohumlarının, kıyamet sonrasında sulandıkça yeniden yeşermeleri.

Elinizdeki kitap medeniyeti yeniden başlatmak için bir kılavuz ama aynı zamanda içinde yaşadığımız dünyanın temellerine dair de bir elkitabı.

Bildiğimiz Dünyanın Sonu

> Bu tür bir çalışmanın en olağanüstü önemi, bilimin ilerlemesini durdura-
> cak, zanaatkârların çalışmasına sekte vuracak ve yarıküremizin bir kısmını
> bir kez daha karanlığa boğacak kadar büyük bir felaketin hemen ardından
> anlaşılabilir.
>
> *Ansiklopedi,* Denis Diderot

Her felaket filminde gördüğümüz bir sahnedir, kamera şehirden kaçmaya çalışan arabalarla tıkış tıkış dolu geniş bir otoyol boyunca hareket eder. Şoförler trafikten deliye döner ve araçlarını, banketleri ve şeritleri dolduran binlercesinin yanına terk ederek yola yaya devam eden insan kalabalıklarına katılırlar. Söz konusu tehlike hemen kapıda olmasa bile, elektriği kesen ve ürünlerin dağıtımını engelleyen her olay, şehirlerin sürekli kaynak akışına yönelik doymak bilmez iştahını kabartır ve sakinlerini bir göçe zorlar. Yollar, yiyecek aramak üzere şehirleri çevreleyen kırsal bölgelere akan şehirli göçmen kalabalıklarıyla dolup taşar.

Toplumsal Sözleşmenin Yırtılıp Atılması

İnsanoğlunun özünde iyi mi kötü mü olduğu ve kanunlar koyarak ceza tehdidiyle düzeni devam ettirmek için bir üst otoritenin gerekli olup olmadığı konusundaki felsefi tartışmaya saplanıp kalmak istemiyorum. Ama merkezi yönetim ile emniyet güçlerinin ortadan kalkmasıyla kötü niyetlilerin, daha barışçıl ve zayıf olanları boyundurukları altına alıp sömürme fırsatını kullanacaklarına şüphe yok. Durum yeterince kötü hale geldiğinde, kanunlara riayet eden vatandaşlar da ailelerinin ihtiyaçlarını karşılamak ve onları korumak için gereken neyse yapacaklardır. Kendinizi hayatta tutmayı garantilemek için siz de ihtiyacınız olan neyse alırsınız: Adını koyarak söyleyelim, yağmalarsınız.

Toplumları birbirine bağlayan şeylerden biri, hile ya da şiddetle elde edilen kısa süreli kazanımların, bunun uzun süreli sonuçları karşısında önemsiz kalmasıdır. Yakalanır ve güvenilmez bir insan olarak damgalanırsınız ya da devlet tarafından cezalandırılırsınız; hile, uzun vadede size bir şey kazandırmaz. Toplumu oluşturan bireyler arasında yapılan ve herkesin iyiliği için işbirliği yapmaya ve doğru davranmaya dayanan bu zımni anlaşma, devlet koruması gibi çıkarlara karşılık kişisel özgürlüğün bir kısmından feragat etmeyi gerektirir ve toplumsal sözleşme olarak bilinir. Toplumsal sözleşme, bir medeniyetin ortak çaba, üretim ve ekonomik faaliyetlerinin temelini oluşturur. Öte yandan bireyler hile yaptıkları zaman daha fazla kişisel kazanç sağlayacaklarını ya da başkalarının hile yapacağını düşündüklerinde bu yapı çökmeye başlar ve toplumsal bağlar zayıflar.

Ağır bir kriz durumunda toplumsal sözleşme, kanun ve düzenin tamamen çözülerek çökmesiyle birdenbire bozulabilir. Toplumsal sözleşmede yerel düzeyde bir yarılmanın sonuçlarını görmek için dünyanın teknolojik açıdan en gelişmiş ülkesine bakmamız yeterli. New Orleans, 2005 yılında Katrina Kasırgası tarafından yerle bir edildi. Şehrin sakinleri yerel yönetimin ortalıkta olmadığını ve yakında bir yardımın gelmeyeceğini fark ettiğinde toplumsal düzen hızla bozuldu ve anarşi baş gösterdi.

Yani büyük bir afetten sonra otoritenin ve emniyet güçlerinin ortadan kalkmasının yarattığı iktidar boşluğunu örgütlü çetelerin doldurmasını ve kendi kişisel derebeyliklerini ilan etmesini bekleyebiliriz. Kalan kaynakların (yiyecek, yakıt vb.) kontrolünü ele geçirenler, yeni dünya düzeninde bir değer taşıyan her şeyi yöneteceklerdir. Nakit para ve kredi kartları bir değer taşımayacaktır. Kalan yiyeceklere el koyarak kendi "malları" ilan edenler, eski Mezopotamya imparatorlarının yaptığı gibi yiyecek karşılığında sadakat ve hizmet satın alarak çok zengin ve güçlü olacaklardır: Yeni krallar. Doktorlar ve hemşireler gibi özel becerileri olanların, böyle bir ortamda bu bilgiyi kendilerine saklamaları iyi olabilir, zira uzmanlık sahibi köleler olarak söz konusu çetelere hizmet etmeye zorlanabilirler.

Yağmacıları ve rakip çeteleri hızla savuşturmak için ölümcül dozda şiddet uygulanması gerekebilir ve kaynaklar azaldıkça rekabet kızışacaktır. Kıyamete aktif bir şekilde hazırlık yapan insanların (bunlara "Hazırlananlar" deniyor) sıkça kullandığı bir söz var: "Bir silaha ihtiyacın olduğunda silahsız olmaktansa, bir silaha sahip olup ihtiyaç duyma."

Kıyametten sonraki haftalar ve aylarda farklı yerlerde ortaya çıkması muhtemel bir kalıp, grup olmanın gücünden faydalanmak isteyen küçük insan topluluklarının, birbirlerini desteklemek ve sahip oldukları şeyleri korumak için savunulabilir mevkilerde toplanmaları olacaktır. Bu küçük yönetim birimleri bugün ülkelerin yaptığı gibi sınırlarını koruma ve buralarda devriye gezme ihtiyacı duyacak. İronik bir şekilde, bir topluluğun kargaşa boyunca duvarlarının ardına sığınacağı ve çaba göstereceği, seçebileceği en güvenli yerler, tüm ülkeye dağılmış olan kalelerden biri olacaktır: Hapishaneler. Normal zamanların tam tersi bir amaçla kullanılacak ha-pishaneler, sakinlerinin dışarı çıkmasını engellemek için yüksek duvarlara, sağlam kapılara, dikenli tellere, gözetleme kulelerine sahip; dışarıdakileri dışarıda tutmak için de eşit derecede etkili olacaklarına şüphe yok.

Suçun ve şiddetin geniş çapta patlak vermesi, herhangi bir felaket olayının muhtemelen kaçınılmaz bir sonucu. Öte yandan dünyanın *Sineklerin Tanrısı*'na dönmesine daha fazla yer ayırmayacağım, zira bu kitap insanlar düzeni tekrar sağladığında teknolojik medeniyetin hızla nasıl geri getirilebileceğiyle ilgili.

Dünyanın Sona Ermesinin En İyi Yolu

"En iyi"ye geleceğiz ama önce gelin "en kötü"süne bir bakalım. Medeniyeti tekrar inşa etmek söz konusu olduğunda en kötü mahşer günü çeşidi topyekûn bir nükleer savaş olur. Tüm dünyayı kapsayan bir nükleer savaş durumunda yerle bir olacak hedef şehirlerden birinde olmasanız bile, günümüz dünyasındaki malzemelerin büyük kısmı kullanılmaz hale gelecek ve kararan gökyüzü ile zehirli toprak tarı-mın eski haline dönebilmesini geciktirecektir. Doğrudan öldürücü olmasa da bir o kadar kötü olan bir başka şey Güneş'ten devasa bir taçküre kütle atımı olurdu. Hiç görülmedik şiddette bir güneş patlaması gezegenimizin her yanında manyetik alanları etkileyerek bir çan gibi çınlamalarına sebep olur ve elektrik dağıtım hatla-rında devasa akımlara yol açarak trafoları tahrip eder ve tüm dünyada elektrikler kesilirdi. Küresel bir elektrik kesintisi, suyun ve gazın dağıtımı ile yakıtların rafine edilmesini imkânsız kılar ve aynı nedenlerle trafoların yerlerine yenilerinin yapıl-ması da mümkün olmaz. Günümüz medeniyetinin temel altyapısının bu şekilde yok olması, derhal ölümlere sebep olmasa da toplumsal düzen hızla çöker, kalan malzeme hızla tüketilir ve ardından nüfus hızla azalmaya başlar. Sonunda hayatta kalanlar, yine nüfusu büyük oranda azalmış bir dünyada yaşıyor olur, ama bu sefer ellerinde kendilerini toparlayana kadar bir süre refah içerisinde idare etmelerine yetecek kaynaklar olmaz.

Birçok kıyamet sonrası filminin ve romanının favori dramatik senaryosu sanayi uygarlığının ve toplumsal düzenin çöküşü ve hayatta kalanların azalan kaynaklar için delice bir mücadeleye girmeleri olsa da, benim odaklanmak istediğim senaryo bunun tam tersi: Teknolojik uygarlığımızın maddi altyapısını zarar vermeden ardın-da bırakan ani ve aşırı bir nüfus azalması. İnsanların çok büyük bir kısmı ölmüştür ama sahip olduklarımızın hepsi hâlâ ortalıktadır. Bu senaryo, medeniyetimizi sil baştan yeniden inşa etmeyi nasıl hızlandırabileceğimize dair bir düşünce deneyi için en ilginç başlama noktasını sunar. Bu tür bir senaryo, kendine yetebilen bir toplumun temel işlevlerini yeniden öğrenmek zorunda kalıncaya kadar, aşırı bir bozulmanın önüne geçildiği ve hayatta kalanların yeni duruma ayak uydurabileceği bir refah dönemi varsayar.

Bu senaryonun gerçekleşmesi için, dünyanın sonunu getirecek en iyi yol hızla yayılacak bir salgın olurdu. En ideal virüs salgını, yayılma oranı son derecek yüksek, kuluçka dönemi uzun ve neredeyse yüzde yüz ölümcül bir salgındır. Böylece, kıyamet aracı bireyler arasında olağanüstü bir hızla yayılır, hastalıkların etkisini göstermesi çok kısa bir sürede gerçekleşir (yani bir sonraki hastalık kapmış insan havuzunu en üst seviyeye yükseltir) ve sonunda mutlaka ölümle sonuçlanırdı. Bugün tam anlamıyla şehirli bir tür haline geldik –2008'de şehirde yaşayan insanların sayısı kırsal kesimde yaşayanların sayısını geçti– ve insan yerleşimlerinin yoğunluğu ile kıtalar arası yolculukların yaygınlaşması bulaşma oranının yükselmesi için mükemmel koşulları sağlıyor. Avrupa nüfusunun üçte birini (ve muhtemelen tüm Asya'da benzer oranda bir nüfusu) yok eden 1340'lardaki Kara Ölüm salgını bugün ortaya çıkacak olsa teknolojik uygarlığımız çok daha fazla etkilenirdi.*

Peki insanların hem tekrar çoğalabilmesi hem de medeniyetin yeniden inşasının hızla gerçekleşmesi için gerekli asgari hayatta kalma oranı nedir? Başka bir deyişle, hızlı bir yeniden başlangıç için gereken kritik kitle büyüklüğü nedir?

Hayatta kalma oranları yelpazesindeki iki uç noktaya *Mad Max* ve *Ben, Efsane!* senaryoları diyeceğim. Günümüz toplumunun teknolojiye dayanan sisteminin çöktüğü ama kısa vadede bir nüfus azalmasının yaşanmadığı (taçküre kütle atımının yol açtığı gibi) bir durumda nüfusun büyük kısmı kalan kaynakları tüketmek için şiddetli bir rekabete girecektir. Bu, refah döneminin boşa harcanmasına, toplumun hemen *Mad Max*'te görülen türden bir barbarlığa yönelmesine ve ardından nüfusun hızla düşmesine neden olur; bu durumda hızlı bir şekilde geri dönüş umudu düşüktür. Öte yandan, dünyada hayatta kalan tek insan ("Son İnsan") ya da yaşam süreleri içerisinde birbirlerini bulma şansı olmayacak kadar az sayıda insandan biriyseniz, medeniyeti tekrar inşa etme hatta nüfusu tekrar artırma ihtimali bile yoktur. İnsanlık ipin ucundadır ve –Richard Matheson'ın romanı *Ben, Efsane!*'deki gibi– bu Son Erkek ya da Kadın öldüğünde kaçınılmaz olarak son bulur. Türün devamı için matematiksel olarak minimum sayı, –biri erkek diğeri kadın– iki insanın hayatta kalmasıdır, ancak sadece iki insandan türeyen bir nüfusun genetik çeşitliliği ve uzun vadede sürdürülebilirliği ciddi ölçüde risk altındadır.

---

* Öte yandan, Kara Ölüm'ün bazı uzun vadeli sonuçları topluma yararlı olmuştu: Kültürel bir umut ışığını gölgeleyen Büyük Ölüm'dü. İşgücünün azalmasıyla, hayatta kalan serfler, derebeylerine karşı yükümlülüklerinden kurtulabildiler ve baskıcı feodal sistemin çözülmesine yardım ederek çok daha eşitlikçi ve piyasa merkezli bir ekonominin önünü açtılar.

Öyleyse nüfusun tekrar artması için gerek duyulan en az sayı teorik olarak ne kadardır? Bugün Yeni Zelanda'da yaşayan Maori halkının Doğu Polinezya'dan buraya gelen öncülerinin sayısını tahmin etmek için mitokondriyal DNA dizilimleri analiz edildi. Günümüzdeki genetik çeşitliliğin gösterdiği kadarıyla, söz konusu halkın ilk ataları arasında doğum yaşında en fazla 70 kadın bulunuyordu, dolayısıyla toplam nüfusları bu rakamın iki katından biraz daha fazlaydı. Benzer bir genetik analiz, 15 binyıl kadar önce, deniz seviyesi daha düşükken Bering Boğazı'ndan geçerek Doğu Asya'dan Amerika'ya gelen Amerikan yerlilerinin çok büyük bir kısmının da benzer sayıda bir nüfusun soyundan geldiğini gösteriyor. Yani kıyametten sağ çıkan ve birbirine yakın yerlerde yaşayan birkaç yüz erkek ve kadından oluşan bir grup, dünya nüfusunun tekrar çoğalması için gerekli genetik çeşitliliği sağlar.

Sorun şu ki –sanayileşmiş tarım ve modern tıbbın olanaklarını kullanarak yıllık %2 gibi dünyanın gördüğü en yüksek nüfus artış oranına ulaşsa bile– bu topluluğun Sanayi Devrimi'ndeki nüfusa ulaşması sekiz yüzyıl alır. (Bilimsel ve teknolojik gelişmelerin gerçekleştirilmesi için neden belirli büyüklükte bir nüfus ve sosyoekonomik yapı gerektiğini ilerleyen bölümlerde öğreneceğiz.) Bu kadar düşük bir başlangıç nüfusu, bırakın gelişmiş üretim biçimlerini, geçimi sağlayacak tarımın yapılması için bile yetmez ve insanların hayatta kalmaya çalışmakla meşgul olmalarına neden olup onları avcı-toplayıcı yaşam biçimine geri dönmeye mecbur bırakır. İnsanların yaşamlarının %99'u yoğun nüfusları beslemesi mümkün olmayan bu yaşam biçimini sürdürmeye harcanır ve insanlığı içinden ilerleme çıkması pek mümkün olmayan bir yaşam biçimine mahkûm eder. Peki bu kadar gerilemekten nasıl kaçınırsınız?

Hayatta kalan nüfusun, tarımsal üretiminin sürdürülebilmesi için çok sayıda insana ihtiyacı olur, ama diğer zanaatlar ve teknoloji üzerinde çalışacak yeterli insanın da özgür kalması gerekir. En iyi olası yeni başlangıç için, çok fazla gerilemeye engel olacak uygun ortak bilgiye ve geniş yelpazede bir yetenek setini temsil edecek yeterli sayıda sağ kalan insana ihtiyacınız olur. Dolayısıyla, tek bir alanda 10 bin civarında sağ kalan insandan oluşan, yeni bir topluluk oluşturabilecek ve barış içinde birlikte çalışabilecek bir başlangıç nüfusu (Birleşik Krallık kadar büyük bir alanda %0,016'lık bir hayatta kalma oranına tekabül ediyor), düşünce deneyimiz için ideal bir başlangıç noktası oluşturur.

Gelin, şimdi dikkatimizi hayatta kalanların kendilerini nasıl bir dünyada bulacaklarına, onlar yeniden inşa ederken bu dünyanın nasıl değişeceğine yöneltelim.

Doğanın Geri Dönüşü

Rutin düzenin sona ermesinin hemen ardından doğa, şehir mekânlarımızı ele geçirme fırsatını kaçırmayacaktır. Sokaklar ve kaldırımlar çöp ve enkazla dolacak, bunlar kanalizasyonları tıkayacak ve biriken sular ile yığılan çöplerin malç biçiminde çürümesine sebep olacaktır. Bu tür ceplerde önce yabani otlar bitmeye başlayacak. Kendisini döven tekerleklerin yokluğunda bile, asfaltlardaki çatlaklar zamanla büyük yarıklara dönüşecek. Her ayazla birlikte bu çatlaklara dolan sular donup genişleyecek ve koca dağlara yaptığı gibi bu yapay zeminleri de un ufak edecektir. Aşınma küçük fırsatçı yabani otlar için giderek daha fazla oyuk yaratacak ve sonra çalılar kök salarak yüzeyi daha fazla parçalayacaktır. Diğer bitkiler daha saldırgandır, derine inen kökleri suya ulaşmak için tuğlaları ve temelleri delip geçecektir. Sarmaşıklar, trafik ışıklarına ve sokak tabelalarına, metalden ağaç gövdeleri gibi davranarak dolanacak ve yemyeşil sarmaşık örtüsü kaya yüzeylermiş gibi davranarak binaların cephelerine tırmanacak ve çatılardan aşağı sarkacaktır.

Binalar un ufak olur ve doğa şehirleri tekrar ele geçirirken New Jersey Kütüphanesi gibi bilgiyi depoladığımız yerler de bundan nasibini alacak.

Birkaç yıl içerisinde, biriken yapraklar ve bu ilk büyüme dalgasının sonucu olan diğer bitkisel atıklar çürüyerek organik bir humusa dönüşecek, bu humus rüzgârın taşıdığı toz, ufalanmış beton ve tuğla parçalarıyla karışarak şehirlerdeki toprağı benzersiz hale getirecektir. Ofislerin kırılan pencerelerinden dışarı akan kâğıt ve diğer çöpler sokaklarda birikerek bu karışımın bir parçası haline gelecektir. Gittikçe kalınlaşan pislik tabakası kasabaların ve şehirlerin sokaklarını, kaldırımlarını, otoparklarını ve açık alanlarını kaplayacak ve büyük ağaçların kök salabilmesinin yolunu açacaktır. Şehirlerin asfalt ya da kaldırım taşlarıyla kaplı olmayan yerleri, yani parkları ve açık alanlarıysa hızla ormana dönüşecektir. Bir ya da iki on yıl içerisinde büyük çalılar ve huş ağaçları yoğunlaşacak, kıyametten sonraki ilk yüzyılın sonuna gelindiğinde her yan sık ladin, karaçam ve kayın ormanlarıyla dolacaktır.

Doğa insanlara bıraktığı alanları geri kazanmakla meşgulken binalarımız, büyümekte olan ormanların arasında çürüyüp un ufak olacaktır. Bitki örtüsü geri dönünce ve sokaklar ağaçlar ve rüzgârların uçurduğu yapraklarla kaplanınca, bunların kırık pencerelerden sokaklara saçılan çöplerle karışması yangınlar için uygun bir ortam oluşturacaktır. Binaların kıyısında köşesinde biriken maddeler, yazın düşen yıldırımlar ya da kırık bir camdan geçen odaklanmış güneş ışığıyla tutuşacak ve çıkan yangın sokaklar boyunca yayılarak çok katlı binaların içini yakıp kül edecektir.

Günümüz şehirleri, 1666'da Londra'da ya da 1871'de Chicago'da olduğu gibi, bir ahşap binadan diğerine sıçrayarak dar sokaklar boyunca hızla yayılan yangınlarla yerle bir olmaz, ama itfaiyecilerin karşı koymadığı alevlerin yayılması yine de yıkıcı olacaktır. Yeraltında ve binaların içlerindeki borularda kalan gazların patlaması ve sokaklardaki araçların depolarında kalan benzinin yanması cehennem ateşini daha çok besleyecektir. Bir yangın hızla yayıldığında patlamayı bekleyen bombalar şehirlerin her yanına yayılmış durumda: benzin istasyonları, kimya depoları ve kuru temizlemecilerdeki son derece istikrarsız ve yanıcı maddeler. Kıyametten sağ çıkanlar için belki de izlemesi en üzücü sahnelerden biri eski şehirlerin yanması, manzaranın üzerinde boğucu kalın kara duman kulelerinin yükselmesi ve geceleri gökyüzünün kan kırmızısına boyanması olacak. Geçip giden yangından geriye iç organları kül olmuş günümüz binalarının tuğla, beton ve çelik iskeletleri kalacak; alazlanmış iskeletlerin yanabilir iç organları bir kez daha tüketilecek.

Yangınlar terk edilmiş şehirlere büyük zararlar verecektir, ama büyük bir özenle inşa edilmiş binalarımızın kesin yıkımına er ya da geç sebebiyet verecek olan sudur. Kıyametten sonraki ilk kış donmuş su boruları patlayacak ve buzlar çözülür çözülmez binaların içlerini su basacaktır. Yağmur suları kırık camlardan içeri dolacak, yerlerinden çıkmış kiremitlerin arasından sızacak ve tıkanmış borulardan ve kanalizasyondan taşacaktır. Pencerelerin ve kapı çerçevelerinin boyalarının dökülmesi sonucu nem, binaların içlerine sızarak tüm iç duvarlar çökene kadar ahşap aksamı çürütecek ve metalleri paslandıracaktır. Ahşap aksam da (yer kaplamaları, kirişler ve çatı destekleri) yapıyı bir arada tutan çiviler, vidalar ve cıvatalar paslanana kadar nemi emip çürüyecektir.

Beton, tuğla ve aralarındaki harç sıcaklık salınımlarından etkilenecek ve tıkanmış borulardan sızan suyu emerek, yüksek enlemlerde donma-çözülme döngüsünün bitmek bilmez darbeleri sonucunda un ufak olacaktır. Daha sıcak iklimlerde termitler ve tahtakurtları gibi böcekler güçlerini mantarlarla birleştirecek ve binaların ahşap aksamını yiyip bitirecektir. Çok geçmeden ahşap kirişler çürüyüp bel vererek zemin ve çatıların çökmesine neden olacaktır. Sonunda da duvarlar dışa doğru bel verip devrilecektir. Binalarımızın çok büyük bir kısmı en fazla yüzyıl dayanacaktır.

Metal köprülerimiz paslanacak, boyaları döküldükçe zayıflayacak ve suya karşı dayanıksız hale gelecektir. Ama birçok köprünün ölüm fermanı, muhtemelen yaz sıcağında yapı malzemelerinin esnemesine imkân vermek için tasarlanan nefes alma hacimlerinde, genişleme boşluklarında toplanan rüzgârla savrulan döküntüler olacaktır. Bu boşluklar tıkandığında köprüler gerilmeye başlayacak, paslanan cıvatalar kopacak ve sonunda köprü yıkılacaktır. Bir ya da iki yüzyıl içerisinde birçok köprü çökerek altlarındaki suya karışacaktır. Yıkılmayan ayakların dibinde birikecek olan moloz ve enkaz nehirlerde su bentleri oluşturacaktır.

Günümüz binalarında kullanılan çelikle güçlendirilmiş beton muhteşem bir yapı malzemesi, ama ahşaptan daha dirençli olmasına rağmen çürümeye karşı tamamen dayanıklı değil. Bu malzemenin bozulma temel nedeni, ironik bir şekilde, mükemmel mekanik gücünün kaynağı. Betonun içindeki çeliği dış etkilerden koruyan çevresindeki betondur, ama hafif asidik yağmur suyu ve çürüyen bitkilerin saldığı hümik asit beton temellere sızdıkça, yapıların içinde gömülü çelik paslanmaya başlayacaktır. Bu modern inşa tekniği için son darbe, çeliğin paslandıkça genişleme olgusudur, betonu içeriden parçalayarak daha fazla yüzeyin neme maruz kalmasına neden olup kaçınılmaz sonu hızlandırmasıdır. Betonların içerisindeki çelik, modern yapıların zayıf noktasıdır; güçlendirilmemiş beton uzun vadede daha fazla dayanacaktır: Roma'daki Pantheon'un kubbesi iki binyıldır ayakta.

Öte yandan, çok katlı binalara yönelik en büyük tehdit artık bakımları yapılmayan borular, lağım şebekesi ve özellikle nehir kenarlarındaki şehirlerde tekrarlayan su baskınlarından dolayı temellerin suyla dolmasıdır. Payandalar aşınacak ve çözünecek ya da yere gömülerek gökdelenleri Pisa Kulesi'nden çok daha tehlikeli hale getirerek sonunda çökmelerine neden olacaktır. Yağan molozlar, çevredeki binalara daha da zarar verip devasa domino taşları gibi birbirlerinin üzerine devrilmelerine sebep olacak, sonunda, ağaçların kapladığı ufuk çizgisinde sadece birkaçının silueti kalacaktır. Azametli çok katlı binalarımızın birkaçı, birkaç yüzyıl boyunca ayakta kalmaya devam etmeyi başarabilir.

Yani bir ya da iki nesil içinde şehir coğrafyası tanınmaz hale gelecektir. Fırsatı kaçırmayan fidanlar ulu ağaçlara dönecektir. Şehir caddelerinin ve bulvarlarının yerini, harap olmuş ve pencerelerinden dikey ekosistemlerin fışkırdığı, çok katlı binalar arasındaki yapay kanyonları dolduran sık orman koridorları alacaktır. Doğa, şehir cangılını geri kazanacaktır. Zamanla, çöken binaların molozlarından çıkan sivri uçlar da çürüyen bitki özlerinin oluşturduğu birikmiş toprak tarafından yumuşatılacak; bir zamanlar göklere uzanan binalar tamamen yeşilliklerin altında kalıncaya kadar, pislik tepeciklerinden ağaçlar fışkıracaktır.

Şehirlerden uzakta, hayalet gemi filoları okyanuslarda sürüklenecek, zaman zaman rüzgârların kaprisiyle ve akıntılarla taşınarak bir kıyıda karaya vurup midelerindeki zehirli petrolü sızdıracak ya da rüzgârda savrulan karahindiba tohumları gibi üzerlerindeki konteynırları okyanus akıntılarına bırakacak. Öte yandan, doğru yerde ve doğru zamanda herhangi bir insan buna tanık olacaksa, muhtemelen izlemesi en muhteşem enkaz, insanlığın en büyük yapılarından birinin Dünya'ya dönmesi olacak.

Uluslararası Uzay İstasyonu, yapımı on dört yıldan fazla süren ve Dünya'nın alçak yörüngesinde dönen yüz metre genişliğinde bir yapı: Modüllerin, onları bağlayan ince kirişlerin ve güneş panellerinden oluşan uzun ince kanatların birleştirilmesiyle oluşmuş etkileyici bir uzay gemisi. Dört yüz kilometre üstümüzde gezinse de Uzay İstasyonu atmosferin tamamen dışında değil ve Dünya'nın atmosferi bu yapıyı belli belirsiz ama sürekli bir şekilde sürüklüyor. Bu durum, Uzay İstasyonu'nun yörünge enerjisini tüketir ve böylece İstasyon düzenli bir şekilde Dünya'ya doğru çekilir. Dolayısıyla İstasyon'un roket iticilerle sürekli tekrar itilmesi gerekiyor. Astronotların ölmesi ya da yakıtın bitmesiyle Uzay İstasyonu ayda iki kilometre düşecektir. Çok geçmeden alt atmosfere doğru çekilerek bir ışık ve ateş topuna dönüşecek, yapay bir yıldız kayması gibi yok olacaktır.

Kıyamet Sonrası İklimi

Kentlerimizin ve kasabalarımızın yavaş yavaş harap olması hayatta kalanların tanıklık edeceği tek dönüşüm süreci değil.

Sanayi Devrimi'nden ve önce kömür, daha sonra doğalgaz ve petrolün kullanılmaya başlanmasından beri insanlık, zaman içinde biriken yeraltındaki kimyasal enerjiyi çıkarmak için hevesle yeri kazıp duruyor. Yakılmaya hazır karbon yığınları olan bu fosil yakıtlar, eski ormanların ve deniz canlılarının çürümüş kalıntıları, Dünya'ya milyonlarca yıl önce düşen güneş ışınlarından kaynaklanan kimyasal bir enerji. Söz konusu karbon aslında atmosferden geldi ama sorun bu stokları çok hızlı yakıyor olmamız, öyle ki milyonlarca yılda biriken karbon, bacalarımızdan ve arabalarımızın egzoz borularından sadece birkaç yüzyılda atmosfere geri salındı. Bu, gezegenimizin açığa çıkan karbondioksiti emebileceğinden çok çok daha hızlı bir salınım ve bugün havadaki karbondioksit miktarı 18. yüzyılın başında olduğundan %40 daha fazla. Artan karbondioksit düzeyinin etkilerinden biri, sera etkisinden dolayı Dünya atmosferi tarafından güneş ışınlarının daha fazlasının emilmesi ve küresel ısınmaya sebep olması. Dolayısıyla bu da deniz seviyelerinde yükselmeye ve hava şartları kalıplarının dünya çapında bozularak bazı bölgelerde muson sellerinin, başka yerlerde kuraklıkların daha ağır ve daha sık yaşanmasına ve tarımın ağır yara almasına neden olacak.

Teknoloji toplumlarının çökmesiyle sanayiden, yoğun tarımdan ve ulaşımdan kaynaklanan emisyonlar derhal duracak ve hemen ardından, hayatta kalan küçük nüfusun yarattığı kirlilik sıfıra inecek. Ama emisyonlar hemen yarın sıfıra inse bile, Dünya, medeniyetimizin çıkardığı devasa miktarlardaki karbondioksite önümüzdeki birkaç yüzyıl boyunca tepki vermeye devam edecek. Gezegen, dengesine vurduğumuz sert darbeye bir tepki verdiği için şu anda bir sürünceme evredeyiz.

Kıyamet sonrası dünyanın, sistemde çoktan oluşan ivme nedeniyle önümüzdeki birkaç yüzyıl boyunca deniz seviyelerinde birkaç metrelik bir yükselmeye tanıklık etmesi olası. Isınma, metan yüklü permafrostun çözülmesi ya da buzulların büyük oranda erimesi gibi ikincil etkilere yol açarsa sonuçlar çok daha kötü olabilir. Kıyametten sonra karbondioksit seviyeleri düşerken, ciddi ölçüde yükselmiş bir değerde yatay bir seyir izleyecek ve on binlerce yıl sanayi öncesi dönemdeki durumuna dönmeyecek. Dolayısıyla bizim ya da bizden sonraki herhangi bir medeniyetin zamanında, gezegenimizin termostatının yükselmesi temelde kalıcı olacak ve bugünkü umarsız yaşam tarzlarımız, ardımızda bıraktığımız dünyanın yaşayanlarına uzun, karanlık bir miras bırakacak. Zaten kendilerine bakmakla yeterince meşgul olan kurtulanlar için sonuç, iklimin ve hava koşullarının nesiller boyunca değişmeye devam etmesi, bir gün verimli olan tarım arazilerinin ertesi gün kuraklık tarafından mahvedilmesi, alçak bölgelerin sular altında kalması ve tropik hastalıkların yaygınlaşması olacak. Yerel düzeydeki iklim dalgalanmaları, insanlık tarihi boyunca medeniyetlerin aniden çökmesine neden oldu, sürmekte olan küresel değişimin de kırılgan kıyamet sonrası toplumunun toparlanmasını engellemesi pekâlâ mümkün.

Refah Dönemi

Tersiyle karşılaşmadıkça içinde yaşadığımız şartların ne kadar iyi olduğunu göremeyiz ve hayatımızdan çıkmadıkça yaşadıklarımızın değerini bilemeyiz.

Robinson Crusoe, Daniel Defoe

Dünyanın uzak bir köşesinde bir uçak kazası geçirseniz, hayatta kalmak için temel önceliklerimiz barınak, su ve yiyecek olurdu. İçinde yer aldığınız medeniyetin çöküşünden sonra da aynısı geçerli olacak. Yiyecek olmaksızın birkaç hafta ve içme suyu olmaksızın birkaç gün geçirmek mümkünken, kötü hava şartlarına yakalanmanız halinde birkaç saat içerisinde ölebilirsiniz. Britanya Özel Hava Birlikleri'nde (Special Air Service – SAS) çalışan bir uzman olan John "Havalı" Wiseman bana, "Bir kazadan sonra ayaklarının üzerindeysen hayatta kalmayı başardın demektir. Ama bunun ne kadar devam edeceği, ne bildiğine ve ne yaptığına bağlı," demişti. Kitabın amaçları doğrultusunda, benim ve dünyadaki insanların %99'u gibi sizin de bir "Hazırlanan" olmadığınızı, yiyecek ve su stoklamadığınızı, evinizi bir kaleye çevirmediğinizi ve dünyanın sonuna hazırlanmak için başka bir hazırlık yapmadığınızı varsayacağım.

Peki baştan bir şeyler üretmek zorunda kalmaktan önceki hayati öneme sahip geçiş döneminde, kıyamet sonrası dünyada hayatta kalmanızı garantilemek için geriye kalan hangi artık parçaları toplamanız gerekiyor? Geri çekilmekte olan teknoloji dalgasının ardında bıraktıklarından hangilerini aramalısınız?

Barınak

Tahayyül ettiğimiz (insanların öldüğü ama çevremizdeki şeylere pek bir şey olmadığı) durumda, barınmak için bir yer bulmaya ihtiyacınız olması pek olası değil, zira kıyameti takiben boş bina konusunda bir sıkıntı olmayacaktır. Öte yandan yeni kıyafetler edinmek üzere hızla kamp malzemeleri satan bir dükkânı yağmalamanızda fayda var. Dünyanın sonunun gelmesinden sonra moda tamamen ihtiyaca yönelik olacaktır: Dışarıda ya da ısıtması olmayan yerlerde daha fazla vakit geçireceğinizden, içinde rahat edeceğiniz bol, dayanıklı pantolonlar; kat kat, sıcak tutacak üstler ve düzgün bir su geçirmez mont. Sağlam yürüyüş botları pek göz alıcı olmayabilir, ama kıyamet sonrasının dünyasında en çok istemeyeceğiniz şeylerden biri dengenizi kaybetmek ve bileğinizi burkmak. İlk birkaç yıl kıyafet edinmek için en uygun yerler henüz böcekler ya da nem tarafından mahvedilmemiş alışveriş merkezleri olacaktır. Bir alışveriş merkezinin çok derin iç mekânlarına uzanan mesafe uzundur ve ürünler buralarda zararlı unsurlardan korunur.

Sıcak kıyafetlerin dışında hayatta kalmak için en çok ihtiyacınız olan şey ateş. İnsanları soğuktan koruyan, bir ışık kaynağı olan, metalleri eritebilmemize, daha kolay sindirmek ve patojenlerden arındırmak için yiyecekleri pişirebilmemize olanak sağlayan ateş, insanlık tarihinde çok temel bir rol oynadı. Kıyametin hemen sonrasında, kıvılcım çıkarmak için sopaları birbirine sürtmek gibi doğada hayatta kalma becerileri edinmenize gerek yok. Bakkallarda ve evlerde ihtiyacınız olandan daha fazla kibrit ve daha yıllarca çalışmaya devam edecek kullan at çakmaklardan olacaktır.

Kibrit ya da çakmak bulamazsanız, topladığınız malzemelerle ateş yakmanın daha az alışıldık yöntemleri de mevcut. Güneşli bir günde bir büyüteci, gözlüklerinizi* ya da hatta bir parça çikolata ya da diş macunuyla cilaladığınız bir gazoz şişesinin tabanını kullanarak güneş ışınlarını bir noktada toplayabilirsiniz. Kıvılcımlar, terk edilmiş bir arabanın aküsüne bağlanan takviye kablolarının birbirine dokundurulmasıyla üretilebilir ve bir mutfak dolabından alınan bulaşık teli, bir duman detektöründen çıkarılan 9 voltluk pillerin bağlantı uçlarına sürtüldüğünde kendiliğinden tutuşur. Daha önce insanların yaşadığı yerlerde pamuk, yün, çaput veya kâğıt gibi kolay alev alan malzemeler bol bol bulanacaktır; bunları vazelin, saç spreyi, tiner ya da birkaç damla benzine bulayarak daha da kolay alev almalarını sağlayabilirsiniz. Şehirde olsanız bile yakacak bir şeyler bulmakta zorlanmazsınız. İnsanların yaşadığı yerler mobilya ve ahşap aksamdan bahçelerdeki çalılara kadar yakacak malzemelerle doludur ve bunlar ısınmak ve yemek pişirmek için kullanılabilir.

Mesele ateş yakmak ve yanmaya devam etmesini sağlamaktan ziyade, bunu nerede yapacağınız. Yeni yapılmış evlerin büyük kısmında şömine yok. İhtiyacınız varsa metal bir çöp kutusunda ateş yakabilir veya bir mangal bulabilirsiniz. Kaldığınız yerin zemini betonsa halıyı kaldırıp doğrudan betonun üzerinde ateş yakabilirsiniz. Dumanın, (özellikle de sentetik kumaşlar ya da mobilyalarda kullanılan

---

* Ama sadece uzağı görmeye yarayanları. Birçok insanın kullandığı yakını görmeye yarayan gözlüklerin içbükey mercekleri güneş ışınlarını toplamak yerine dağıtır. William Golding'in ünlü romanı *Sineklerin Tanrısı*'nda yakını göremeyen Piggy'nin ateş yakmak için gözlüklerini kullanması çok bilinen bir hatadır.

köpüklerden yakmak zorunda kalmışsanız) açık bir pencereden dışarı çıkmasını sağlamak zorundasınız. Ama en iyisi kaloriferle değil, ateşle ısıtılmak için donatılmış eski bir kulübe ya da köy evi bulmanız olacaktır; az sonra göreceğimiz üzere, kıyametten sonra şehirleri olabildiğince hızlı bir şekilde terk etmenin en önemli nedenlerinden biridir bu.

Su

Barınak bulduktan ve hava koşullarından korunma sağladıktan sonra listenizdeki ikinci şey temiz içme suyu bulmak olmalı. Belediye şebekesinden gelen su kesilmeden önce küvetiniz ve lavabonuz ile temiz tüm kovaları, hatta polietilenden üretilmiş güçlü çöp torbalarını doldurun. Bu acil durum su stoklarını, kirlenmemeleri için kapatmalı ve yosun tutmamaları için güneş ışığından korumalısınız. Süpermarketlerden ve ofislerdeki sebillerden şişelenmiş su yağmalayabilirsiniz. Oteller ile spor salonlarındaki havuzlarda ve büyük binaların çoğunun altında bulunan su depoları da önemli su kaynaklarıdır. Zaman içerisinde bir zamanlar burun kıvırdığınız su kaynaklarına mecbur kalacaksınız. Hayatta kalan herkesin günde en az üç litre, sıcak bölgelerde ve efor sarf edildiği zamanlarda daha da fazla suya ihtiyacı olacak. Bunun sadece içmek için olduğunu, yemek yapmak ve yıkanmak için daha da fazlasına ihtiyacınız olduğunu da unutmayın.

Mühürlü bir şişenin içerisinde olmayan bütün suları arıtmalısınız. Suyu patojenlerden arıtmanın kesin bir yolu birkaç dakika boyu kaynatmaktır (ama bu yöntem kimyasal kirlenmeye karşı koruma sağlamaz). Öte yandan bu hem zaman alan hem de yakıt stoklarınızı hızla tüketecek bir yöntemdir. Afeti takiben tekrar düzeni kurmanızın ardından daha büyük miktarlarda suyu arıtmak için kullanabileceğiniz daha pratik ve uzun vadeli çözüm, filtreleme ve dezenfekte etme olacaktır. Bulanık göl ya da nehir sularını filtrelemek için plastik bir kova, metal bir varil ya da hatta iyi temizlenmiş bir çöp bidonu gibi yüksek bir kapla ilkel ama kullanışlı bir sistem kurabilirsiniz. Dibine küçük delikler açın ve bir dükkândan aldığınız ya da nasıl yapacağınızı sayfa 97-98'de öğrendiğiniz odunkömüründen bir katman yapın. Kömürün üzerine birer katman ince kum ve çakıl döşeyin. Kabınıza suyu dökün, su bu katmanlardan geçtikçe içindeki parçacıkların çok büyük kısmı süzülecektir.

Filtrelediğiniz bu suyu suda bulunan patojenlerden arıtarak dezenfekte etmek için ilk seçenek, kamp malzemeleri satan dükkânlardan elde edebileceğiz iyot tabletleri ya da kristalleri gibi su arıtmak üzere geliştirilmiş malzemeler kullanmak. Bulamıyorsanız, ev temizliği için tasarlanmış klor temelli çamaşır suları gibi bir o kadar etkili olacak şaşırtıcı alternatifler var. Temel etken maddesi sodyum hipoklorit olan %5'lik bu beyazlatıcı sıvı çözeltiden sadece birkaç damla damlatmanız, bir litre suyu bir saat içerisinde dezenfekte edecektir. Öte yandan ürünün zehirli olabilecek parfüm ya da renklendirici gibi ek maddeler içermediğinden emin olmak için önce etiketini dikkatlice okuyun. Bir mutfak tezgâhının altında bulabileceğiniz birkaç litre çamaşır suyu, bir insana birkaç yıl yetecek binlerce litre suyu dezenfekte edebilir.

İçme suyunu dezenfekte etmek için, bir toptancıdan ya da spor salonu deposundan elde edilebilecek, yüzme havuzunu klorlamak için kullanılan ürünler de seyreltilerek kullanılabilir. Bu kalsiyum hipoklorit tozundan sadece bir tatlı kaşığı, 1.000 litre suyu dezenfekte etmek için yeterli (yine, mantarlara karşı ya da berraklaştırıcı herhangi bir katkı maddesi içermediğinden emin olun). Yeniden başlatma sürecinin ileriki dönemlerinde, kolaylıkla elde edilebilecek tüm klorlama malzemeleri tükendiğinde, bunları deniz suyu ve kireçtaşı kullanarak baştan nasıl üretebileceğinizi Onuncu Bölüm'de göreceğiz.

Plastik şişeler sadece suyu depolamak için değil sterilize etmek için de kullanılabilir. Kısaca SODIS (*solar water disinfection*) olarak bilinen güneşle dezenfekte etme yöntemi için sadece güneş ışığına ve ışık geçiren bir şişeye ihtiyacınız var ve bu yöntem, Dünya Sağlık Örgütü tarafından merkezi su dağıtımına sahip olmayan gelişmekte olan ülkeler için öneriliyor; bizim kıyamet sonrası dünyamız için de düşük teknolojili mükemmel bir seçenek. Bu yöntemde, temiz plastik şişelerin etiketlerini çıkarıyorsunuz —ama iki litreden büyük şişeleri kullanmayın, büyük şişelerde güneş ışığı şişenin içindeki suyun tamamına işlemeyecektir—, dezenfekte etmek istediğiniz suyu içine koyuyorsunuz ve güneşin altına yatırıyorsunuz. Güneş ışınlarının ultraviyole bileşenleri, mikro organizmaları öldürmekte son derece etkilidir ve suyun sıcaklığı 50°C'nin üzerine çıkarsa bu etki çok daha fazla artar. Bunun için kullanabileceğiniz iyi bir sistem, çatılarda kullanılan oluklu sac levhalara güneşe bakacak şekilde açı vermek ve su şişelerini olukların içine yerleştirmek. Levhayı siyaha boyamak da sıcaklığın sterilizasyon etkisini artıracaktır.

Öte yandan PVC gibi bazı plastikler ve cam ultraviyole ışınlarını engeller. Plastik şişenin dibine bakın, bugün birçoğu geri dönüşüm sembolüne sahip ve ⚠ işareti taşıyanlar PETE'den (polietilen tereftalat) yapılmıştır ve işinize yaramazlar. Parlak, dik gelen güneş ışığında bu yöntem suyu altı saat gibi bir sürede dezenfekte eder ama gökyüzü bulutluysa birkaç gün boyunca bırakmak en iyisi.

Yiyecek

Medeniyetimizin artıklarıyla beslenmeye ne kadar devam edebilirsiniz? Günümüz ambalajlarının üzerindeki son kullanma tarihleri sadece prensip icabı konuyor ve bu genellikle ürünün bozulmasından çok daha erken bir tarih oluyor. Peki farklı yiyecek tipleri ne kadar süre yenilebilir kalır? Şeker (kuru kaldığı sürece), soya sosu, sirke ve tuz gibi bazı ürünler aşağı yukarı hiçbir zaman bozulmaz ve Dördüncü Bölüm'de göreceğimiz üzere diğer yiyecekleri korumak için kullanılabilirler.

Beslenme rejimimizin diğer temel öğeleri terk edilmiş süpermarketlerin raflarında çok uzun süre dayanmayacaktır. Taze meyve ve sebzeler birkaç hafta içerisinde çürümeye başlar ama içlerinde bitkinin tüm kışı geçirebilmesini sağlayacak enerjiyi depolamak üzere evrilmiş olan yumru köklü bitkiler çok daha uzun süreler dayanır. Patates, turp ve yer elması gibi bitkiler serin, kuru ve karanlık bir yerde altı aydan fazla dayanabilirler.

Peynir ve şarküteri bölümündeki diğer ürünler birkaç hafta içerisinde küflenir. Paketlenmiş halde değillerse birkaç ay sonra kasap bölümündeki et parçalarından kemikten başka bir şey kalmayacaktır. Yumurtalar şaşırtıcı bir şekilde oldukça dayanıklıdır ve soğuk bir ortamda tutulmasalar bile bir aydan uzun bir süre boyunca yenilebilir kalabilir.

Taze süt bir hafta içerisinde bozulur ama yüksek sıcaklıklarda pastörize edilmiş UHT paket içerisindeki sütler yıllarca, süt tozları daha da uzun süreler dayanır. Ekşimeye maruz kalması nedeniyle kurutulmuş yiyeceklerin yağ içeriği, çoğunlukla ilk önce bozulacağı için, yağsız süt tozları çok uzun süreler boyunca içilebilir kalacaktır. Kuyrukyağı ve tereyağı buzdolapları çalışmaz haldeyse çabuk bozulacaktır ve yemeklik yağlar da zaman içerisinde kullanılmaz hale gelir. (Öte yandan, ileride göreceğimiz üzere, insanların tüketmeleri için uygun olmasalar da sabun ya da biyoyakıt üretmek için kullanılabilirler.)

Beyaz buğday unu sadece birkaç yıl dayanır, ama tam buğday unları daha fazla yağ içerdikleri için çok daha çabuk bozulur. Makarna gibi diğer unlu mamuller de birkaç yıl dayanır. Tahıllar öğütülmediğinde ya da kırılmadığında (bu işlem onları daha fazla neme ve oksijene maruz bırakır) içlerindeki besin öğeleri çok daha uzun yaşar, dolayısıyla tane şeklindeki tahıllar yenilebilirliğini on yıllarca korur. Aynı şekilde mısır taneleri on yıl civarında besleyici kalırken, öğütülmüş mısırda bu süre iki ya da üç yıla düşer. Pirinç de beş ila on yıl boyunca tazeliğini korur.

Tabii ki bütün bunlar doğru koşullarda, yani serin ve kuru yerlerde saklanmaları halinde geçerlidir. Ilıman bir bölgedeki büyük bir süpermarketin iç mekânı için bunlar mantıksız beklentiler değil, ama sıcak, nemli bir iklimde yaşıyorsanız yiyecekler elektrikler kesilip klimalar sessizliğe bürünür bürünmez çürümeye başlayacaktır. Buzdolaplarının ve dondurucuların durmasının ardından çürümeye başlayan besinlerin kokusu, insan olmayan bir sürü avcı toplayıcıyı çekecektir: Köpekler ve sahiplerinin yokluğunda açlıkla mücadele eden diğer evcil hayvan sürülerinin yanı sıra böcekler ve fareler. İyi ambalajlanmış yiyecekler bile diş ve pençe darbelerine dayanamayacak, hayatta kalanların erişebileceği yiyecekler, tıpkı eski medeniyetlerin tahıl depolarında olduğu gibi, son kullanma tarihlerinden önce zararlılar tarafından kullanılmaz hale getirilecektir.

Açık ara en çok dayanacak gıda stokları süpermarket raflarını dolduran sıralarca konserve olacaktır. Bunların teneke ve cam kutuları, içlerindeki yiyeceği sadece böceklere ve diğer zararlılara karşı korumayacak, konserveleme sırasında uygulanan ısıl işlem sayesinde bakteri ve mikropların oluşumunu da engelleyecektir. Her ne kadar üzerlerinde yazan son kullanma tarihleri iki yıl civarında olsa da, birçok konserve ürün, belki onları üreten medeniyetin çöküşünden yüzyıl sonra yenilebilir olmayacaktır ama birkaç on yıl boyunca dayanacaktır. Tenekede sızma ya da şişme olmadığı sürece, üzerindeki pas ve çentikler de mutlaka içlerindekilerin bozulduğu anlamına gelmez.

Peki koca bir süpermarketi olan tek bir kişiyseniz, içindekilerle ne kadar yaşayabilirsiniz? Sizin için en iyi strateji ilk haftalarda çabuk bozulacakları, daha sonra kuru makarna ve pirincin yanı sıra yumrulu bitkileri, en son da konserve ürünleri tüketmeniz olacaktır. İhtiyacınız olan vitaminleri ve lifleri aldığınız (bu noktada besin takviyelerinin olduğu reyon size yardım edecektir) dengeli bir yeme rejimi de takip ettiğinizi varsayarsak, cüssenize, cinsiyetinize ve gün içerisinde ne kadar aktif olduğunuza bağlı olarak değişmek üzere günlük 2.000 ila 3.000 kaloriye ihtiyacınız olacaktır. Kutulanmış kedi ve köpek mamalarını da yerseniz orta boy bir süpermarket sizi yaklaşık 55 ila 63 yıl boyunca idare edecektir.

Bir süpermarkete sahip olan tek bir kişi değil, bir felaketten sağ kurtulmuş ve bakkalından devasa dağıtım depolarına koca bir ülkenin kaynaklarının üzerine konmuş bir grup insan olduğunuzu düşünürsek, bu rakam doğal olarak yükselecektir. Örneğin Birleşik Krallık Çevre, Gıda ve Tarım Bakanlığı (DEFRA) 2010 yılında, (pirinç, makarna ve konserve gibi bozulmayan, dondurulmamış ürünlerin) "yavaş yavaş satın alındığı koşullarda" 11,8 günlük bir ulusal stok olduğunu hesapladı. Bir kıyamet sonrasında sağ kalan on binlerce insandan oluşan bir topluluk için bu 50 yıl kadar yetecek yiyecek demek. Kısacası teknolojik medeniyeti hızla tekrar başlatmaya yetecek kadar büyük bir kıyamet sonrası topluluğu, tarımı yeniden başlatacak ve kendi yiyeceklerini üretecek kadar zamana sahip olacaktır.

Yakıt

Günümüz yaşam biçiminin bir başka temel tüketim maddesi ve ulaşım, tarım ve yeniden inşa etme sürecinde jeneratörleri çalıştırmak için hayati önemde olmaya devam edecek olan madde bulunabilir yakıttır. Hayatta kalanlar için çevrede büyük miktarlarda benzin ve mazot olacak. İngiltere'deki neredeyse 30 milyon arabanın –aynı zamanda motosiklet, otobüs ve kamyonun– benzin deposu, kullanılabilecek dağınık bir kaynak sunar. Terk edilmiş araçlardaki benzin bir hortumla çekilebilir ya da depoya bir tornavidayla basitçe delik açılarak altına konan bir kaba aktarılabilir. Benzin istasyonlarının altlarındaki depolama üniteleri de toplu olarak büyük bir stok oluşturur. Elektrik olmadan benzin pompaları çalışmayacaktır ama beş metrelik bir hortumla buralardan benzin çekmek zor değil. Benzin istasyonlarının altında 30 bin galon civarında benzin alan depolar bulunur. Bu, ortalama bir aile arabasıyla kıyamet sonrasının boş yollarında bir milyon kilometre yol yapabileceğiniz anlamına geliyor.

Daha önemli bir mesele benzinin iyi durumda nasıl korunacağı. Mazot benzinden daha dayanıklıdır ama yine de bir yıl içerisinde, oksijenle etkileşime girmesinden dolayı içinde motoru tıkayacak yapışkan tortular oluşacaktır. Bu yakıtlar iyi korunur ve kullanmadan önce filtrelenirse, siz bu yakıtları kullanmaya devam etmek için yeni yollar bulana kadar 10 yıl civarında idare edecektir.

Motorlu araçlar da, parçaları yıpransa ve bozulsa bile, diğer araçlardan parça alınarak ve farklı çözümlerin bulunmasıyla kullanılır halde tutulabilir. Küba günümüzde bunun iyi bir örneğini veriyor. ABD'nin 1962 yılında uygulamaya başladığı ambargo, adayı aniden ithal Amerikan teknolojisi ve makine parçalarından mahrum bıraktı. Bugün ülkenin caddelerinde dolaşan araçların çoğu, *Yank Tank* (Yanki Arabası) denilen klasik modellerdir ve bu tarihten önce üretilmişlerdir. Bu araçların 50 yıl sonra bugün hâlâ kullanılabiliyor olmasının tek sebebi Kübalı tamircilerin dehasıdır. Bu insanlar yıllarca çeşitli çözümler üretti ya da hurdaya çıkan araçlardan yedek parça topladı. Yedek parça bulma ihtimali azaldıkça tamirciler de dehalarını gittikçe daha fazla konuşturmaya başladı. Aynı şey, daha büyük ölçekte medeniyetin çöküşünü takip eden refah döneminde de yaşanacaktır.

Yakıt stokları ve toplama parçalar arabaların, uçakların ve teknelerin bir süre daha yollarına devam etmesini sağlarken, günümüzde bolca kullandığımız GPS navigasyon cihazları, yörüngedeki uyduların kumanda merkezleriyle bağları kesilir kesilmez şaşırtıcı derecede çabuk bir şekilde çalışmaz hale gelecekler. Kıyametten sonraki iki hafta içerisinde konum doğruluğu yarım kilometre civarına, altı ay içerisinde on kilometreye düşecek ve uydular yörüngelerinden çıkmaya başlayınca birkaç yıl içerisinde tamamen kullanılmaz hale gelecekler.

İlaç

Kıyamet sonrasında büyük önem arz edecek bir başka şey tıbbi malzemeler. Ağrı kesiciler, enfeksiyonla ve ishalle savaşan ilaçlar ile antibiyotikler gibi ilaç türlerine erişiminizin olması, sizin ve beraberinizdekilerin rahat ve sağlıklı kalmasına yardımcı olacaktır. Terk edilmiş hastaneler, klinikler ve eczaneler hayati ilaçları bulabileceğiniz tek stok noktaları değildir, veterinerlere ve evcil hayvan dükkânlarına da bakabilirsiniz. Çiftlik ve ev hayvanları hatta akvaryumlar için üretilmiş antibiyotikler bile insanların kullandıklarının aynıları ve işe yaramayacakları düşünülmemeli.

Tıbbi amaçlar için kullanılabilecek başka gündelik malzemeler de toplanmaya değer. Japon yapıştırıcısının (siyanoakrilat) en eski kullanımlarından biri, Vietnam Savaşı sırasında Amerikan askerlerinin yaralarının hızla kapatılmasıdır. Bu uygulama, elinizin altında sterilize iğne ve iplik yoksa kıyamet sonrası dünyasında sizi öldürebilecek enfeksiyonları engellemede yeniden çok önemli olabilir. Yarayı önce iyice yıkayın ve belki de kendi damıttığınız saflaştırılmış ethanol (s. 85-86) gibi bir antiseptikle temizleyin. Yaranın kenarlarını birbirine bitiştirin, Japon yapıştırıcısını yaranın kenarlarını birleştirecek ve kapalı tutacak şekilde sadece yüzey boyunca uygulayın.

Öte yandan asıl sorununuz ilaçların son kullanma tarihleri gelene dek ne kadar zamanınız olduğu. 1980'lerin başında ABD Savunma Bakanlığı, üzerinde yazan son kullanma tarihleri geçmek üzere olan bir milyar dolar değerindeki ilaç stokunun üzerinde otururken buldu kendini ve bu rezervi her iki ya da üç yılda bir değiştirmesi gerekiyordu. Gıda ve İlaç İdaresi'nden, 100'ün üzerinde ilaç çeşidinin, etkinliklerini ne kadar bir süre boyunca sürdürdüklerini test etmelerini istedi. Şaşırtıcı bir şekilde, test edilen ilaçların yaklaşık %90'ı, üzerlerinde yazan son kullanma tarihinden sonra da etkindi ve birçoğunda bu süre ciddi derecede uzundu. Mesela siprofloksazin adındaki antibiyotik on yıl sonra hâlâ etkinliğini korumaya devam ediyordu. Daha yakın tarihli bir çalışma, amantadin ve rimantadin isimli antiviral ilaçların 25 yıl, koah ve astım gibi nefes alma sorunları için verilen teofilin tabletlerinin 30 yıl sonra hâlâ %90 oranında etkin olduğunu gösterdi. Genel olarak ilaçların, mühürlü paketleri açılmış olsa bile, ilaç firmaları tarafından üzerlerine basılan son kullanma tarihlerinden birkaç yıl sonrasına kadar büyük oranda faydalı olmaya devam edeceklerini söyleyebiliriz. Dahası, kullanma zamanı gelene kadar ilaçları nemden ve havadaki oksijenden ayrı ayrı koruyan günümüzün blister ambalajlarıyla bu sürenin çok daha fazla uzaması mümkün. Yani yaşamınızı tehdit eden bir enfeksiyonla karşı karşıyaysanız son kullanma tarihinin üzerinden uzun süre geçmiş bile olsa bir antibiyotiği alma riskine neredeyse kesin olarak girmelisiniz. Tabletin içerisindeki aktif bileşenler kimyasal olarak çözündükçe ilacın etkisi azalacak olsa da size önemli bir zarar verme ihtimali yok.

Şehirleri Neden Terk Etmelisiniz?

Bir şehrin en kötü yanının o şehirde yaşayan diğer insanlar olduğunu düşünebilirsiniz: caddelerde akan, metroda birbirini itip kakan, gürleyen trafik ve araba kornalarının arasında kalmış yoğun kalabalıklar. Bir felaketin insan nüfusunun büyük kısmını yok etmesinden sonra boşalmış bir metropolün sessiz sakinliği başta biraz ürkütücü olabilir ama zamanla çok hoş gelmeye başlayabilir. Öte yandan ölü şehirler yeniden inşa sürecinde malzeme toplamak için son derece ideal olsalar da, buralarda yaşamaya devam edebilmeniz pek olası değil.

Kıyametten hemen sonra yerleşim alanlarındaki ana sorun, felaket sırasında ölen sayısız insanın cesedi olacaktır. Bu cesetleri kaldıracak ve onlardan hijyenik bir şekilde kurtulmaya hizmet edecek birileri olmadığında, hem ilk aylarda korkunç kokacaklar hem de çürümeleri kalanların sağlığını tehdit edecektir. Her felakette olduğu gibi mikroplu sulardan geçen hastalıklar önemli bir mesele olacaktır.

Peki bir yıl ya da daha fazla çevredeki yeşil alanları dolaşıp kurtulan diğer insanları aramanızın ardından bu kadar imkân sunan şehirlere neden geri taşınmayasınız? Modern şehirlerin parıl parıl parlayan gökdelenleri ve hatta öyle çok da yüksek olmayan apartman blokları bile medeniyetin çökmesinden sonra yaşanılabilir olmayacak: Bunlar varlıklarını ancak günümüz altyapısının desteğiyle sürdürebilir. Klimaları ve ısıtma sistemlerini çalıştıracak elektrik şebekesi ve doğalgaz temini olmaksızın iç mekânların iklimi, rahatsız edici ve kontrol etmesi zor olacaktır. Ana su borularının basınçlarını kaybetmesiyle birlikte, şehirde bir yeraltı suyu kaynağı bulmanız ve asansörler elektriksiz çalışmayacağı için litrelerce suyu her gün merdivenleri tırmanarak evinize taşımanız gerekecek. Yeteri kadar azimle bu sıkıntıların birçoğunu çözebilirsiniz: En azından zaman içerisinde, örneğin asansörleri, klimaları ve su pompalarını çalıştırmak için dizel jeneratör kullanabilirsiniz. Hatta kısa bir süre için lüks bir çatı katına taşınarak, tavandan zemine pencerelerinizden boş, huzur dolu şehri izlemek ve yemeniz gereken her şeyi çatı bahçenizdeki yoğun bir sürdürülebilir tarımla yetiştirmek gibi bir fanteziyi bile gerçekleştirebilirsiniz. Daha akla yatkın bir kıyamet sonrası şehir yaşamı, büyük bir parkın hemen yanında oturmak ve bitki yetiştirmek için buranın toprağını kullanmak olur.

Teknoloji balonu patladığında bazı şehirlerde çevre hızla yaşanamaz hale gelecektir. Los Angeles ve Las Vegas gibi yerler alışılmadık bir şekilde çorak ya da çöl alanlarda inşa edildiler ve onlara çok uzaklardan su taşıyan hatların bakımı yapılmadığında hızla yitip gidecekler. Öte yandan, öncesinde bir bataklık olan ve su tahliye sisteminin hasar görmesiyle eski haline dönmeye başlayacak olan Washington DC bunun tam tersi bir sorunla karşı karşıya kalacak.

Bu gibi nedenlerle şehirleri sonsuza kadar terk etmenizin ve verimli, tarım yapılabilir bir araziye, elektriksiz ısıtmaya uygun şekilde inşa edilmiş eski bir binaya sahip kırsal bir bölgeye taşınmanızın çok daha iyi olduğunu düşünüyorum. Yerleşmek için uygun yer, açık deniz balıkçılığına olanak sağlayan –bununla birlikte devam eden küresel ısınma nedeniyle deniz seviyesinin kaçınılmaz olarak yükseleceğini unutmayın– ve ağaçlık alana yakın bir kıyı olmalı. Göreceğimiz üzere, ağaçların yakacak odun ve inşaat için kereste sağlamak dışında sayısız faydası var. Ölü şehirlere yağmalama ve kurtarma ekipleri gönderebilirsiniz ama kırsalda yaşamak çok daha kolay olacaktır. Bir kez yerleştiniz mi, yerel elektrik şebekesinden başlayarak, temel teknolojik altyapıyı mümkün olduğu kadarıyla canlandırmak isteyeceksiniz.

Şebeke Dışı Elektrik

Yiyecek ve yakıtın tersine elektrik depolanamaz; sürekli bir akış halindedir ve dolayısıyla kıyametten sonraki birkaç gün içerisinde elektrik şebekesinin çökmesiyle kesilecektir. Hayatta kalan topluluklar kendi elektriklerini üretme ihtiyacı duyacaktır ve günümüzde şebeke dışı elektrik kullananların yaşamlarına bakarak neye ihtiyacımız olduğuna dair çok şey öğrenebiliriz.

En basit kısa vadeli çözüm, yol yapım ya da inşaat sahalarından elde edilebilecek, seyyar dizel jeneratörler aramak. Akaryakıt tükendiğinde, yenilenebilir enerji şebekesiyle devam etmek için yakınlardaki tepeler boyunca serpiştirilmiş yüksek rüzgâr türbinlerinden birine de bağlanabilirsiniz. Sadece bir tek türbin, uygun ekipman ya da uygun yedek parçalar olmadan yapamayacağınız bakım işine ihtiyaç duyuncaya kadar, bir megavattan fazla, günümüz evlerinden yaklaşık 1.000 tanesine yetecek kadar enerji üretebilir.

Mekanikten anlayan hayatta kalanlar, kurtarılmış malzemeleri bir araya getirerek basit rüzgâr değirmenleri yapmakta pek fazla zorlanmayacaktır. İnce çelik levhalar kesilip, büyük bir pervane kanadı olacak şekilde bükülebilir ve bir tekerleğin göbeğine takılabilir, dönme momenti de bir zincir ya da bisiklet dişli takımı yardımıyla aktarılabilir.

Temel adım bu dönüş enerjisini elektrik enerjisine çevirmek ve bunun için uygun durumda bir hazır jeneratör bulmanız gerekiyor. Oldukça kullanışlı ve derli toplu modellerin kaynaklarından biri, günümüz dünyasında o kadar gözünüzün önünde ki farkına varmamanız anlaşılır bir durum. Dünyada –toplamın yaklaşık dörtte biriyle herhangi bir ulusunkinden daha fazlasına sahip olan ABD'yle birlikte– bugün bir milyar civarında motorlu taşıt var ve bunların her biri kurtarılabilir bir alternatöre sahip. Oto alternatörü kullanışlı bir mekanizmadır. Şaftı çevirdiğiniz anda, ne kadar hızlı çevirdiğinizin bir önemi olmaksızın, çıkışlarında tamamen düzenli 12 voltluk doğrudan bir akım elde edersiniz ve bu özellik onları kıyamet sonrası dünyasının küçük ölçekli elektrik santrali için oldukça uygun hale getiriyor.

Daha basit bir alternatif, şarjlı matkap ya da spor salonlarındaki koşu bantları gibi elektrikli aletlerin sabit mıknatıslı motorları olur. Motor milini güç kullanarak çevirdiğinizde tersine çalışarak terminallerinden bir elektrik akımı üretecektir, öte yandan elde ettiğiniz güç, hıza göre değişiklik gösterir.

Güneş paneli de bulabilirsiniz ve dizel bir jeneratör ya da bir rüzgâr türbininin tersine, hareket eden parçaları olmadığı için bakım yapılmaksızın fevkalade iyi çalışmayı sürdürür. Öte yandan paneller kasalarından giren nemden ya da güneş ışınlarının yüksek saflık derecesine sahip silikon katmanları aşındırmasından dolayı zaman içerisinde bozulur. Bir güneş panelinden elde edilen elektrik yılda yaklaşık %1 azalır ve dolayısıyla iki ila üç nesil sonra işe yaramaz hale gelecektir.

Üretilen bu elektriği kullanım için depolamak bir sonraki sorun. Aslına bakarsanız, kıyametten sonra gidilecek ilk yerlerden biri golf sahası; tabii ki on sekiz deliklik bir tur yaparak bildiğimiz dünyanın sonunun gelmesinin yarattığı stresi atmak için değil, çok önemli bir kaynağı edinmek için.

Araba aküleri son derece güvenilirdir, ama motoru çalıştırmak için anlık ve yüksek akımlı bir enerji üretmek için tasarlanmışlardır. Yeni şebeke dışı hayatınıza güç sağlamak için ihtiyacınız olan düzenli ve sürekli elektrik enerjisine yeterince uygun değiller. Hatta %5'in üzerinde bir boşaltıma sürekli olarak izin verilirse kolayca zarar görebilirler.

Alternatif bir tasarım, çok daha yavaş bir hızda boşaltım yapan ve sorun çıkmadan neredeyse tam kapasitesiyle tekrar tekrar kullanılabilen ve şarj edilebilen, "derin döngü" olarak da bilinen, şarj edilebilir kurşun asit akülerdir. Kıyametin hemen ertesinde yağmalamak isteyeceğiniz bu tür bir aküdür. Karavanları, motorlu tekerlekli sandalyeleri, elektrikli forkliftleri ve golf arabalarını deneyin. Biriktirdiğiniz akü kümelerinden elde edeceğiniz doğrusal akım, küçük buzdolapları ve lambalar gibi birçok ev aletini çalıştırabilir ama bir de doğru akımı (DC) diğer aletlerin kullandığı 120 voltluk alternatif akıma (AC) çevirecek dönüştürücü denilen bir cihazı da elde etmeye çalışın.

Bu tür elektrik üretme ve depolama yöntemleri bugün kendi elektriğini üretenler ve kendilerini medeniyetin çöküşüne dayanıklı hale getirmeye çalışan "Hazırlananlar" tarafından kullanılıyor. Ama yakın tarihimiz sıkıntılı bir durumda elektrik üretmek için zorunlu olarak dehalarını kullanan orta halli şehirlilerle ilgili örnekler de sunar. Mesela 1990'ların ortasındaki Bosna Savaşı sırasında Goražde şehri, Sırp ordusu tarafından üç yıl boyunca kuşatılmış, ablukaya alınmış ve kendi ihtiyaçlarını büyük ölçüde kendi karşılayacak hale gelmeye zorlanmıştı. Şehrin sakinleri BM tarafından havadan atılan yiyeceklere erişseler de altyapılarının

1990'ların ortalarında Sırp birlikleri tarafından elektriği kesilen Goražde şehrinin sakinleri, köprüye eğreti olarak ilkel hidroelektrik jeneratörler bağlamıştı.

büyük kısmı yok olmuştu ve elektrikleri kesilmişti. Elektrik üretmek için kendi derme çatma hidroelektrik tertibatlarını inşa ettiler: Oto alternatörüyle çalışan su çarklarının yerleştirildiği, Drina Nehri'ndeki yüzen platformlar şehrin köprüsüne bağlandı. Bunlar ortaçağ Avrupa'sının köprülere nehrin orta kısmında, akıntının en hızlı olduğu yerde bağlanmış, yüzer un öğütme değirmenlerine şaşırtıcı derecede benziyordu, ama modern versiyonları, nehir kenarı boyunca gerilmiş kablolara elektrik yüklüyordu.

Şehirlerden Parça Toplamak

Şu ana kadar, yiyecek ve yakıt gibi ürünler, ayrıca kıyamet sonrası elektrik üretimi için eğreti olarak bir araya getirilebilecek alternatör ve aküler gibi parçalarla bir süre dayanmayı sağlayacak tampon bir zaman aralığı önererek, medeniyetimizin geriye kalan insanlarının hayatta kalan toplumun çöküşünü nasıl hafifleteceğine baktık. Öte yandan, ölü şehirler yeni baştan bir şeyler inşa etmek için ihtiyacımız olan temel hammaddeleri de sağlar.

Birçok metal çeşidi ve cam gibi bazı elzem malzemeleri geri dönüştürmek kolaydır. Metal parçalar oldukça paslanmış ve uzun vadede çürümüş bile olsalar, metal hâlâ oradadır. Sadece, başta oksijen olmak üzere ona bağlanan diğer elementlerden ayrılması gerekir. Çok paslanmış çelik bir kiriş, özünde çok zengin bir demir cevheridir ve daha sonra göreceğimiz üzere (s. 199-22), tarih boyunca kayalık doğal madenlerden demirin çıkarılması için kullanılan tekniklerin aynısı kullanılarak yeniden saf metal olarak arıtılabilir.

Plastiğin üretilmesi karmaşık organik kimya (ve petrolden elde edilmiş hammaddeler) gerektirir ve dolayısıyla, sadece halihazırda varolanın başka işlevler için kullanılması ya da geri dönüştürülmesi yoluyla, toparlanmanın ilk aşamalarında ulaşılabilir olacaktır. Plastikler, moleküler yapısına ve dolayısıyla ısıya verdiği tepkiye göre iki gruba ayrılır: Isıyla sertleştirilmiş plastikler ve ısıyla yumuşatılmış plastikler (ya da basitçe termoplastikler). Isıyla sertleştirilmiş plastiklerin geri dönüştürülmesi neredeyse imkânsızdır; ısıtıldıklarında içerdikleri farklı organik bileşenlere ayrışırlar ve bunların birçoğu son derece zehirlidir. Öte yandan termoplastikler temizlendiklerinde eritilip yeni ürünler elde etmek üzere yeniden şekillendirilebilir. İlkel yöntemlerle geri dönüştürmesi en kolay termoplastik türü polietilen tereftalat'tır (PET). Bulduğunuz plastik maddenin hangi tür polimerden yapıldığını anlamanın en kolay yolu, üzerlerine basılan geri dönüşüm işaret koduna bakmaktır. PET'ler "1"le işaretlenirler –örneğin plastik su şişelerinin neredeyse tamamı PET'tir– ve (yüksek yoğunluklu polietilen: HDPE) "2" ve (polivinil klorit: PVC) "3"ü geri dönüştürmekte de bir dereceye kadar başarılı olmanız mümkün.

PET   HDPE   PVC

Öte yandan, camı sonsuza kadar eritip yeniden şekillendirebilirken, plastik ürünlerin kalitesi güneş ışığına ve havadaki oksijene maruz kalmanın etkisiyle düşer ve her geri dönüştürüldüklerinde daha zayıf ve hassas hale gelirler.* Dolayısıyla kıyamet sonrası bir toplum metal ve cam kalıntılarımızdan beslenmeye devam

---

* Ayrıca günümüz ambalajları ve mamulleri nadiren tek bir plastik türünden üretilir. Örneğin bir diş macunu tüpü, hepsi aynı anda serilen beş katmandan oluşur: doğrusal düşük yoğunluklu polietilen, modifiye düşük yoğunluklu polietilen, etil vinil alkol, yine modifiye düşük yoğunluklu polietilen ve son olarak yine doğrusal düşük yoğunluklu polietilen (ilginç bir şekilde, plastik tüpün kendisi de, tıpkı içindeki diş macunu gibi bir delikten püskürtülür). Bu durum birçok plastik ürünü fiilen geri dönüştürülemez yapar. Dolayısıyla kıyamet sonrasının dünyasında toplamaya değer olanlar sadece temiz PET su şişeleri gibi basit mamuller olacak.

edecek ve yeterli kimyasal yetkinlik tekrar öğrenilebilinceye kadar plastik çağı kaçınılmaz olarak sona erecektir.

Medeniyetin çöküşü ve uzak mesafe iletişim ağı ile uçak yolculuğunun sona ermesiyle birlikte, küresel köyümüz yeniden köylerden oluşan bir küre halinde parçalanacak. İnternet, nükleer saldırıyı atlatacak ve ağ düğümlerinin çoğunu kaybetse bile çalışmaya devam edecek dayanıklı bir bilgisayar ağı olarak tasarlandığı halde, elektrik şebekelerinin bütünüyle çökmesi karşısında diğer günümüz teknolojilerinden daha iyisini yapamayacak. Bilgisayar merkezlerindeki yedek jeneratörler ve baz istasyonlarındaki yakıt tükendiğinde, şebekenin çökmesinden birkaç gün sonra cep telefonları da işe yaramaz olacak. Kıyıda köşede kalmış ya da eski teknolojiler, birden çok büyük yeni bir önem kazanacak. Bulmak isteyeceğiniz ilk şeylerden biri, o eski moda telsizler, böylece malzeme toplamaya çıktığınızda grubunuzdaki diğer insanlarla iletişim kurmaya devam edebileceksiniz. Halk frekansı ya da amatör telsiz setleri, hayatta kalan diğer gruplarla iletişim kurmaya çalışırken uzak mesafeli iletişim için oldukça değerli hale gelecek.

Ama tamamen kaybolmadan önce toplamanız gereken en kıymetli kaynak bilgi. Kitaplar şehirleri ve kasabaları dümdüz eden kontrolden çıkmış yangınlarla yok olabilecek, su baskınlarının darbeleriyle okunması imkânsız lapaya dönebilecek ya da kırık camlardan giren yağmur ve nem yüzünden bulundukları raflarda kolayca çürüyebilecektir. Çok daha yaygın olmasına rağmen, medeniyetimizin kâğıt temelli yazıları, bizden önceki kültürlerin kil tabletlerinden, sert papirüs rulolarından ve parşömenlerinden daha dayanıksız kayıtlar. Öte yandan hayatta kalan nüfus yeniden inşa etmeye başladığında kütüphanelerin muhteviyatları hâlâ sağlamsa, bu harika kaynaklar bilgi aramak için deşilebilir. Örneğin bu kitabın arkasında yer alan kaynakçada listelenen başlıkların çoğu, medeniyetin gerek duyduğu ve peşine düşmeye değer kilit pratik becerilerin ve süreçlerin detaylarını gösteriyor. Aynı şekilde, eski teknolojilerin depolandığı yerleri –bilim ve sanayi müzeleri– de bulabilir ve kıyamet sonrası dünya için oldukça uygun olan iplik makineleri ya da buharla çalışan motorlar gibi mekanizmaların çalışma sistemlerini inceleyebilirsiniz.

Toparlanma sonrasında muhtemelen sıklıkla karşılaşılacak manzaralardan biri, kırsal kesimin orasına burasına dağılmış, büyümekte olan insan yerleşimleri olacaktır. Bu yerleşimler rasgele değil, harap olmuş çok katlı yapıların ve diğer şehirsel altyapının merkezini kuşatacak şekilde, ölü şehirlerin çevresindeki kuşakta konumlanmış olacaktır. Yaşamaya elverişli olmayan bu alanlara girmeye, belki binaları yıkmak için ev yapımı patlayıcılar ve metal bileşenleri parçalara ayırmak için el yapımı asetilen kaynaklar kullanan, en yararlı malzemeler için onları kazarak, ölü şehirlerin kalıntılarını ayıklayan yağma timleri cesaret edecek sadece. Bu değerli yağma ürünleri, daha sonra işlenerek aletlere, sabana ve yeniden başlatma sürecinde ihtiyaç duyulan diğer şeylere dönüştürülecek.

Kıyametten sonraki ilk zorlu işlerinizden biri tarıma yeniden başlamak olacak. Barınak sağlamak için sayısız boş yapınız ve taşıtlar ile jeneratörleri çalıştırmak için yeraltı yakıt gölleriniz olabilir ama açlıktan ölmek üzereyseniz bunların hepsi boşa gidecektir.

ÜÇÜNCÜ BÖLÜM

Tarım

> Yeni bir dünyaya hızlı bir başlangıç yaptık. İlk başta her şeyin yeteri kadar olduğu bir zenginliğe sahiptik ama bu sonsuza kadar sürmeyecek... İleride tarla sürmek zorunda kalacağız; sonra nasıl saban yapabileceğimizi öğrenmemiz gerekecek; daha sonra saban yapmak için demiri nasıl eriteceğimizi öğrenmek zorunda kalacağız... Hızlı başlangıcımızın en değerli öğesi bilgi. Bizi atalarımızın başladığı yerden başlamaktan kurtaran kestirme yol o.
>
> *The Day of the Triffids* [Trifitlerin Günü], John Wyndham

Tarımı yeniden ne kadar hızlı başlatmanız gerektiği, toplumumuzun çökmesine yol açan olay neyse ondan kurtulan insanların sayısına bağlı tamamen. Düşünce deneyimizin amaçlarına uygun olarak, yiyecek stokları tükenene kadar nefes alacak bir zamanınızın olduğunu varsaydık. Bu size ayaklarınızın üzerinde doğrulacak, yerleşecek uygun bir toprak parçası bulacak ve iyi bir hasat elde etmek bir ölüm kalım meselesi haline gelene kadar tarlalarda hatalar yapıp bundan ders çıkaracak kadar bir zaman tanıyacak.

Kıyametten sonra hızla harekete geçmeli ve ekimi yapılan olabildiği kadar fazla bitkiyi kurtarmalı ve korumalısınız. Binlerce yıldır en iyi bitkileri seçip döllüyoruz ve günümüzün tüm kültür bitkileri bunun bir sonucu, dolayısıyla halihazırda mevcut olan evcilleştirilmiş türleri kaybederseniz medeniyeti kısa yoldan yeniden inşa etme umudunuzu da kaybetmeniz mümkün. Evcilleştirilmeleri süresince buğday ve mısır gibi türler besin değerleri açısından en yüksek noktaya ulaşacak şekilde yetiştirildiler ve artık bizim olmadığımız bir yaşama uyum sağlamaları pek mümkün değil. Birçoğu, terk edilmiş tarlaları fethetme fırsatını kaçırmayacak yabani otlar tarafından yok olmaya sürüklenebilecek ve kısa sürede rekabet dışı kalacaktır.

Hasadı yapılmamış, sahipsiz kalmış tarlalar ve evlerin arka bahçelerindeki sebzelikler, kalan yenilebilir bitkileri aramak için ideal yerler. Işkın, patates ve enginar gibi türler muhtemelen bahçeler terk edildikten çok uzun süre sonra da kendi kendine üremeye devam edecektir. Öte yandan beslenme düzenimizin başlıca unsuru tahıllardır ve tedbirli davranıp kıyametten hemen sonra, bitkiler ölmeden ve tarlalarda çürümeden önce, hemen tohum toplama seferleri organize etmeye çalışabilirsiniz. Ya da terk edilmiş bir çiftlik ambarında yıllar sonra bile filizlenebilecek mısır tohumu çuvalları bulacak kadar şanslı olabilirsiniz.

Öte yandan, asıl sorun, günümüz tarımında ekimi yapılan bitkilerin çoğunun "hibrit" olmasıdır: Bir örnek ve son derece verimli ürünler elde etmek için istenen özellikleri taşıyan iki ayrı türün çaprazlanmasıyla üretilmişlerdir. Ne yazık ki, bu hibrit tohumlardan elde edilen tohumlar bu özelliklerini koruyamayacaktır; kendi tohumunu üretmez ve dolayısıyla ekmek için her yıl yeni hibrit tohumlar satın alınması gerekir. Bu nedenle kıyametten hemen sonra asıl toplamanız gerekenler ata yadigârı tohumlardır: Her yıl tohum vereceğine güvenilebilecek geleneksel türler. Birçok "Hazırlanan" tam da bu olası sonuç için ata yadigârı tohumları depoluyor, peki ama sizin hazırda bir stokunuz yoksa nereye bakmalısınız?

Dünyanın her yanında, biyolojik çeşitliliği gelecek nesiller için korumak üzere inşa edilmiş yüzlerce tohum bankası var. Bunların en büyüğü Londra'nın hemen dışındaki West Sussex'te bulunan Millennium Seed Bank (Binyıl Tohum Bankası). Milyarlarca tohumun nükleer bombalara karşı korunaklı, çok katlı yeraltı kasalarında saklandığı bu yer, kıyamet sonrasının dünyası için bilgi yüklü kitaplar yerine farklı bitki türlerinin kütüphaneliğini yapıyor. Burada serin, kuru bir ortamda tutulan, ata yadigârı tahılları, bezelye ve diğer baklagilleri, ayrıca patates, patlıcan ve domatesi içeren ekilebilir sayısız çeşitte bitkinin tohumları, filizlenebilir olma özelliklerini onlarca yıl boyunca koruyacak. Ancak bu tohumlar bile bir zaman sonra ölür, bu nedenle filizlendirilmeleri, yetiştirilmeleri gerekir ve tekrar depolanmak üzere taze tohumları üretilmelidir.

Düşük sıcaklık tohumların dayanma süresini uzatır, dolayısıyla en dayanıklı tarımsal depo, medeniyetin çöküşünden çok uzun bir süre sonrası için bir "kurtarma dosyası" işlevi görecek olan Svalbald Küresel Tohum Kasası'dır. Bu ambar Norveç'in Spitsbergen Adası'ndaki bir dağın 125 metre içerisine yapıldı. Çelikle güçlendirilmiş bir metre kalınlığında beton duvarları, patlamaya dayanıklı kapıları ve küresel bir felaket karşısında içerideki biyolojik havuzu koruyacak hava kilitleri var ve ayrıca bir güç kaybı olduğunda bile, termafrosta gömülü olmak (kasanın yapıldığı alan Kutup Dairesi'nin bayağı içindedir), uzun dönemli koruma için sıfırın altında olması gereken sıcaklığı doğal olarak sağlayacak. Filizlenebilir buğday ve arpa tohumları burada 1.000 yıldan uzun bir süre için korunmuş olacak.

Tarım Yapmanın Kuralları

Cevaplamanız gereken hayati soru şu: Elinizde bir avuç tohumla çamurlu bir tarlaya girip, kış bastırmadan önce yiyecekle nasıl çıkacaksınız?

Svalbald Küresel Tohum Kasası

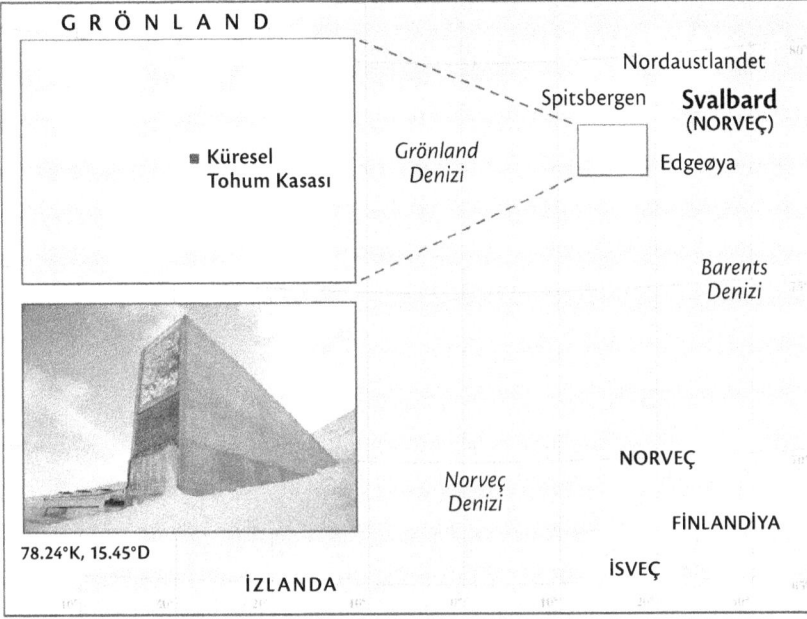

G R Ö N L A N D

■ Küresel
Tohum Kasası

Grönland
Denizi

Nordaustlandet

Spitsbergen **Svalbard**
(NORVEÇ)

Edgeøya

Barents
Denizi

NORVEÇ

Norveç
Denizi

FİNLANDİYA

78.24°K, 15.45°D

İZLANDA

İSVEÇ

Svalbald Küresel Tohum Kasası'nın enlem ve boylam koordinatlarını gösteren harita.

Söyleyeceklerim kulağa bir beyinsiz için söylenmiş gibi gelebilir: Tohumlar doğal olarak çimlenirler ve insanlar evrilmeden önce de milyonlarca yıl boyunca mutlu mesut büyüdüler. Ama bu kesinlikle bitki yetiştirmenin ve tarım yapmanın kolay olduğu anlamına gelmiyor. Bitkiler doğal olarak büyüse de tarım tamamen yapay bir şeydir. Bir örnek ve saf bir bitki türünü diğer tüm bitkilerden uzakta, izole ve bir tarlada sadece o bitki olacak bir şekilde yetiştirmeye çalışıyorsunuz (tarlanızda başka bitkiler büyümeye başlamışsa, bunlar yenilebilir bile olsalar tanımları itibariyle yabani ot kategorisindedirler ve güneş ışığı, topraktaki besinler ve su için yetiştirdiğiniz bitkilerle rekabete girişeceklerdir). Ayrıca toprağınızdan olabildiği kadar fazla verim almak ve ektiğiniz alan için harcadığınız emek ve zamanı asgariye indirmek için tarlanızdaki bitkilerin yoğunluğunu en uygun hale getirmeye çalışıyorsunuz. Ama bu arada lezzetli ürünlerinizi böceklerin ve diğer zararlıların istilasına uğramaktan ya da bu ideal koşullarda azıtacak mantarlardan korumaya ihtiyacınız var (aynı şekilde şehirler de insan patojenleri için mükemmel üreme alanlarıdır). Bu iki etmen, tarlaların son derece suni alanlar olduğunun göstergesidir ve doğa her daim size direnecektir. Bu güvenilmez koşullarda üretim yapmak büyük bir dikkat ve çaba gerektirir.

Öte yandan, tarımda, üstesinden gelmeniz gereken bundan daha temel bir sorun var. Orman, ağaçlık, çalılık gibi doğal bir ekosistemde bitkiler güneş ışığından enerji çekerek, havadan karbon emerek ve kökleriyle topraktan çeşitli besleyici mineralleri içerek büyür. Bu yaşamsal maddeler bitkilerin yapraklarına, gövdelerine ve köklerine geçer ve yendiklerinde yiyen hayvanın vücudunun bir parçası haline gelir. Daha sonra hayvan dışkıladığında ya da öldüğünde ve çürüdüğünde bu besinler geldikleri yere, toprağa döner. Doğal bir ekosistem bu yüzden farklı özneler arasında sürekli bir aktarımın yaşandığı sağlıklı bir döngüsel ekonomidir. Öte yandan bir tarım arazisinin doğası tamamen farklıdır: Yegâne amacı insanların tüketimi için ürün almak ve hasat kaldırmak olduğu için yetiştirmeye heveslenirsiniz. Elinizdeki bitkisel maddeden geriye kalanların büyük kısmını tarlalara yine dağıtsanız bile yediğiniz miktarı topraktan yine de almış olursunuz ve toprak yıllar geçtikçe tükenir. Yani çiftçiliğin gerçek doğası mineral besin öğelerini sürekli almayı, toprağın yaşam gücünü emmeyi gerektirir. Ayrıca, özellikle günümüz kanalizasyon sistemleriyle, atıklarımızın içerisindeki zararlı bakteriler öldürülür ve sonra atıklarımız nehirlere ya da denizlere bırakılır; yani bugün yaptığımız tarım, topraktaki besinleri alıp bunları denizlere boşaltan etkin bir boru hattıdır. Bitkiler de en az insan vücudu kadar dengeli beslenmeye ihtiyaç duyar ve en önemli üç bitki besini azot, fosfor ve potasyumdur. Fosfor enerjinin aktarılması için elzemdir, potasyum su kaybını önler, öte yandan eksikliği asıl sorun yaratan ve ürün verimini sınırlayan temel etmen bütün proteinlerin üretilmesinde kullanılan azottur. Her yıl gerçekleşen taşkınların alüvyon taşıyarak toprağı tekrar zenginleştirdiği Nil Vadisi'nde yaşamış olan Eski Mısırlılar gibi olağanüstü şanslı değilseniz, gelir gider tablonuzdaki bu temel açığı kapatmak için bir şeyler yapmak zorundasınız.

Günümüzün sanayileşmiş tarımı inanılmaz derecede başarılı; bugün bir dönüm araziden elde edilen ürün bundan yüzyıl önce elde edilenden iki ila dört kat daha fazla. Ama günümüzün aynı arazide, yoğun, tek tip ürün yetiştiren ve yine de her yıl yüksek bir verime sahip olmaya devam eden tarlalarının ürün vermeye devam edebilmesinin tek yolu, ekosistem üzerindeki sıkı kontrolü sürdürmek için sürekli ilaçlama yapılması ve bol bol kimyasal gübre kullanılması. Bu suni gübrelerde bulunan azot zengini bileşenlerin Haber-Bosch işlemi kullanılarak fabrikalarda nasıl üretildiğine On Birinci Bölüm'de döneceğiz. Tüm bu ilaçlar ve suni gübreler, tarımda kullanılan makinelere ihtiyaçları olan gücü de sağlayan fosil yakıtların sentezlenmesiyle üretiliyor. Dolayısıyla, günümüz tarımı, bir bakıma petrolün –biraz da günışığıyla– yiyeceğe dönüştürülmesi sürecidir ve aslında alınan her bir kalori için on kalori civarında fosil yakıt tüketiyor. Medeniyetin çöküşü ve gelişmiş kimya sanayisinin yok olmasıyla, geleneksel yöntemleri yeniden öğrenmeniz gerekecek. Bugün organik ürünler varlıklı insanlar için ayrılmış durumda; kıyametten sonra ise tek seçeneğiniz olacak.

Bu bölümde toprak verimini yıllar içerisinde nasıl koruyacağınıza tekrar geleceğiz. Gelin önce bitki yetiştirmenin temellerine bir bakalım.

Toprak Nedir?

Bir çiftçi olarak, doğa üzerindeki kontrolünüz sınırlı. Doğal olarak tarlanızın üzerine düşen güneş ışığının miktarını kontrol edemez, yaşadığınız bölgenin iklimini ya da mevsimlerin ne zaman başlayıp biteceğini belirleyemezsiniz. Ayrıca sulama ve drenajla tarlanızın nem oranını düzenleyebilseniz de, yağmuru da kontrol edemezsiniz. Öte yandan çoğunlukla kontrol altında tutabileceğiniz tek şey toprak: Yukarıda gördüğümüz üzere, gübreyle kimyasal olarak zenginleştirebilir ve saban gibi araçlar kullanarak fiziksel olarak işleyebilirsiniz. Yani çiftçinin kontrolü altındaki en temel tarım unsuru topraktır ve toprağı kontrolünüz altına alabilmek için onu anlamalı, bitkilerin gelişimini nasıl desteklediğini bilmelisiniz.

Tarihteki tüm medeniyetler, mevcudiyetlerini bu ince yüzey toprağına borçlu. Avcı-toplayıcılar ormanlardan topladıklarıyla besleniyorlardı, ama şehirde yaşayanlar ve medeniyet, tamamıyla yüzey toprağının sağladığı kaynaklara bağımlı, kısa köklü otlar olan tahılların muazzam verimliliğine bel bağlar. Tüm toprakların kaynağı gezegenimizin kabuğunu oluşturan kayaların parçalanmasıdır. Kayalar fiziksel olarak akan suların, rüzgârların ve buzulların saldırısına uğrar ve kimyasal olarak, bulutlardan dökülürken bir miktar karbondioksit çözerek hafifçe asidik hale gelen yağmur suları tarafından aşındırılır. Ufalanmanın derecesine bağlı olarak çakıllar, kumlar ve killer oluşur. Bu parçacıklar, nemin ve minerallerin muhafaza edilmesine yardım eden ve toprağa sahip olduğu siyah rengi veren bir organik madde kaynağı olan humus tarafından bir arada tutulur. Topraklar genellikle %1 ila 10 humus içerir; öte yandan turba %100'e yakın organik madde içerir. Ama en önemlisi, toprak, çürüyen maddenin işlemden geçtiği ve bitkiler için besin öğelerini geri dönüştüren görünmez bir ekosisteme, devasa ve çok çeşitli bir mikrobiyal yaşama ev sahipliği yapar.

Bir toprağın yapısını ve farklı ürünler için uygunluğunu belirleyen temel etmen, içindeki farklı partikül büyüklüğü dağılımıdır: kalın taneli kum, ondan daha ince olan alüvyon ve en ince tanecikli olan kil. Toprağın bileşimini gözle kontrol etmek zor değil. Cam bir kavanozu üçte birine kadar toprakla doldurun (yumru, kök ve yaprak gibi sert şeyleri ayırın) ve neredeyse ağzına kadar suyla doldurun. Kapağını kapatın ve içindeki tüm topaklar çözülene ve homojen bir çamurlu suya dönüşene kadar kuvvetlice sallayın. Kavanozu bir iki gün bir kenara koyun ve su neredeyse berrak olana kadar içindekilerin oturmasını bekleyin. Taneler, toprak karışımındaki oranlarını gözle değerlendirmeye imkân veren belirgin şeritler ya da katmanları gösterecek şekilde, partikül büyüklüğü sırasıyla çökelecektir. En altta kalan tabaka toprağın kalın taneli kum bileşeni, orta tabaka alüvyon ve en üst tabaka en ince kil partikülleridir.

Tarım yapmak için en ideal toprak türü "verimli toprak" (*loam*) olarak bilinir ve kabaca %40 kum, %40 alüvyon ve %20 kilden oluşuyor. Kumlu toprakların (toplamın üçte ikisinden fazlası kum olanlar) su geçirgenliği fazladır ve bu yüzden büyükbaş hayvanların kışı geçirmeleri için uygundur çünkü ezildikçe bir çamur deryasına dönüşmez. Ama mineraller ve gübreler de kolayca akıp gittiği için ilave hayvansal gübreye ihtiyaç duyar. Öte yandan kil açısından zengin toprakları (üçte birinden fazlası kil ve yarısından azı kum olan topraklar) saban ve tırmıkla işlemek zordur ve sağlıklı, ufalanan yapılarını korumaları için daha fazla kireçleme yapılması gerekir.

Buğday, fasulye, patates ve kolza tohumu gibi bitkiler iyi bakılan killi topraklarda çok iyi bir şekilde yetişir. Yulaf, İskoçya'nın son Buzul Çağı'nda yayılan buzullar tarafından un ufak edilerek oluşan toprakları gibi, buğday ya da arpa için uygun olandan daha ağır, daha nemli topraklarda çok iyi yetişir. Tarih boyunca yulaf ve patates, insanların başka bitkilerin yetişmediği yerlere yerleşebilmelerini ve yüksek verim alabilmelerini sağladı. Arpa, buğdayın yetiştiği topraktan daha hafif bir toprağa ihtiyaç duyar. Çavdarsa diğer tahılların yetiştiğinden daha zayıf, daha kumlu topraklarda yetişir. Şeker pancarı ve havuç kumlu topraklarda iyi büyür.

Drenajı iyi bir bölgede zengin "verimli" bir toprak bulacak kadar şanslı olmak, tarımı yeniden başlatmanın sadece ilk adımı. Mahsulünüzden en iyi verimi alabilmek için aynı zamanda kazmayı küreği kapıp tarlaya girmek zorundasınız. Toprağı işlemek, sıkı toprağın kabartılması, yabani otların kontrol edilmesi ve tohum ekimi için sürülmüş toprağın yüzeyinin hazırlanması (toprağı sürmek) için ihtiyaç duyacağınız tüm mekanik çalışmanın adıdır.

Yeterince küçük bir ölçekte son derece ilkel aletlerle idare edebilirsiniz. Bir çapa, yüzey toprağını parçalamak ve ekim mevsiminden önce hayvansal gübre ya da yeşil gübreyle (çürümüş bitki artıkları) karıştırmak konusunda takdire şayan bir iş çıkartacaktır. Çapayla ayrıca ekimden önce her yerde, ekimden sonra bitkileri diktiğiniz sıraların arasında büyüyen yabani otları da temizleyebilirsiniz. Toprakta düzenli aralıklarla tohumları bırakacağınız ve ayağınızla kapatacağınız sığ delikler açmak için basit bir fide kazığı kullanabilirsiniz. Ama bu, insanın belini büken, zamanını yiyen bir iştir ve başka pek bir şey yapmaya vaktiniz kalmayacaktır. Binlerce yıllık tarım tarihi, gereken emeğin en aza indirilip toprağın veriminin en yüksek seviyeye çıkartılacağı, bu elzem işlemlerin çok daha etkin bir şekilde gerçekleştirilebileceği tasarımlardan birine yol açtı.

Tarım için en önemli alet sabandır ama tarımın başladığı zamandan itibaren rolü değişmiştir. Tarımın ilk geliştiği yerler olan Mezopotamya, Mısır ve Çin'in bereketli, kolay ekilir topraklarında ilk sabanlar, sivriltilip belirli bir açıyla toprağa batırılan ve öküzler ya da insanlar tarafından çekilen bir odun parçasından başka bir şey değildi. Amaç toprakta, tohumların bırakılacağı, sonra hafifçe örtüleceği sığ bir oluk açmaktı. Öte yandan, gezegenimizin ekilebilir arazilerinin büyük kısmında, toprak tarımın verimli olabilmesi için biraz daha fazla hazırlığa ihtiyaç duyar. Günümüzde sabanın işlevi, tüm bir tarla boyunca toprağın en üst katmanını yaracak ve hafifçe ufalayarak ters yüz edecek şekilde geliştirilmiş durumda. Bu sürecin ilk amacı yabani otların kontrol altına almak. Sabanla sürülen tarlada toprak ekilmeden önce istenmeyen bitkiler köklerinden koparılır ve üzeri kabaca toprakla kaplanır. Günışığı alamayan otlar solup ölür ve tohumları tekrar yeşeremeyecek kadar derinde kalır. Toprağın bu şekilde işlenmesi, özellikle de hayvansal gübre kullanıyorsanız, toprağın en üst tabakasındaki organik maddelerin karışmasına da yardım eder ve böylece drenaj artar ve toprak mikroplarının havalanmasına da fayda sağlar.

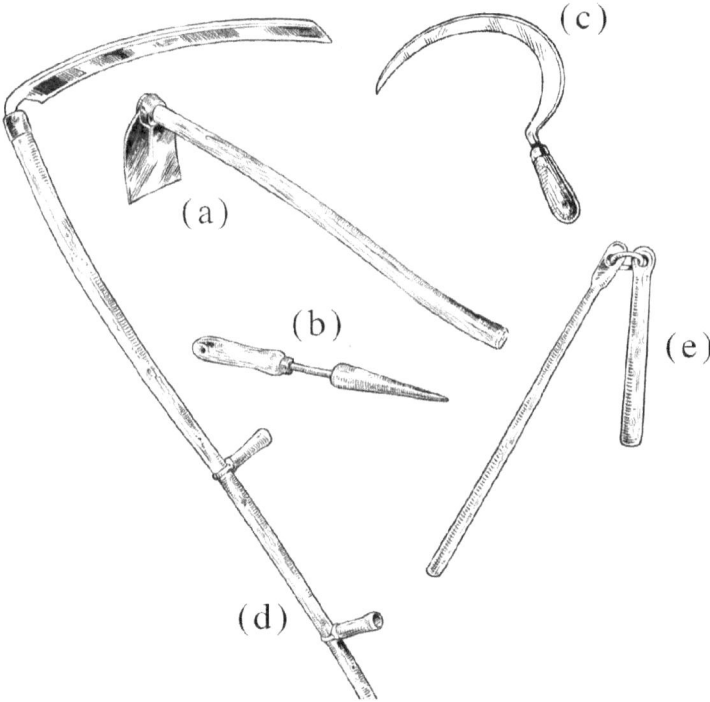

Basit tarım aletleri: çapa (a), fide kazığı (b), orak (c), tırpan (d), harman döveni (e).

Kıyametten hemen sonra, umarım, terk edilmiş bir traktör ve onu çalıştırmak için yakıtın yanı sıra arkasına takmak için saban bulmakta pek zorlanmayacaksınız. Ama mevcut yakıtlar tükendiğinde ya da yedek parça kalmadığı için traktörler durduğunda daha az kaynak tüketen yöntemlere yönelmeniz gerekecek. Ve bu, birkaç öküz bulup onları modern sabanlara koşmak kadar basit bir iş olmayacaktır,

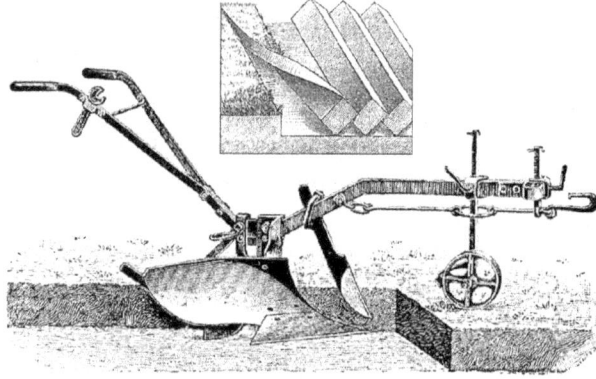

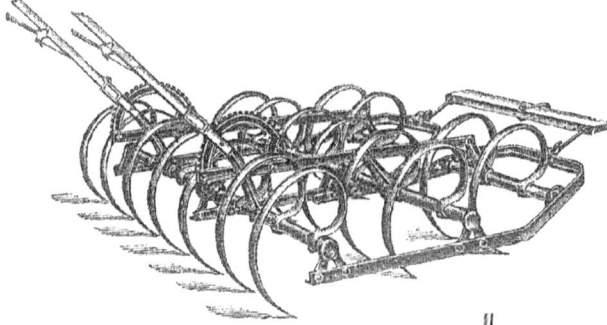

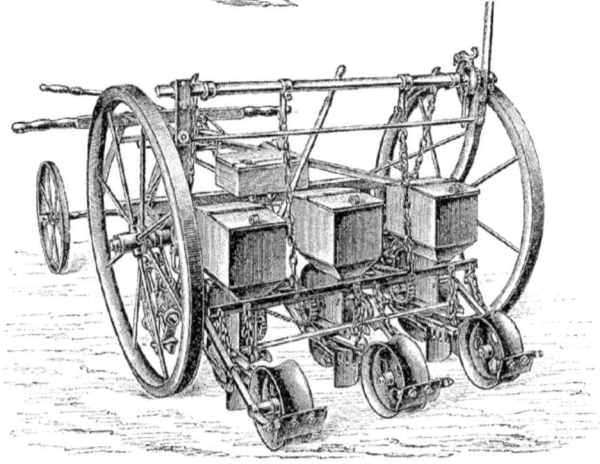

Tarımsal aletler: saban, tırpan, tohum ekme makinesi.

zira bu geniş, birden fazla pulluğa sahip aletlerin toprağı yarıp geçmesi için inanılmaz bir çekiş gücü gerek. Geleneksel bir saban bulamazsanız —belki yakınlardaki şehirlerin müzelerine bakılabilir— yeni bir tane yapmanız gerekecek. Modern sabanların pulluklarından birini traktör römorkundaki takımdan kesebilir ve tek bir gövdeye yeniden monte edebilirsiniz. Ancak bu takımlar tamamen paslanıp çürüdüyse ahşaptan bir saban yapıp metalle kaplayabilir ya da topladığınız metal levhaları döverek bir tane yapabilirsiniz. Sabanların pullukları, temel olarak toprağı yatay kesen keskinleştirilmiş bıçaklardır ve toprağı, üzerinde otların bittiği katmanı dikkatlice çeviren ve alt üst edilmiş bir şekilde toprağa geri bırakan saban demirinin üzerine doğru yükselmeye zorlar.

Toprağı sürdükten sonra ortaya çıkan karıklar ve sırtlar, tohum yatağını ekime hazır hale getirmek için yumuşatılmalıdır. Tırmık saban kadar eski bir alettir ve toprağın ne kadar derinine gireceğine ve kesekleri ne kadar ufaltacağına göre farklılaşan tasarımları vardır. Günümüz tarla tırmıkları, toprağı boylu boyunca yarmak için sıra sıra dikey metal diskler ya da toprağı ufalamak için daldırıldıklarında yukarı aşağı titreşen —el tırmığının yaptığı hareketlerin mekanik versiyonu— sivri, eğimli metal dişler kullanır. Üzerine sivri uçlar tutturulmuş baklava şeklinde ahşap bir gövdeyle kendi basit tasarımınızı yapabilir ya da başka bir çareniz yoksa, ağır bir ağaç kütüğünü toprağın üstünde sürükleyebilirsiniz. Farklı bitkiler toprağın farklı şekillerde olmasına ihtiyaç duyar; mesela buğday, bir çocuğun yumruğu büyüklüğünde, biraz kaba bir toprak yapısını severken, arpa çok daha ince bir toprak ister. Tohumların ekilmesinden sonra üzerlerini kapatmak için toprak hafifçe tırmıklanır. Aynı işlem bitki sıralarının arasında büyüyen otları temizlemek için de kullanılabilir.

İstediğiniz toprağı hazırladıktan sonraki adım tohumları toprağa atmaktır. Bu işi toprakta ileri geri yürürken tohumları saçarak yapmak size oldukça zaman kazandırır, ama bu şekilde tam olarak nereye düştükleri konusunda çok az kontrolünüz olur ve bu da ileride uğraşmanız gerekecek yabani ot denetimini zorlaştırır. Ancak yine, biraz pratik zekâyla bu işi oldukça geliştirebilirsiniz. Bir tohumeker mekanik bir tohum ekicidir. En basit haliyle, bir tohum ekme makinesinde yukarıda tohumla dolu bir haznesi olan el arabası ve tekerlek hareket ettikçe yavaşça dönerek tohum kanalının altındaki bir kanadı yavaşça çeviren bir dişli takımı vardır; tohum kanalı, altındaki kanat döndükçe düzenli aralıklarla tek bir tohum bırakır. Her tohum dar, dikey bir borudan geçer ve istenilen derinlikte açılmış olan toprağın içine düşer. Birbirine paralel kanatlar ve borular yaptıkça tek seferde birden fazla sırayı ekebilir, çark zincirinin boyunu uzatıp kısaltarak her bir sıradaki bitkilerin arasındaki mesafeyi belirleyebilirsiniz (bu mesafenin her bir bitki için ne uzunlukta olması gerektiğini deneyimlerinizle öğreneceksiniz). Bu sistemde arazi en verimli şekilde kullanıldığından, büyümekte olan bitkiler birbirleriyle rekabet etmez ve çok daha az tohum ziyan olur. Ayrıca gereğinden fazla boşluk bırakıp arazinizi de boşa harcamazsınız. Dahası rasgele tohum saçmak yerine mahsulünüzü düzgün sıralar halinde dikmek, sıraların arasında biten otlardan kurtulmanızı da kolaylaştırır. Tohum ekme makinesi daha fazla geliştirilebilir ve tohum yatağına küçük miktarlarda sıvı hayvansal ya da kimyasal gübre bırakması sağlanabilir. Böylece filizler daha kolay kök salar.

Yediğimiz Bitkiler

Tarım sadece, ürün olarak benimsediğimiz bitkilerin yaşam döngülerinin bir aşamasından istifade etmektir. Çoğu bitkinin, yakaladığı günışığı enerjisini ya sonraki yıl kullanmak üzere kendisi için ya da sonraki nesilleri için sakladığı bir deposu yani tohumları vardır. Bu depolar süpermarket raflarında bulunan besleyici ve lezzetli şeylerdir. Köklerini ya da gövdelerini yediğimiz bitkilerin çoğu iki yıllıktır; ikinci senelerinde çiçeklenirler. Üreme stratejileri, bir mevsim yetecek enerji biriktirmek, özellikle genişlettikleri bir bölümünde bunu saklamak, kış boyunca uykuya yatmak ve takip eden baharda rakiplerinden çok daha önce stoklarını çiçeğe ve tohuma dönüştürmektir. Şişkin köklere sahip bu bitkiler arasında havuç, turp, şalgam, yer elması ve pancarı sayabiliriz. Bu türleri yetiştirip dolgunlaşan kısımlarını hasat ederek, aslında, büyüme sezonları boyunca özenle biriktirdikleri enerji tasarruf hesaplarını yağmalıyoruz. Patates aslında bir kök bitkisi değildir; yediğimiz yumrusu aslında gövdesinin şişmiş bir parçasıdır. Başka bir grup bitki, enerji depoları olarak uzmanlaşmış yapraklarını kullanır; soğanlar, pırasalar ve sarımsaklar aslında kalınlaşmış yapraklardan oluşan sıkı öbeklerdir. Karnabahar ve brokoli aslında yeterince büyümemiş çiçeklerdir ve zamanında toplanmadıklarında yenmez hale gelirler. Meyve, mesela bir eriğin çekirdeğinin çevresindeki etli kısım, bitkinin çekirdeğinin enerji deposudur. Buğday ve arpa gibi tahıllar da botanik açıdan bir tür meyvedir.

İnsanlık göçebe yaşam biçimini bırakıp yerleşik hayata geçtiğinde, yani tarımsal alanlarla çevrili belirli bir alanda kök saldığında, ekimini yaptığı ürünlerden alacağı iyi bir hasada bağımlı hale geldi. Ama doğal seçilimin bize sunduğu besleyici bitkileri şükranla kabul edip onlarla yetinmedik. Nesiller boyunca, elde ettiğimiz ürünlerden belirli özellikleri taşıyanları seçip ertesi yıl bunları ekerek, biyolojilerini belirli özelliklerini güçlendirecek ve istemediklerimizi zayıflatacak şekilde değiştirdik. Bu bitkilerin üreme stratejilerine, bizim amaçlarımıza hizmet etmek üzere değiştirecek şekilde saldırırken biyolojilerini o denli bozduk ki, bugün

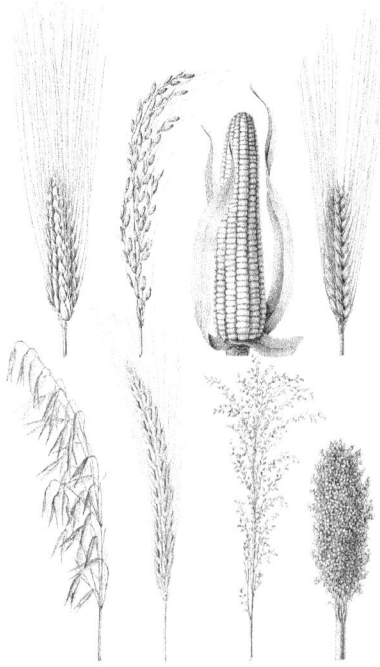

En önemli tahıl ürünleri: (soldan sağa) buğday, pirinç, mısır (darı), arpa, yulaf, çavdar, akdarı ve süpürge darısı.

hayatta kalmak için bizim onlara ihtiyacımız olduğu kadar onların da bize ihtiyacı var. Grotesk bir şekilde büyüyen domatesten, bodur ve ağır bir tepe kısmına sahip pirince, bugün yetiştirdiğimiz her ürün eski zamanların genetik mühendislerinin bir eseri ve her biri kendi başına bir teknoloji ürünü.*

Gezegenimizde inanılmaz çeşitlilikte yenilebilir bitki türleri var ve yetiştirmek üzere bunların sadece çok küçük bir kısmı seçilmiş ve binlerce yıl boyunca tarihteki medeniyetler tarafından ıslah edilmiş olsa da, ekilenlerin sayısı yine de 7.000'i buluyor. Öte yandan bugün dünya tahıl üretimin %80'inden fazlasını sadece 12 tür oluşturuyor ve Amerikalar, Asya ve Avrupa'daki medeniyetler sadece üç ana tahıl üzerine inşa edilmiştir: mısır, pirinç ve buğday. Bu üç bitki kıyametten sonraki yeniden başlatma sürecinde de bir o kadar önemli olacak.

Mısır, pirinç ve buğdayın yanı sıra arpa, süpürge darısı, akdarı ve çavdar tahıl ürünleridir: ot türleri. Tahılların beslenmemizdeki bu hâkimiyetine bir de yediğimiz

---

* Havucun o çok tanıdık rengi bile yapaydır: Kökleri doğal halinde beyaz ya da mordur. Turuncu olan türü 17. yüzyılda Hollandalı ziraatçılar tarafından Oranj Prensi I. William'ın onuruna yaratılmıştır.

etin çok büyük bir kısmının ya otlaklarda otlayan ya da tahıl yiyen hayvanlardan geliyor olması eklendiğinde, insanlık olarak varoluşumuzu doğrudan ya da dolaylı olarak tahıl yemeye borçlu olduğumuzu görürüz. Dolayısıyla hayatta kalanların özellikle bu olağanüstü önemli ürün kategorisine yoğunlaşması gerekecek.

Birçok ürünün hasat edilmesi basittir ve sezgiyle öğrenilebilir –patatesler topraktan çıkarılır, soğanlar yerden sökülür, elmalar dalından toplanır– ama tahılları tarladan almak ve sofranıza getirmek bundan daha fazlasını gerektirir. Mısırı hasat etmek için sırtınızda bir çuvalla mısır dizilerinin arasında yürümeniz ve koçanları saplarından koparmanız yeterli ama diğer tahılların tohumlarını toplamak bu kadar kolay değildir. En zahmetsiz yöntem tüm bitkiyi biçip, tahılı tarladan almaktır.

Ekin biçmek için kullanılan aletler orak ve tırpandır. Orak, bir sapı olan kavisli, bazen tırtıklı, kısa bir bıçaktır ve bir el sapları demetler halinde bir araya getirirken sapları biçmek için kullanılır. Tırpan iki elle kullanılan, iki yerden tutulan uzun bir sapa ve boyu bir metreye yakın, sapa dik açıyla bağlanan daha az kavisli bir bıçağa sahip bir alettir. Tırpan kullanmak daha fazla pratik gerektirir, ama ellerinizi düz bir şekilde tutarak bıçağı, tüm vücudunuzu hafif hafif döndürerek düzenli bir ritimde yere paralel şekilde sallamanız gerekir. Düşen saplar demetler halinde toplanır ve kurumak üzere dik bir şekilde birbirine yaslanarak tarlada bırakılır, daha sonra sonbahar yağmurları başlamadan önce ambara alınır.

Hasadı yaptıktan –yani ektiğiniz ürünü biçtikten– sonraki adım taneleri bitkinin geri kalanından ayırmaktır. Buna harman dövmek denir ve en kolay yolu mahsulü temiz bir zemine yaymak ve ürünü bir dövenle –uzun bir sopanın ucuna deri ya da zincirle bir ya da daha fazla daha kısa sopa bağlanmış bir aletle– dövmek. Küçük boyutlu mekanik dövenler de tam olarak aynı prensiple çalışır: Yuvarlak bir kasanın içerisine sıkıca oturan, üzeri mıhlar ya da demir halkalarla kaplı döner bir silindir, etrafındaki boşluktan geçen ürünün tanelerini saplardan sıyırır ve taneler alttaki bir kalburdan geçerek dökülür.

Bu sürecin sonunda tahıl boş kabuklarıyla karışık halde olur ve bu noktada sapla samanı ayırmak gerekir (gündelik konuşmalarımızda kullandığımız ne kadar çok deyimin tarımdan geldiğini görmek şaşırtıcı; birçoğumuz için bunlar, bizi toprakta çalıştığımız zamanların mirasına bağlayan tek bağ). Buna harman savurmak denir ve en düşük teknolojili seçeneğiniz rüzgârlı bir günde harmanınızı havaya savurmak; böylece daha hafif olan sap ve saman rüzgârla az öteye uçarken, daha ağır olan taneler aşağı yukarı oldukları yere düşer. Modern makineler elektrikle çalışan bir pervane kullanarak kendi rüzgârlarını yaratır ama sonuçta kullandıkları ilke binlerce yıldır kullanılanla aynıdır.

Süpürücü kollara (a) sahip basit mekanik biçerdöver ve orak benzeri alçak, dişli bıçağı (b).

Kıyamet sonrası toplumu toparlanır ve nüfusu artarken tarımın verimliliğini artıracak ve en az insan emeğiyle en fazla ürünü elde etmemize olanak sağlayacak, ayrıca yoğun nüfuslu, şehir hayatına dayanan bir medeniyeti mümkün kılacak olan yenilik, tüm bu süreçlerin birleştirilmesi olacaktır. Günümüzün biçerdöverleri tek bir çiftçinin bir saatte sekiz hektar alanı işlemesine olanak sağlıyor ki bu elle biçmekten yaklaşık yüz kat daha hızlı. Bu araçlarda yatay, dişli bir bıçak, yan yana duran sapları biçip, döner palet kollu geniş bir silindirle makinenin içine çekerek bir el orağının hareketlerini mekanik olarak taklit eder. Temel tasarımı son 200 yıldır değişmedi ve atla çekilen ilk mekanik biçerdöverler modern versiyonlarına şaşırtıcı derecede benziyor. Çoğunluğumuzun tarlalarda çalışmasını gereksiz kılan bugünün karmaşık toplumunda başka başka roller üstlenebilmemizi mümkün kılan biçerdöverler şüphesiz yakın tarihimizin en önemli icatlarından biri.

Norfolk Dörtlü Rotasyonu

Kendinize yetecek kadar tahılın yanı sıra dengeli beslenebilmenizi sağlayacak ve beslenme rejiminizi ilgi çekici hale getirecek diğer bazı meyve ve sebzeleri yetiştirebildiğiniz sürece asla açlıktan ölmezsiniz. Et için tabii ki avlanmak gibi bir seçeneğiniz mevcut, ama hayvan beslemek ve ekilebilir arazilerinizin bir kısmını onlara vakfetmek tarlalarınızı verimli tutmak hususunda da önemli bir katkı sağlayacaktır. Daha önce gördüğümüz üzere, kimyasal gübreler olmaksızın tarlanın verimi gittikçe düşer. İşte hayvansal gübreler kaybolan bu besin öğelerini toprağınıza geri döndürmeye yarar. Ayrıca toprağınızdaki azot seviyesini doğal olarak artıran belirli ürünler de mevcuttur; bunların kullanılmaya başlanması 17. yüzyılın tarım devriminin önemli adımlarından biriydi. Kıyamet sonrası dünyasının ilk dönemlerinde, ziraat ve hayvancılık karşılıklı olarak birbirlerini destekleyerek bir kez daha ayrılmaz hale gelecektir.

Ortaçağ boyunca Avrupalı çiftçiler belirli arazileri düzenli olarak nadasa bırakmak gibi bir tarımsal uygulamayı takip ettiler. Arazilerin yarısında hiçbir ürün yetiştirmediğiniz için bu ne yazık ki ziyankâr bir uygulama. Ortaçağ çiftçileri bir yerde her yıl aynı tahıllar yetiştirildiğinde topraklarının yorulduğunu ve verimin düştüğünü fark etmişlerdi ama buna neyin neden olduğunu anlamamışlardı ve tek buldukları çözüm toprağı bir yıl dinlendirmekti. Bugün verimin düşme nedeninin topraktaki bitki besinlerinin kaybolması olduğunu biliyoruz, bu yüzden de modern tarım bol bol suni gübre kullanılmasına bel bağlamış durumda. Kıyametin hemen akabinde sizin için böyle bir seçenek olmayabilir, dolayısıyla bu sorunu çözmek için eski yöntemlere başvurmak zorunda kalabilirsiniz.

Kilit nokta, bitkilerin büyük kısmı topraktaki azotu emerken bazılarının bu hayati besini toprağa salmasıdır. Bu müthiş bitki ailesinin üyeleri arasında bezelyeler, fasulyeler, yonca, mercimekler, soya ve yer fıstığı gibi baklagiller yer alır. Sezonun sonunda toprağı baklagillerin hasadıyla yeniden ekerek ya da bunlarla çiftlik hayvanlarınızı besleyip toprağı gübrelemek için onların tezeklerini kullanarak hayati öneme sahip azot elde edebilir ve toprağa geri kazandırabilirsiniz. Baklagillerin bu verim pompalama özelliğinden yararlanmaya başlanması tarımı dönüştürmüş ve Britanya'da Sanayi Devrimi'ne giden yolu açmıştı.

Kısacası tarlanıza baklagiller ile diğer mahsulleri dönüşümlü ekmek, toprağınızın verimliliğini korumasına yardımcı olur. Ama iki tür arasında –yani mesela yonca ile buğday arasında– gidip gelmekten çok daha iyi bir seçenek, hastalıkları ve zararlıları da önleyecek bir ürün döngüsü uygulamaktır. Her zararlı sadece belirli tür bir bitkiye saldırır, dolayısıyla ürününüzü her yıl değiştirmek ve o ürünü birkaç yıl daha ekmemek zararlılar üzerinde böcek ilacı kullanmadan doğal bir kontrol sağlamanıza yardımcı olur.

Norfolk dörtlü rotasyonu tarih boyunca uygulanan sistemlerin en başarılısıdır ve sadece 18. yüzyılda yaygınlaşmış olsa da, Britanya tarım devriminde başı çekmiştir. Norfolk sisteminde ürünler her yıl tarlalar arasında şu sırayla döner: baklagiller, buğday, yumru köklü bitkiler, arpa.

Gördüğümüz üzere, baklagil yetiştirmek, döngünün geri kalanı için toprağın verimini artırmaya yarıyor. Yonca ve kaba yonca Britanya iklimine iyi uyum sağlar ama diğer bölgeler için soyayı ya da yer fıstığını tercih etmeyi isteyebilirsiniz.

Ektiğiniz bitkinin herhangi bir kısmını insan tüketimi için ayırmadıysanız mevsimin sonunda bu tarlayı otlak olarak kullanabilir ya da basitçe toprağı sürerek hasadı yeşil gübreye çevirebilirsiniz. Baklagilden sonraki yıl aynı alana buğday ekerek toprağın veriminden istifade edebilir ve insan tüketimi için temel ihtiyaç olan tahılı elde edebilirsiniz.

Sonraki yıl toprağı nadasa bırakmak yerine turp, şalgam ya da kırmızı pancar gibi yumru köklü bir bitki ekin. Ortaçağda tarlaları nadasa bırakmanın (yani sürüp tırmıklamanın ama bir yıl boyunca ekmemenin) önemli bir nedeni de, sonraki seneye hazırlanmak için yabani otları öldürmekti. Ama yumru köklü bir bitki ekerek hem tarlayı boş bırakmayabilir hem de karıklar arasındaki yabani otlardan kurtulabilirsiniz. Bunu yapmak size –ektiğiniz patates değilse– mahsulünüzün tamamını kendi tüketiminize ayırmak yerine, hayvanları beslemekte kullanabileceğiniz bir mahsul daha kazandıracaktır. Hayvanlarınızın daha hızlı semirmesine yardım edeceksiniz ve onlar da toprağın verimini artırmak üzere tarlalara serpeceğiniz daha çok gübre üreteceklerdir. Hayvanları sadece kendi kendilerine yiyecek aramaya ve otlamaya bırakıp, bir de otlak ayırmak yerine onları besleyerek, daha fazla ürün yetiştirmek için daha fazla araziye sahip olabilirsiniz.

Burun kıvırdığımız turp ve diğer yumru köklü bitkilerin hayvan yemi olarak kullanılmaya başlanması ortaçağ tarımında bir devrim yaratmıştı. Bunların yem olarak kullanılması sadece hayvanları yaz boyunca otlatmaktan daha etkili değildi, aynı zamanda kış boyunca enerji açısından zengin, daha güvenilir bir besin kaynağı oluşturuyorlardı. Bu uygulama başlamadan önce ortaçağ Avrupa'sında her sonbahar çok sayıda büyükbaş hayvan kesiliyordu, çünkü bahara kadar onları açlıktan kurtaracak miktarda yem olmuyordu. Şalgam, lahana, kırmızı pancar ve turp gibi bitkiler iki yıllık bitkilerdir, yani kış boyunca toprakta bırakılıp, ihtiyaç duyulduğunda çıkarılıp yem olarak kullanılabilirler. Besin değeri yüksek bu bitkiler, enerji açısından zayıf olan saman ve silaj (fermente edilmiş ot) gibi yemlere ek olarak verildiğinde kış boyunca büyük hayvan sürülerini besler, hem taze et hem de süt ile diğer süt ürünlerini temin etmeye devam etmenize yardımcı olur. Süt ürünleri zengin birer D vitamini kaynağıdır ve cildinizin güneşten bu vitamini alamadığı karanlık kış ayları boyunca bu ihtiyacınızı karşılar.

Rotasyondaki dördüncü ve son aşama, yine hayvanlarınızı beslemek için kullanabileceğiniz bir ürün olan arpa ekmek, ama bira yapmak için bir kısmını ayırmayı unutmayın (bir sonraki bölümde buna değineceğiz). Arpadan sonra rotasyon, toprağın verimini yeniden artırmak ve onu azot delisi tahıllara hazırlamak için baklagillerin yetiştirilmesine döner. Bu rotasyon sistemi hem bitkilerin hem de hayvanların ihtiyaçlarını gidermek için düşünülmüş uyumlu bir eşleştirme sistemidir ve zararlılar ile patojenlerle doğal yollardan mücadeleye yardımcı olurken, toprak-tan alınan besin öğelerinin de toprağa geri dönmesini sağlar. Bu özel ekin sistemi dünyanın her yerinde işe yarayacaktır, dolayısıyla kendi toprağınıza ve ikliminize uygun bir ürün grubunu bulmanız gerekiyor.* Ama rotasyon sisteminin şu iki kilit prensibi, bir yandan kendinizi beslerken bir yandan da kıyametten sonra bulunması zor suni gübreler olmadan toprağınızın verimliliğini korumanıza yardımcı olacaktır: Baklagiller ile tahılları dönüşümlü ekin ve yumru köklü bitkileri öncelikle kendi tüketiminiz için değil, hayvanlarınızın tüketimi için kullanın. Bu küçük ölçekli yöntemlere geri dönüldüğünde, iki hektarlık bir alan ancak yaklaşık on kişiyi bes-lemeye yeterli olacaktır: ekmek için buğday, bira için arpa, geniş çeşitlilikte meyve ve sebze, ayrıca et, süt, yumurta ve diğer ürünler için sığır, domuz, koyun ve tavuk.

Hayvansal gübrelerinizi tarlalara serpmek toprağın verimini artırır ama kıyamet sonrasının tarımında insan atıklarından da faydalanmanız mümkün mü? Modern suni gübreler olmaksızın tarım yapmanın zorluğu, dışkıyı olabildiğince etkin bir şekilde nasıl tekrar yiyeceğe dönüştüreceğiniz (dışkıların ekinlerin arasına dökül-mesi) ve toprağın değerli azotunun kaybolmamasını nasıl sağlayacağınızdır.

Gübre

Avrupa şehirlerinin caddelerinde kanalizasyonun açıkta aktığı zamanlarda, Çin şehirleri, belki yeraltı boru sistemleriyle değil ama kovalar ve arabalarla atıklarını özenle topluyor ve şehirlerin çevrelerindeki tarlalara döküyordu. Her birimiz yılda 50 kilo dışkı, bunun on katı kadar idrar üretiyoruz ve bu, 225 kilo civarında tahılı gübrelemeye yetecek kadar azot, fosfor ve potasyuma denk gelir.

Sorun, işlemden geçmemiş lağımı ileride yiyeceğiniz mahsulün arasına mutlu mesut bir şekilde boşaltamayacak olmanızdır; bunu yaparsanız sadece sayısız insan patojeninin yaşam döngüsünü tamamlamış olursunuz ve bir sürü bulaşıcı hastalığın fitilini ateşlersiniz. Gerçekten de, sanayi çağı öncesinin Çin'i her ne kadar tarımdan verim alıyorduysa da, halk arasında sindirim sistemi hastalıkları yaygındı. İnsan atığını işlemden geçirmek, medeniyeti yeniden inşa etmeye başladığınız andan itibaren dikkate almanız gereken sağlıklı toplumu mümkün kılmak için hayati bir öneme sahip. (En azından, kıyamet sonrasının yerleşimlerinde, tuvalet çukurlarını, herkesin içme suyu kaynağı olarak kullandığı dere ve kuyuların en az 20 metre uzağına açmalısınız.)

---

* Britanya'da bile Norfolk dörtlü rotasyonu, kuzeyin ve batının ağır killi toprağında daha az etkilidir ve bu bölgeler tarihsel olarak daha çok hayvancılık ve imalatla uğraşıp elde ettikleri kârla güneyden tahıl satın alırlar.

Hastalığa yol açan mikroplar ve parazit yumurtaları 65°C'nin üzerinde ısıtılarak öldürülebilir (bu konuya daha sonra yiyecekleri ve sağlığı koruma konusunda döneceğiz), dolayısıyla insan dışkısıyla tarlalarınızı gübrelemek istiyorsanız mesele şu olacaktır: Büyük miktarlardaki dışkınızı nasıl pastörize edeceksiniz?

Küçük bir ölçekte, dışkıyı üzerine talaş, saman ve diğer yapraksı olmayan bitkisel maddeleri (hem karbon ve azot düzeylerini dengelemek hem de nemin emilmesi için) serptikten sonra düzenli olarak karıştırdığınız ve birkaç ay ila bir yıl bekleteceğiniz kompostunuzun içine ekleyebilirsiniz. Bakteriler, kompostun içindeki organik maddeleri kısmen çözerken (tıpkı bizim beden metabolizmamızın da yaptığı gibi) ısı yayar ve bu ısı kompost yığınının içindeki zararlı mikroorganizmaları öldürmek için yeterlidir. Ayrıca vıcık vıcık bir şey istemiyorsanız, idrar ve dışkıyı ayırmak en iyisi; tuvalet çukurlarının önüne bir başka delik yapılarak kolayca halledilebilir. İdrar sterildir ve bu nedenle sulandırılarak doğrudan tarlaya dökülebilir.

Ancak biraz daha zekâyla insan ve çiftlik atıkları bir biyoreaktörle çok daha faydalı bir şeye dönüştürülebilir. Bir kompost birikintisinde amaç her şeyi iyice havalanabilir olarak tutmaktır, böylece oksijene ihtiyacı olan bakteriler ve mantarlar maddeleri hızla ayrıştırabilir. Ama bunun yerine atıklarınızı kapalı bir kabın içerisinde tutup içine hava girmesini engellerseniz, havaya ihtiyaç duymayan bakteriler ürer ve organik maddeleri hemen alev alabilen metan gazına dönüştürür. Bu gaz, suyla dolu, betonla kaplı bir havuzda, bu havuzun içine sıkı sıkıya oturan ters çevrilmiş metal bir konteynırdan inşa edilmiş, basit bir gaz depolama ünitesine boru hattıyla taşınabilir. Metan, depolama tankının içinde fokurdadıkça su bir hava kilidi işlevi görecek ve metal gaz toplayıcınız yükselecektir. Yüzen depolama tankınızın ağırlığı gaz basıncı yaratacaktır ve elde edilen metan gazı sobalarda, aydınlatmada ve hatta, ileride göreceğimiz üzere, taşıtlarda yakıt olarak kullanılabilir. Bir ton organik atık en az 50 metreküp yanıcı gaz üretebilir ve bu miktar, 40 litre petrolden elde edilebilecek enerjiye eşit miktarda enerji sağlar. (II. Dünya Savaşı sırasında Nazi işgali altında olan ve yakıt sıkıntısı çeken Avrupa'da biyogaz kazanlarının bu kadar yaygınlaşmasına şaşmamalı.) Mikrobik büyüme düşük sıcaklıklarda ciddi ölçüde azalır, dolayısıyla biyoreaktörünüzü yalıtılmış olarak tutmanız önemli; hatta elde ettiğiniz gazın bir kısmını onu ısıtmak için bile kullanabilirsiniz.

Kıyamet sonrası toplumunun nüfusu tekrar büyümeye başladıkça, atıkla mücadele etmek için daha büyük ölçekli yöntemler gerekecektir. Bağırsak kökenli, potansiyel olarak patojen olanları da içeren, bakteriler, insan vücudunun sıcak iç koşullarında ürer ama dışarının şartlarına çok iyi adapte olamazlar. Dolayısıyla kanalizasyon arıtımında kullanılan temel prensip, insan bağırsağındaki bakterileri bir bok havuzunda çevresel mikroorganizmalarla rekabete zorlamaktır; bu yaşam mücadelesini her zaman bakteriler kaybeder. Günümüz arıtma tesisleri bu süreci, oksijene ihtiyacı olan mikroplara yardım etmek için atık havuzuna hava pompalayarak hızlandırır.

Tarlaları insan atığıyla gübrelemek, Batı dünyasında yaşayan birçoğumuza her ne kadar korkunç gelse de, bazı bölgelerde oldukça işe yaradığı ispatlanmış durumda. 8,5 milyon nüfusuyla Hindistan'ın üçüncü en büyük şehri olan Bangalore'da foseptik tankı kamyonları bir hüsnütabirle "bal emici" olarak adlandırılır ve bu kamyonlar yüklerini çevredeki tarımsal arazilere taşır. Atıklar tarlalara salınmadan önce havuzlarda arıtılır. İşlenmiş insan lağımından üretilip satılan ürünler bile mevcuttur. Texas'ın Austin Belediyesi'nin sattığı "Dillo Dirt" isimli bu ürün, atıkların doğal olarak ısıtılıp, patojenlerin ölmesi için pastörize olmaya uygun sıcaklıklara çıkarıldığı bir kompost süreci kullanır.

Azot dışında bitkilerin bir de fosfor ve potasyuma ihtiyacı vardır. Kemikler fosfor açısından oldukça zengindir —dişler ve kemikler yaşamsal kalsiyum fosfat depolarıdır—, dolayısıyla hayvan kemiklerini kaynatıp ufalayarak elde edebileceğiniz kemik tozlarını tarlalara serpmek toprak verimini artırmanın bir başka yoludur. Kemik tozunu sülfürik asitle tepkimeye sokmak (bunun nasıl yapılacağını görmek için Beşinci Bölüm'e bakabilirsiniz), fosforu bitkiler için çok daha kolay emilebilir hale getirir ve böylece çok daha güçlü bir gübre elde etmenizi sağlar. Dünyanın ilk gübre fabrikası 1841'de kuruldu ve Londra'nın havagazı fabrikalarından gelen sülfürik asidi şehrin mezbahalarından gelen kemiklerle tepkimeye sokarak çiftçilere "süper fosfat" granülleri sattı. Gübre olarak kullanmak üzere potasyum ayrıca, Beşinci Bölüm'de de göreceğimiz üzere, odun külünden de kolayca elde edilebilir ve 1870'te, Kanada'nın uçsuz bucaksız ormanları Avrupa'nın gübre ihtiyacının temel kaynağıydı. Günümüzde gübre yapmak için kullandığımız potasyum ve fosforu belirli kaya ve mineral yataklarından elde ediyoruz; kıyamet sonrasının dünyasında bunların yerlerini belirlemek için jeolojiyi ve topografyayı yeniden keşfetmek gerekecek.

Günümüzün gübreleri bu üç besinin en uygun dengesi kurularak üretiliyor (tıpkı en üst düzey sporcuların dikkatlice tasarlanmış beslenme düzenleri gibi) ve bu bölümde anlatılan daha basit yöntemleri kullanarak bugünün zenginleştirilmiş topraklarının sağladığı verimi sağlayamayacaksınız ama toparlanma dönemi boyunca toprağınızın verimini bir noktaya kadar koruyabileceksiniz.

Bire On Verim

Gelişmekte olan bir kıyamet sonrası toplumu için sağlam bir tarımsal temel mutlaka sağlanmalıdır. Korkunç bir afet insanların büyük çoğunluğu ile onların sahip olduğu bilgi ve yetenekleri silip süpürdüğünde hayatta kalan nüfus, soylarının tükenmesi

tehlikesiyle karşı karşıya kalıp varolma mücadelesinden ibaret bir yaşama sürükle-
nebilir. Hayatta kalanların tek derdinin yaşamlarını sürdürmek olduğu bir noktada
ne kadar teknolojik bilgiye ya da bilimsel meraka sahip olduğumuzun bir önemi
kalmaz. İhtiyacınız olandan daha fazla yiyeceğe sahip olmazsanız, toplumunuzun
gelişerek ve ilerleyerek büyümesi mümkün değildir. Ve yiyecek yetiştirmek hayati
bir önem taşıdığına göre, yaşamınızın buna bağlı olduğu bir noktada, tecrübeyle
sabittir ki, bunu denemeye çok daha az gönüllü olacaksınız. Bu, yiyecek üretim
kapanıdır ve bugün birçok fakir halk bu kapana yakalanmıştır. Dolayısıyla, kıya-
met sonrasının toplumu da, belki nesiller boyu, bir duraklama dönemi yaşayacak
ve tarımsal verim çok yavaş bir şekilde artacak, ta ki kritik bir eşik geçilip toplum
eski gelişmişliğine doğru tekrar tırmanışa geçene kadar.

En temel düzeyde, artan bir nüfus daha fazla beyin demektir ve bu da sorunlara
daha hızlı bir şekilde çözüm bulunabileceği anlamına gelir. Öte yandan, verimli bir
tarım bundan daha da önemli bir gelişme fırsatı sunar. Temel yiyeceklerin etkili bir
şekilde güvenceye alınması, bir medeniyetin birçok vatandaşını tarlalarda çalışma
zahmetinden azat etmesi anlamına gelir. Verimli bir tarım sistemi bir kişinin bir-
den çok kişiyi beslemesini mümkün kılar ve bu insanlar da başka zanaat ve işlerde
uzmanlaşabilir.* Kaslarınıza tarımda ihtiyaç duyulmuyorsa beyniniz ve elleriniz
başka işlere yarayabilir. Bir toplum ekonomik karmaşıklık ve yeterlilik açısından
ancak bu ön koşul karşılandıktan sonra gelişebilir ve büyüyebilir; tarımsal artı değer,
medeniyetin gelişmesinin temel lokomotifidir. Ancak kıyametten sonra medeniyetin
hızla tekrar başlatılması için gereken verimli bir tarımın faydaları, fazla yiyecek
güvenli bir şekilde depolanamadıkça ve yenmediğinde bozulması önlenmedikçe
anlaşılamaz. Şimdi yiyeceklerin nasıl korunacağı konusuna döneceğiz.

---

* Britanya'da tarım devrimiyle, 16. ve 19. yüzyıllar arasında, bu bölümde yer verilen geliş-
melerin birçoğu kullanılarak çok daha fazla mahsul üretilmeye ve bu arada gittikçe daha az
işgücüne ihtiyaç duyulmaya başlandı. Diğer herkesi beslemek için ihtiyaç duyulan çiftçi ve
tarım işçisi oranının düşmesi, daha fazla şehirleşmeyi beraberinde getirdi. 1850'ye gelindi-
ğinde beş insandan sadece birinin tarlalarda çalıştığı Britanya, dünyadaki en düşük kırsal
nüfus oranına sahipti. 1880'de sadece yedi Britanyalıdan biri toprakla uğraşıyordu ve 1910'a
gelindiğinde bu oran on birde bire düştü. Günümüzün suni gübreler, böcek ve yabani otlar
için ilaçlar, emekten inanılmaz ölçülerde tasarruf sağlayan biçerdöver gibi araçlar kullanan
gelişmiş ülkelerinde, bir tarım işçisi yaklaşık elli insanı besleyecek kadar yiyecek üretiyor.

DÖRDÜNCÜ BÖLÜM

Yiyecek ve Giyecek

> Kasabalar yıkıldı, devlerin eserleri un ufak oldu.
> Göçtü çatılar, devrildi kuleler,
> Kırıldı sürgülü kapılar: don tuttu sıvalar,
> Yarıldı, yırtıldı, döküldü tavanlar,
> Yıllara yem oldular...
>
> *The Ruin* [Harabe], bilinmeyen bir 8. yüzyıl
> Sakson yazarının Roma kalıntılarına ağıdı

Yemek pişirmek –kimyasal dönüşümünü bilerek yönlendirmek– tarihimizdeki ilk kimyasal işlemdir. Izgarada pişen bir bifteğin dışının gevremesi ve kahverengileşmesi ya da bir somun ekmeğin altın rengi kabuğu, Maillard reaksiyonu olarak bilinen belirli bir moleküler değişimin sonucudur. Yiyeceğin içerisindeki proteinler ve şekerler birlikte tepkimeye girerek yepyeni, lezzetli bileşikler oluşturur. Ama pişirmek, bir yiyeceği çok daha lezzetli hale getirmekten daha temel bir amaca hizmet eder ve hayatta kalanların kıyamet sonrasında sağlıklı ve iyi beslenmeye devam etmesinin püf noktası olacaktır.

Pişirirken kullanılan ısı, yiyecekteki zararlı patojenleri ve parazitleri öldürerek sizi, mesela mikroplardan kaynaklanabilecek bir gıda zehirlenmesinden ya da domuz etinden geçebilen tenyalardan kaynaklanabilecek bir enfeksiyondan korur. Pişirmek ayrıca sert lifli yiyecekleri yumuşatır ve karmaşık moleküllerin yapısının kırılmasını sağlayarak ortaya daha kolay sindirilen ve emilen basit bileşikler çıkartır. Bu, birçok yiyeceğin besleyiciliğini artırır ve bedenlerimizin aynı miktarda yenilebilir maddeden daha fazla enerji elde etmesini sağlar. Ayrıca bazı durumlarda, mesela gölevez, manyok ve yabani patates örneklerinde, yiyeceği belirli bir süre ısıya tabi tutmak bitkinin zehrini öldürür; aksi halde, uç noktadaki manyok örneğinde olduğu gibi, tek bir öğünde ölüme yol açar.

Pişirmek, tüketmeden önce yiyeceğe uyguladığımız işlemlerden sadece bir tanesidir. Yiyeceğin toplanmasından hemen sonra uzun süreler boyunca güvenli bir şekilde korunabilmesi, medeniyetin devam edebilmesinin temel ön koşuludur. Bu, ürünün tarlalardan ya da mezbahalardan yoğun nüfusları besleyen şehirlere taşınabilir hale gelmesini mümkün kılar ve zor zamanlar için yiyecek depolayabilmeyi sağlar. Mikropların (yani bakterilerin ve küflerin) aktiviteleri, yiyeceklerin yapısını bozup kimyalarını değiştirerek ya da insanlar için nahoş veya zehirli olabilecek atıklar üreterek yemeği bozar. Yiyecekleri korumanın amacı, mikrobiyal bozulmanın ortaya çıkmasını engellemek ya da en azından bunu olabildiğince geciktirmektir. Bunu, yiyeceğin içerisinde bulunduğu şartları, mikropların gelişmesine en elverişli şartlardan uzak tutmaya çalışarak yaparsınız. Özünde, yiyeceklerin mikrobiyolojisini kontrol etmeye çalışmak için mücadele veriyorsunuz. Mikroorganizma gelişmesini önlemeye ya da bazı mikropların diğerlerini engelleyerek, istenmeyen organizmaların yaşam koşullarını ortadan kaldırmaya çalışıyorsunuz. Bazı durumlarda, mikrobiyal gelişmeden kaynaklanan fermantasyon, yiyeceğin içerisindeki kompleks molekülleri çözdüğü ve içlerindeki besin öğelerini daha kolay sindirilebilir hale getirdiği için teşvik edilir. Bu nedenle, biyoteknoloji hiç de yeni bir icat değildir; hatta aslına bakarsanız insanlığın en eski icatlarından biridir.

Bize bütün bu –yiyecekleri kaynatarak ya da kızartarak pişirme, fermantasyona tabi tutma ve konserveleme– olanağı veren gelişme, kilin pişirilerek çömleğe dönüştürülmesinin icat edilmesidir. Bu gelişmenin bir tür olarak bizim için çok yönlü sonuçları oldu. İnsan sindirim sistemi, söz gelimi çoklu mideye sahip olan inek gibi geviş getiren hayvanların tersine, birçok yiyecek çeşidini gerektiği gibi parçalayamaz ve bu yüzden bedenlerimizin doğal olarak yapabildiklerini destelemek için teknolojiyi kullanıyoruz. Yani fermantasyon ve pişirme sırasında yiyeceklerin içine konduğu çömlek kaplar, teknolojik birer ön sindirim sistemi gibi çalışarak bir ek, dışsal "mide" işlevi görüyor ve yiyeceklerin içlerindeki besin öğelerini salmasını sağlıyor.

Modern –tüm o sosları, konfitleri, çektirilmiş sirkeleriyle medeniyetin zirvesi olan– mutfaklar, sizi gıda zehirlenmesinden koruyan ve besinlerin besleyiciliklerini olabildiğince artıran bu temel gerekliliklerin yüzeysel bir şekilde süslenmiş halinden başka bir şey değil. Bu bir yemek kitabı değil, dolayısıyla tariflere ve ayrıntılı talimatlara girmeyeceğiz, ama konservelemenin ve işleme yöntemlerinin ardındaki temel ilkelerin, kıyamet sonrasındaki toparlanma için anlaşılması gerekir.

Yiyeceklerin Korunması

Yiyeceklerin korunmasında kullanılan yöntemlerde, mikropların ve aslında tüm canlıların gelişebileceği çevresel şartlar göz önüne alınır. Öte yandan bizim burada bakacağımız geleneksel teknikler, görünmez mikroorganizmaların çürümeye yol açtığının keşfedilmesinden çok önce, uzun deneme yanılmalardan sonra keşfedildi (günümüzün konserve kutuları bile mikrop teorisinin ortaya atılmasından önce kullanılmaya başlamıştı). Bu teknikler, nedenlerini açıklayan herhangi bir teori olmadan keşfedildi. Kıyameti takiben, bunların altında yatan mantığı anlamak (mikropları görebilmek için nasıl bir mikroskop yapabileceğinizle ilgili olarak bkz. s. 138), güvenilir yiyecek kaynaklarına sahip olmaya devam etmek ve bulaşıcı hastalıklara yakalanmamak için büyük önem arz ediyor; her ikisi de kıyametin ardından nüfusu korumak için elzem.

Dünyadaki tüm canlılar büyümek ve üremek için suya ihtiyaç duyar; ayrıca tüm organizmalar belirli bir aralıktaki fiziksel ve kimyasal koşullara dayanabilir. Başka bir deyişle, bir hücredeki enzimler –biyokimyasal reaksiyonları yürüten ve yaşam süreçlerini koordine eden moleküler mekanizma– sadece belirli bir sıcaklık, tuzluluk miktarı ve pH (sıvının ne kadar asidik ya da bazik olduğu) seviyesi aralığında faaliyet gösterebilir. Yiyeceklerin korunması, bu üç etmenden herhangi birinin, en uygun mikrobiyal gelişme ortamının dışına itilmesiyle başarılabilir.

Yiyecekleri korumanın en basit yolu onları kurutmaktır. Su seviyesinin düşmesiyle mikroplar büyümekte zorluk çeker (hasat edildikten sonra ambarlara depolanmadan önce tahılların kurutulması bu yüzden çok önemlidir). Geleneksel yöntem havayla- güneşte kurutmaktır; bu yöntem domates gibi meyveler ile etlerde kullanılabilir ama yavaş bir süreçtir ve büyük miktarlarda yiyecek için uygun değildir.

Genel olarak kurutulmuş yiyecekler kategorisinde görülmeseler de, birçok başka yiyecek türü de su oranları düşük tutularak koruma altına alınır. Şeker gibi çözünmüş bileşenleri büyük miktarlarda kullanmak bir eriyiği konsantre hale getirir ve bunun yapılmasıyla mikrobiyal hücrelerdeki su çekilir ve en dayanıklılar dışında hiçbir canlının yaşamasına imkân kalmaz. Reçellerin ardındaki mantık da budur; o aşırı tatlı meyvelerin tadı sabahları kızarmış ekmeğinizin üzerinde harika geliyor olabilir, ama reçellerin ortaya çıkmasının nedeni, tam da meyveyi konsantre şeker çözeltisinin antimikrobiyal faaliyetleriyle korumaktır. Şeker, tropik bölgelerde yetişen şeker kamışından çıkarılabilir ya da ılıman iklimlerde yetişen şeker pancarının parçalanması, akan suyunun toplanması, kurutulması ve şeker kristallerine dönüştürülmesiyle elde edilebilir. Bal da aynı nedenle inanılmayacak kadar uzun süreler boyunca dayanır.

Vücudumuz sağlıklı bir şekilde faaliyet gösterebilmek için küçük miktarlarda tuza ihtiyaç duyar –bu yüzden canımız tuz çeker– ama bundan çok daha büyük bir kısmını yiyecekleri korumak için kullanırız. Tuzlu yiyecekler de reçellerle aynı şekilde korunur; konsantre salamura sıvı, hücrelerin içerisindeki suyu çeker ve gelişimi engeller. Taze et, kuru tuza bulanarak ya da ağır tuzlu bir salamuraya konarak günler boyu korunabilir. Salamura yapmak için her bir litre suya 180 gram tuz ekleyebilirsiniz; bu, deniz suyundan kabaca beş kat fazla bir tuzluluk oranıdır. Tuzlama tarih boyunca önemli bir koruma yöntemi olageldi. Dolayısıyla biraz daha ayrıntılı bir şekilde bakmamızı hak ediyor.

Denize yakın bir yerdeyseniz tuz üretmek prensipte çocuk oyuncağıdır. Deniz suyu yaklaşık %3,5 çözünmüş bileşik içerir ve bunun çok büyük bir kısmı tuzdur (sodyum klorür); bu tuzu suyu buharlaştırarak elde edebilirsiniz. Güneşli bir iklimde yaşıyorsanız basitçe deniz suyunu sığ bir kaba alabilir ve güneşin altında buharlaştırarak kalan ince tuz tabakasını kullanabilirsiniz. Çok soğuk iklimlerde deniz suyunu ince tabakalar halinde dondurduğunuzda da altta konsantre tuzlu su kalacaktır. Ama mesela Avrupa'da ya da Kuzey Amerika'nın büyük kısmında yıl boyunca hâkim olan ılıman koşullarda suyu buharlaştırmak için bir kazanda kaynatmak, dolayısıyla yakıt harcamak zorunda kalabilirsiniz. Dolayısıyla tuzun değerli olması kaynakların yetersizliğinden değil (dünya yüzeyinin üçte ikisi tuzlu bir çözeltiyle kaplı), bu maddeden büyük miktarlarda elde etmek ya da tuz madenlerini bulup kullanmak için harcamanız gereken enerjinin maliyetinden kaynaklanıyor.*

Tuzlama genellikle, doğal olarak zehirli olan antimikrobiyal bileşiklerin üretildiği ve yiyeceklerin, çoğunlukla et ve balığın, buna maruz bırakıldığı başka bir koruma yöntemiyle birlikte kullanılır: Tütsüleme. Bir sonraki bölümde göreceğimiz üzere, odunun eksik yanması bir dizi bileşiğin ortaya çıkmasına neden olur. Bunların bir bölümü tütsülenmiş yiyeceklere o farklı tatlarını veren ve çürümelerini önleyen kreozottur. Kendi derme çatma, küçük ölçekli tütsüleme fırınınızı inşa etmenin kolay bir yolu var. Küçük bir ateşe yetecek bir kuyu kazın ve metal bir kapakla kapatın, yanına bir ya da iki metre uzunluğunda sığ bir oluk kazın ve dumanı yönlendirmek için oluğun üstünü önce tahta, sonra toprakla örtün. Üzerini kapladığınız kanalın, dumanın çıktığı açık ucuna, altını deldiğiniz bozuk bir buzdolabı yerleştirin. İç organlarını temizlediğiniz balıkları, et dilimlerini, peynirleri vb. buzdolabının metal raflarına yerleştirin ve birkaç saat boyunca tütsüleyin.

İstilacı mikroplar ordusuna karşı direnirken bir başka muhteşem müttefikiniz asit derecesidir. Sirke, zayıf bir asetik asit çözeltisidir (bölümün devamında buna tekrar döneceğiz) ve turşu yaparken kullanabileceğiniz oldukça etkili bir koruyucudur. Tam tersi yaklaşım, yani yiyeceği alkali derecesiyle korumak çok daha az yaygındır,

---

* Tuzun tarih boyunca ne kadar önemli olduğunun işaretleri günümüzde kullandığımız dilde görülebilir. Söz gelimi Romalı askerlere tuz almaları için bir ödenek verilirdi ve bugün İngilizcede maaş anlamına gelen "salary" kelimesi, tuz anlamına gelen "salt" kelimesinden gelmektedir.

çünkü yiyeceğin içerisindeki yağları sabunsulaştırır (Beşinci Bölüm'deki sabun yapımına bakın) ve yiyeceklerin tadını ve yapısını çok ağır bir şekilde değiştirir.*

Yiyeceklerinizi turşulama yoluyla korurken, dışarıdan asit eklemek yerine, yiyeceğin içinde asidik atıklar salgılayan belirli bir tür bakterinin gelişmesine izin vererek yiyeceklerinizin kendi koruyucularını üretmesini de sağlayabilirsiniz. Almanların "sauerkraut"u, Japonların "miso"su ve Korelilerin "kimchi"si gibi yiyecekler, önce bitkilerden suyun atılması için tuzun kullanılması, sonra asiditeyi doğal olarak artıracak tuza dayanıklı bakterilerle fermantasyona yol açarak uç değerlere sahip bir çevrede yiyeceğin dönüşmesi ve böylece, bozulmaya ya da gıda zehirlenmesine yol açabilecek mikropların üremelerinin engellenmesiyle üretilir.

Yoğurt da benzer bir yöntem kullanılarak üretilir; laktik asit kültürü salgılayan bir bakterinin kontrollü bir şekilde sütü ekşitmesine (asitler dilde genel olarak ekşi bir tat bırakır) izin verilir. Bu da diğer mikropların kolonileşmesini zorlaştıran daha asidik bir ortamın oluşmasını sağlar ve sütün içerisindeki besin öğelerini daha uzun süreler boyunca tüketilebilir kılar. Süt birçok yararlı temel besin öğesi içerdiğinden, kıyametten sonra hayatta kalanlar için onu nasıl koruyacaklarını bilmeleri oldukça önemli.

D vitamini, kalsiyumun yiyeceklerden alınmasına yardımcı olduğu ve kemik hastalığı raşitizmin önlenmesi için elzemdir. Bu vitamin, cilt günışığına maruz kaldığında vücut tarafından üretilir. Uzun, karanlık kışların yaşandığı, insanların soğuktan korunmak için sarılıp sarmalandığı Kuzey enlemlerinde raşitizm yüzyıllar boyunca insanlığın belası olmuştur. Süt, hem D vitamini hem de kalsiyum açısından muhteşem bir kaynaktır, bu yüzden Kuzey bölgelerinde sağlıklı yerleşimler kurabilmek için sütün içerisindeki besin öğelerini koruyabilmek çok önemli.†

Sütün içerisindeki suyun büyük kısmının alınmasıyla elde edilen tereyağı, sütün enerji zengini yağlarını korumanın iyi bir yoludur. Tereyağı yapımının temeli, önce sütün yağ zengini kaymağını almaktır; isterseniz sütü bir iki gün serin bir yerde

---

* Bunun bir istisnası, Mezoamerika'nın yerli kültürleri tarafından geleneksel olarak darı hazırlığında kullanılır. Mısır, sönmüş kireç ya da küllü sudan elde edilen bazik bir çözeltinin içerisinde kaynatılır. Bu, mısırın tadını iyileştirdiği gibi bu tahılın içerisindeki B3 vitamini de açığa çıkarır. Bu vitaminin eksikliğinden kaynaklanan pelegra hastalığı, iki yüzyıl boyunca temelde mısırla beslenen Avrupalıları ve Kuzey Amerikalıları etkilemeye devam etti, zira yerlilerden mısırı tüketmeyi öğrenmişlerdi ama bu tahılı tüketmek için doğru tekniği kullanmıyorlardı.

† Kuzey yarımküredeki kara parçaları, Güney yarımküredekilerle karşılaştırıldığında kutba çok daha yakındır. Başka bir deyişle mesela Newcastle, Moskova ve Edmonton Kuzey Kutbu'na, güneydeki kıtalar Afrika, Avustralya ya da Güney Amerika'daki herhangi bir yerden çok daha yakındır ve dolayısıyla çok daha az günışığı alırlar.

bekleterek kaymağın sütün üzerine birikmesi sağlayabilir ya da santrifüj uygulayarak (dönen bir kova işinizi görecektir) süreci hızlandırabilirsiniz. Çalkalamak, basitçe içerisindeki yağ damlacıklarının birbirine yapışmasını ve geriye yayık ayranının kalmasını sağlar. Bu, bir kavanoz yerde ileri geri yuvarlanarak ya da sallanarak yapılabilir, ama kıyamet sonrasının dünyasında daha etkili bir el yordamı yöntem, bir matkabın ucuna boya karıştırma ucu takıp bunu kullanmak olacaktır. Daha sonra tereyağını yayık ayranından ayırın, daha uzun süre korumak için tuz ekleyin ve içindeki tüm su çıkıp tuz yağa karışana kadar iyice yoğurun.

Yoğurt günlerce, tereyağı bir ay civarında tazeliğini koruyacaktır. Öte yandan peynir, sütün besin öğelerini aylarca muhafaza edebilir, dolayısıyla mükemmel bir raşitizm düşmanıdır. Peynir yapımı biraz daha karmaşıktır ama temel nokta, sütün içerisindeki suyu atarak besin öğelerini korumak. Sütün içerisindeki proteinlerin bozulması, sütün kesilmesi için sığırların ilk midesinde salgılanan bir enzim olan renini kullanabilirsiniz. Süt kesiğini (lor) ayırın, katı bir kalıp olacak şekilde presleyin ve sonra olgunlaşmaya bırakın; peynirlere değişik görüntülerini ve tatlarını veren, farklı mantar türlerinin faaliyetleridir.

Tahılların Hazırlanması

Gelin, şimdi dikkatimizi tahılların nasıl hazırlanacağına verelim. Buğday, pirinç, mısır, arpa, darı ve çavdarın tarih öncesi dönemlerde evcilleştirilmeleri insanlığın en büyük başarılarından biridir. Ekimini yaptığımız bu türlerin üreme stratejileri, insanlığın yaptığı suni seçilimle yeniden programlanmış ve tanelerinin kolayca toplanabileceği bir hale getirilmiştir. Bu, beslediğimiz inek ve koyun gibi hayvanların sahip olduğu geviş getirme özelliğine sahip olmadan bu ot türlerini tüketebilmek için bulduğumuz çözümdür.

Mısırı pişirip koçanının üzerinden yiyebilir,* pirincin kabuklarını soyup sonra yemek için basitçe kaynatabilir ya da buharda pişirebilirsiniz. Ama birçok tahıl türünün küçük, sert tohumları —ekimi yapılan birçok meyve ve sebzenin tersine— olduğu gibi yenemez; teknoloji kullanılarak tüketime hazır hale getirilmeleri gerekir.

Tanelerin ince bir toz haline gelene kadar, yani un olana kadar ezilmeleri gerekir. Bunun en kolay yolu bir avuç tahılı yerdeki pürüzsüz, düz bir taşın üzerine koymak, sonra üzerine eğilip vücut ağırlığınızı kullanarak, elinizdeki taş bir tokmağın altında öğütmektir. Ancak bu yöntem belinizi bükecek ve çok fazla zamanınızı alacaktır:

---

* Ayrıca altı binyıldan uzun bir süre önce Güney Amerika yerlileri belirli mısır cinslerinin tohumlarını nasıl patlatabileceklerini keşfetmişti; bugün sinemaya odaklı pazarda sadece ABD'de bir milyar dolarlık bir yeri var.

Çok daha iyi bir sistem, ortada bulunan bir delikten tahıl konan (öğütülecek tahılın değirmene karıştırıldığı – kökleri çok eskiye uzanan bir diğer yaygın parça) silindirik, bodur iki taşın ya da metal diskin arasında tahılı öğütmektir. Üstteki değirmen taşının ağırlığı tahılı ezen basıncı sağlar ve bu taşın dönüşü unun dışarıya doğru toplanmasını sağlar. Bu yöntemle, değirmen taşı teknolojik bir azı dişi gibi işlev görerek sert yiyecekleri parçalar ve öğütür, sindirmemize uygun hale getirir. İşin üzerinize düşen kısmını, bir koşum hayvanını değirmen taşına koşup bu çevirme işini onun yapmasını sağlayarak ya da daha iyisi su ya da rüzgâr enerjisinden yararlanarak azaltabilirsiniz (bunun nasıl yapılacağını Sekizinci Bölüm'de göreceğiz). Bütün bunlara rağmen koca bir hasadı öğütmek, toparlanmakta olan bir toplum için inanılmaz miktarlarda enerji sarf etmek anlamına gelecektir.

Öğütülmüş unu tüketmenin en basit ama en az iştah açıcı yolu onu biraz suyla karıştırıp yoğun bir lapaya ya da bulamaca dönüştürmektir. Bundan çok daha lezzetli ve pratik, tahılın içerisindeki nişastadan yararlanabileceğiniz bir yöntem daha var ama biraz daha fazla hazırlık gerektiriyor. Ekmek, temel olarak pişirilmiş lapadan başka bir şey değildir ve besin değerinin yüksekliği nedeniyle doğduğu günden beri medeniyetimizin en temel desteklerinden biri. Temel tarif oldukça basit: Bir otun tohumlarını olabildiğince ince olacak şekilde öğütün, macun kıvamında bir hamur elde edinceye kadar suyla karıştırın ve yuvarladıktan sonra ağır ağır pişirin (mesela ateşin üzerine koyduğunuz bir taşın üzerinde). Bu şekilde bugün oldukça yaygın olan çapati, naan, tortilla, kubz, pita ve lavaş gibi mayasız, düz bir ekmek elde edersiniz.

Öte yandan bizim Batı dünyasında en çok aşina olduğumuz ekmek türleri kabarmış ekmeklerdir ve bunu yapmak için bir malzemeye daha ihtiyacınız olacak. Maya, ağaçların gövdelerinde büyüyen mantarlardan pek de farkı olmayan, tek hücreli bir tür mantardır ve hamura eklendiğinde salgıladığı karbondioksit, kabarcıklar oluşturarak hamuru kabartır. Bugün mayalı ekmeklerin neredeyse tamamının yapımında *Saccharomyces cerevisiae* denilen bir tür maya kullanılır. Kıyametin curcunası içerisinde, kendi çapında tıpkı bir öküz ya da at kadar önemli ve çalışkan olan bu organizmadan bir miktar kurtarmayı başarırsanız gerçekten çok iyi edersiniz. Süpermarketlerde kuru, paketlenmiş halde bulunur ama sonsuza kadar dayanmayacaktır. Peki mecbur kalsanız, bu ekmek yapan mikroorganizmaları sıfırdan yeniden izole etmeye nasıl başlayabilirsiniz?

Ekmeği kabartmak için ihtiyacınız olan maya, diğer fermantasyon bakterileri gibi, tahıl tanelerinin üzerinde doğal olarak vardır, dolayısıyla unun içinde de. Mesele bu faydalı mikropları, sağlığınıza zarar verebilecek tüm diğerlerinden izole etmekte: İlkel bir mikrobiyolog rolüne bürünmeli ve istediğiniz mikropları kayıracak bir seçme süreci yaratmalısınız. Burada ekşi maya yapmak için vereceğimiz tarif, bundan 3.500 yıl önce Eski Mısır'da yapılan ilk mayalı ekmekte kullanılanla aynı ve bugün usta fırıncılar arasında hâlâ oldukça yaygın.

Bir bardak unla (bu başlangıç aşaması için tam tahıl unu en iyisi) yarım ila üçte iki bardak suyu karıştırın, üzerini kapatın ve ılık bir yerde beklemeye bırakın. On iki saat sonra herhangi bir büyüme ve fermantasyon belirtisi (mesela kabarcıklar) olup olmadığını kontrol edin. Yoksa karıştırın ve yarım gün daha bekleyin. Fermantasyon başlayınca elinizdeki kültürün yarısını atın ve attığınız oranda tuz ve su ekleyin. Bu işlemi günde iki kez tekrar edin. Bu yaptığınız, üremesi için kültürü beslemek ve genişleyebileceği mikrobiyal alanı sürekli ikiye katlamaktır. Bir kâsenin içerisinde beslediğiniz mikrobiyal evcil hayvanınız, bir hafta kadar sonra her yenilemenin ardından büyüyen ve köpüren, sağlıklı kokan bir kültür haline geldiğinde, bir parçasını alıp ekmek yapmaya başlayabilirsiniz.

Bu tekrar eden süreci gerçekleştirerek özünde ilkel bir mikrobiyolojik seçilim protokolü oluşturdunuz; başka bir deyişle 20 ila 30°C sıcaklıkta unun nişasta muhteviyatıyla beslenerek en yüksek bölünme hızıyla büyüyen yabani türlerle sınırladınız. Elinizdeki ekşi maya, tek bir türün saf bir kültürü değil, tahılların kompleks depolama moleküllerini parçalamayı başarabilen laktobasil bakteri topluluğu ve laktobasillerin yan ürünleriyle yaşayan ve ekmeğin kabarmasına yol açan, karbondioksit açığa çıkaran mayadan oluşan dengeli bir topluluktur. Farklı türlerin birbirlerini destekleyen bu başarılı evliliği sembiyotik ilişki olarak adlandırılıyor ve bu, baklagillerin köklerinde yaşayan azot bağlayıcı bakterilerden bağırsaklarımızda sindirime yardım eden bakterilere kadar oldukça yaygın bir biyolojik durum. Laktobasiller ayrıca laktik asit salgılar (yoğurt üretiminde olduğu gibi), bu da ekmeğe o hafif ekşi tadını verir. Ama aynı zamanda diğer mikropların kültürden atılmasını sağlar ve sembiyotik ekşi maya topluluğunu inanılmaz kararlı ve başka organizmaların istilasına karşı dayanıklı kılar.

Öte yandan, tüm unlar mayalı ekmek yapımında kullanılmaya uygun değildir, zira büyümekte olan mayanın saldığı karbondioksit kabarcıklarının hapsedilmesi ve hamurun genleşmesi için tahılın içerisinde glüten olması gerekir. Buğday taneleri bol miktarda glüten içerir ve dolayısıyla buğday unundan harika kıvama sahip ekmekler çıkar, oysa arpanın içerisindeki glüten yok denecek kadar azdır. Arpanın ekmekten çok daha keyif verecek bir kullanımı vardır.

Ekmek hamuru gibi bol miktarda oksijenin bulunduğu bir ortamda gelişen mayalar, besinlerinin moleküllerini parçalayarak sonunda ortaya karbondioksit çıkarır (tıpkı insan vücudu gibi). Ama mayalar kısıtlı miktarda oksijene sahip, havasız bir ortamda kültürlendiğinde şekerleri sadece kısmen parçalayabilir ve karbondioksit yerine etanol (alkol) salgılar: Bu, bira yapımının temelidir. Keşfedildiği zamanlardan beri alkol insanların iyi zaman geçirmelerini sağladı ama sayısız başka kullanım alanlarına sahip ve medeniyeti baştan inşa ederken alkol damıtmak için harcanan çabaya kesinlikle değecektir. Konsantre etanol, temiz yanan bir yakıt (bir lambada ya da biyoyakıtla çalışan bir arabada olduğu gibi), koruyucu ve antiseptik olarak oldukça değerlidir. Ayrıca suda çözülebilen bir dizi bileşiğin çözülmesinde kullanılabilecek çok yönlü bir çözücüdür ve mesela parfüm yapımı için bitkilerden kimyasalların çıkarılması ya da tentür yapımında kullanılabilir. Dahası, şarap içen herkesin bir şişe birkaç gün açık kaldığında kesinlikle öğrendiği gibi, bir süre boyunca havaya maruz bırakıldığında sirkeye dönüşür. Yeni bakteriler sıvıyı kolonize eder ve etanolü asetik aside çevirir: Yemeklerde kullandığımız sirke, yaygın olarak suda seyreltilmiş %5 ila 10 oranında asetik asittir ve daha konsantre çözeltiler turşu yapımında kullanılabilir.

Ekşi mayanın karışık mikrobiyal topluluğunun tersine, bira yapımında kullanılan saf maya kültürü, tahılın içerisindeki kompleks nişasta moleküllerini tek başına parçalayamaz, bu yüzden bunların önce fermente edilebilir şekerlere dönüştürülmeleri gerekir. Bir enerji kaynağı olarak nişastanın biyolojik işlevi, filizlenmekte olan genç bitkiyi yaprakları çıkıp olgunlaşana kadar desteklemektir ve bunun olması için de bitkinin kendi mekanizmaları harekete geçerek nişastayı parçalar. Arpa taneleri (ya da aslında diğer bütün tahıllarınkiler) suya bastırılır ve nişastalarını parçalayıp şekere çevirmeleri için (nişasta molekülleri birbirine bağlı uzun şeker zincirleridir) ılık ve nemli bir ortamda bir hafta boyunca filizlenmeye bırakılır. Daha sonra kurutulur ya da –elde edilecek biranın rengini ve lezzetini çeşitlendirmek için– bir fırında kısmen kavrulur. Bu malt daha sonra içerisindeki tüm şekerin çözülmesi için sıcak suyla karıştırılır ve sonra bu karışım tatlı bir tada sahip bir şıra üretmek için süzülür. Şıra, hem şekerin konsantre hale gelmesi için suyun buharlaşması hem de daha sonra istenen fermantasyon mikroplarının eklenmesine uygun bir ortam yaratmak üzere sterilize olması için kaynatılır. Son olarak şıra soğutulur ve içerisine daha önce yapılan biradan alınan maya eklenerek bir hafta civarında fermantasyona bırakılır.

Kıyametten hemen sonra bir süpermarketten kurtarmanızda son derece fayda olacak bir diğer şey, dibinde maya tortusu olan bir şişe bira. Böylece bu faydalı mikrobun soyunu sürdürebilirsiniz. Öte yandan bira yapmak için kullanabileceğiniz mayayı doğal ortamda da bulabilir ve yukarıda bahsedilen seçme tekniğinin bir benzerini kullanarak izole edebilirsiniz. Günümüzde ticari ekmeklerin yapımı için kullanılan saf kültür mayası, ilk olarak bira yaparken ortaya çıkan köpüklerden alındı ve agar tabağı ve mikroskop gibi nasıl yapılacaklarını Yedinci Bölüm'de anlattığımız mikrobiyolojik aletler kullanılarak izole edildi. Yani kendinizi bir daha çakırkeyif hissettiğinizde bilin ki, beyniniz tek hücreli bir mantarın dışkıları tarafından hafifçe zehirlendi ve zarar gördü. Şerefe!

Aşağı yukarı bütün şekerler (ya da şekere dönüşecek şekilde parçalanmış nişastalar) fermente edilerek alkole dönüştürülebilir: Bal, üzüm, tahıllar, elma ve pirinç fermente edildiklerinde sırasıyla bal likörü, şarap, bira, elma şarabı (cider) ve sake'ye dönüşür. Ama kullanılan ürün ne olursa olsun, fermantasyon yoluyla elde edilen alkol oranı %12'yi geçmez çünkü bu orandan sonra maya hücreleri kendi etanol salgılarından zehirlenmeye başlar. Alkolü daha yüksek konsantrasyonlara ulaştırmak üzere yapılan saflaştırma işlemine damıtma denir ve bu, uzak atalarımızdan miras, gerçekten çok eski bir başka teknolojidir.

Tuzlu su çözeltisinden tuz elde etmede olduğu gibi alkolü mayalı çorbamızdan çıkarırken de iki bileşenin özellikleri arasındaki farktan istifade edilir; alkol örneğinde bu özellik farkı, etanolün kaynama noktasının sudan daha düşük olmasıdır. En basit haliyle, kullanacağınız imbiğin Moğol göçebelerin içkilerini yapmak için kullandığından daha karmaşık olmasına gerek yok. Fermente şıranızı bir ateşin üzerinde koyun, üzerine bir raf ve onun üzerine de bir toplama kabı yerleştirin ve içi soğuk su dolu, sivri dipli üçüncü bir kabı da ikisinin hemen üzerine koyun; sonra hepsinin üzerini bir örtüyle örtün. Ateş şırayı ısıtacak, etanol sudan önce buharlaşacak, buharları soğuk su dolu kabın sivri kısmında yoğunlaşacak ve ortadaki toplama kabına damlayacaktır. Modern laboratuvarlar bu basit düzenekte yapılan işlemin aynını bu iş için tasarlanmış cam kaplarla yapar, şıradan çıkan buharın 78°C'yi (etanolün kaynama noktası) geçmemesi için termometre ve hava girdisini kontrol edebildikleri bir gaz ocağı kullanırlar. Sürecin etkinliği, bir damıtma kulesi, içi cam bilyelerle dolu dik bir silindir, kullanılarak artırılabilir. Böylece şıradan çıkan buhar tekrar tekrar yoğunlaşıp yeniden buharlaşarak, her seferinde su-alkol çözeltisinin içerisindeki alkol oranını artırır ve su soğutmalı son yoğunlaştırıcınız daha yoğun alkol oranına sahip bir sıvı toplar.

Sıcaktan ve Soğuktan Faydalanmak

Son olarak, yiyeceklerin korunması için oldukça faydalı olabilecek ısı konusunda –aşırı sıcak ve aşırı soğuk kullanarak– nasıl ustalaşabileceğinize bakalım.

Tarih boyunca kullanılan koruma –kurutma, tuzlama, turşu-salamura yapma ve tütsüleme– teknikleri oldukça etkilidir ama genellikle yiyeceğin tadını değiştirirler ve besin öğelerini koruma konusunda mükemmel değillerdir. 19. yüzyılın ilk yıllarında Fransız bir şekerlemeci yeni bir yöntem geliştirdi: Yiyecekleri cam bir kavanoza koyup mantar tıpa ve mumla mühürlüyor, sonra kavanozları birkaç saat boyunca sıcak suda bekletiyordu. Bundan kısa bir süre sonra hava geçirmeyen metal kutular kullanılmaya başlandı (günümüzde teneke kutu ya da en azından tenekeyle kaplanmış çelik kutular kullanmamızın nedeni, bu metalin yiyeceklerin içeriğindeki asit tarafından paslandırılamayan ender metallerden olmasıdır).* Hızlı bir yeniden başlangıç yapabilmeniz için güzel bir haber: Konserve yiyeceklerin tarihimizde daha erken ortaya çıkmaması için hiçbir ön koşul eksik değildi –belki becerikli Romalı camcılar bile mühürlenebilir, hava geçirmez kaplar yapabilirdi–, dolayısıyla hayatta kalanlar kıyametten hemen sonra yiyeceklerini konservelemeye başlayabilir.

Konservelemenin en temel prensibi ısı kullanarak halihazırda varolan mikropları etkisiz hale getirmek ve kabı hava geçirmeyecek şekilde mühürleyerek bunların tekrar oluşmasını ve yiyeceği bozmasını önlemek. Pastörizasyon adı verilen benzer bir işlem, temel olarak yiyecekleri 65-70°C'ye kadar ısıtarak bozulmanın önlenmesine ve patojen mikropların devre dışı bırakılmasına dayanır. Bu uygulama sütün işlenmesinde özellikle etkilidir (işlem sırasında süt kesilmez) ve tüberküloz ya da sindirim sistemi hastalıklarının süt yoluyla insanlara bulaşmasının önlenmesi için kullanılır. Halihazırda asitlik olmayan ya da salamura yapmadığınız yiyecekleri en güvenli şekilde korumak için, normal kaynama noktalarının daha üstünde sıcaklıklara maruz bırakarak basınçlı konserveleme işlemi uygulamalısınız, böylece konservenizin içindekiler tamamıyla sterilize olur ve söz gelimi gıda zehirlenmesine yol açanlar gibi sıcağa dirençli mikropların sporları bile ölür.

Yüksek sıcaklıklar, hayati yiyecek stoklarını yıllarca korumak için işte bu şekilde kullanılabilir. Peki ya soğuk?

Sıcaklık düştükçe mikropların faaliyetleri ve üreme hızları yavaşlar, tereyağını kokutan ve taze meyvelerin yumuşamasına neden olan kimyasal reaksiyonlar da öyle. Düşük sıcaklıkların koruma etkisi çok uzun bir zamandır biliniyor. En az 3.000 yıl önce Çinliler yiyeceklerini mağaraların içerisinde korumak için kış aylarında buz topluyorlardı. 1800'lerde Norveç, Batı Avrupa'ya buz ihraç ediyordu. Ancak suni bir şekilde soğuk bir ortam yaratmak günümüz medeniyetinin buluşlarından biridir. Gaz yasalarının buzdolapları üretimine uygulanması, yiyeceklerin hızla bozulmasını engelleme ve uzun dönemli koruma için dondurma konusunda oldukça işe yaradı. Ama bu teknoloji aynı zamanda hastanelerdeki kan stoklarının güvenli bir şekilde depolanabilmesi veya aşıların bir yerden başka bir yere nakledilmesi, klima üretimi ya da

---

* İlk konserve açacakları 1860'larda, Fransız ordusunun teneke kutulu yiyecekler ısmarlamaya başlamasından 50 yıl sonra ortaya çıktı. Askerler tayınlarının bulunduğu kutuları bir keskiyle ya da süngüleriyle açıyordu. Konserve açacaklarına ancak teneke kutuların sivil nüfus tarafından da yaygın bir şekilde kullanılmaya başlanmasından sonra ihtiyaç duyuldu.

havayı damıtarak sıvı oksijen elde etmek gibi alanlarda da kullanılıyor. Buzdolaplarının nasıl çalıştığına ayrıntılı bir şekilde bakacağız, çünkü onların çalışma sistemi aynı zamanda teknolojinin kullanılması ve toparlanmakta olan bir toplumun nasıl bizimkinden bambaşka bir yola sapabileceği konusunda da ilginç bir noktayı aydınlatıyor.

Buzdolaplarının temel çalışma prensibi, bir sıvının buharlaşarak gaza dönüşürken bu dönüşüm için ihtiyacı olan ısıyı çevresinden almasına dayanır. Aynı nedenle bedenlerimiz serinlemek için terler. Buzdolabı yapmak için kullanılabilecek düşük teknolojili bir çözüm, "terleyen kil çömlek"lerdir. Afrika'da yaygın olan bu "Zeer" çömlekler, kapaklı bir kil çömlek ve bunun içine konduğu, daha geniş, sırlanmamış bir diğer çömlekten oluşur, bunların arasında kalan boşluğa ıslak kum konur. Kumdaki nem buharlaşırken içteki kabın sıcaklığını emer ve düşürür. "Zeer" çömlekler pazarlardaki meyve ve sebzelerin bozulmasını yaklaşık bir hafta geciktirir.

Tüm mekanik buzdolapları aynı prensip çerçevesinde çalışır: Bir soğutucunun buharlaşmayı ve yeniden yoğuşmayı kontrol altına alması. Buharlaşma (kaynama) ısı enerjisi gerektirir, öte yandan yoğuşma sırasında da aynı termal enerji açığa çıkar. Bu döngünün buharlaşma kısmının yalıtılmış bir kutunun içerisini dolanan borularda gerçekleşmesini sağlarsanız, kutunun içerisindeki sıcaklığı çeker ve içeriyi soğutursunuz. Aletinizin arkasına taktığınız siyah radyatör dilimlerinden de ısıyı dışarıdaki havaya verirsiniz.

Günümüzün neredeyse tüm buzdolapları, elektrikli bir kompresör pompası kullanarak —soğutucuya bir sıvı olarak geri dönerek tekrar buharlaşabilen ve kutudan daha fazla ısı emebilen— yoğuşma aşamasına zorlar. Ama başka yöntemler de var, bunların en basitine soğurmalı soğutucu deniyor (Albert Einstein da bir versiyonunun mucitleri arasında). Bu sistemde amonyak gibi soğutma özelliğine sahip bir madde, basınç uygulamak yerine basitçe su tarafından çözülmesi ya da soğurulması yoluyla yoğuşturuluyor. Amonyak-su karışımının gaz alevi, rezistans ya da sadece Güneş'in sıcaklığıyla ısıtılarak, çok daha düşük bir kaynama noktasına sahip amonyağın ayrışmasının sağlanması (sayfa 86'da gördüğümüz damıtmada uygulananla aynı prensip) ile soğutucu akışkan döngüye geri gönderiliyor. Kompresör pompasını çalıştırmak için elektrikli bir motora ihtiyaç duyulmadığından bu tasarımda hareket eden herhangi bir parça yok. Bu yüzden sistem bakım gerektirmiyor ve bozulma riski yok. Ayrıca sessiz çalışıyor.

Tarih sadece kahrolası bir şeyin bir diğerinin ardından gelmesinden ibaretse, teknoloji tarihinin birbiri ardına gelen kahrolası icatlar olduğunu söyleyebiliriz: Sürekli yeni bir alet gelip kendinden aşağı olanı rafa kaldırıyor. Yoksa öyle değil mi? Gerçek nadiren bu kadar basittir ve başarılı icatlar bize birbiri ardına dizili taşlardan oluşan düz bir yolda gidiyormuşuz gibi bir izlenim verir. Bu arada da başarısızlar kayıplara karışır ve unutulur. Ama bir icadın başarılı mı başarısız mı olduğunu belirleyen şey, her zaman işlevinin ne kadar üstün olduğu değildir.

Tarihte kompresörlü ve soğurmalı buzdolapları aşağı yukarı aynı zamanlarda geliştirildi ama ticari başarıya ulaşan ve neredeyse bütün evlere giren kompresörlü versiyonu oldu. Bunun nedeni büyük oranda o dönemde yeni doğmaya başlayan elektrik şirketlerinin, ürünlerine talebin artmasını istemesiydi. Dolayısıyla bugün soğurmalı soğutucuların ortalarda olmamasının nedeni (karavanlarda kullanılan ve gazla çalışan versiyonları hariç, zira burada elektrik olmadan çalışmaları elzem bir durum) tasarımlarının daha kötü olması değil, büyük oranda toplumsal ve ekonomik etmenlerdir. Çevremizde sadece üreticilerinin en yüksek kârı getireceğini düşündü-ğü ürünleri görüyoruz ve bu da bu ürünler için halihazırda bir altyapının mevcut olmasına bağlı. Yani mutfağınızdaki buzdolabının guruldamaya devam etmesinin nedeni (bunu sessiz bir soğurma sistemi kullanmak yerine elektrikli kompresör kullandıkları için yapıyorlar), mekanizmalarının teknolojik açıdan daha üstün olması değil, 1900'lerin başındaki sosyoekonomik ortamın bir garabeti. Toparlanmakta olan kıyamet sonrası toplumu, gelişme sürecinde pekâlâ başka bir yol tutabilir.

Giyecek

Çömleklerin yemek pişirmekte nasıl kullanılacağını ve fermantasyonun harici bir mide, değirmen taşının harici bir azıdişi gibi sindirime nasıl yardım ettiğini gör-dük. Aynı şekilde, giyecekler de bedenlerimizin doğal biyolojik kapasitesini artıran bir teknoloji uygulamasıdır ve vücut sıcaklığımızı koruma kapasitemizi artırarak, Doğu Afrika'nın düzlüklerinden çok çok uzaklara yayılmamıza yardım etmiştir.

Sadece yetmiş yıl öncesine –medeniyet tarihiyle karşılaştırıldığında göz açıp kapayıncaya kadar geçen bir süre– kadar kendimizi doğal hayvansal ve bitkisel ürünlerle örtüyorduk. İlk sentetik lif olan naylon, II. Dünya Savaşı patlak verene kadar ortaya çıkmadı. Organik kimyada ilerleme göstermek için bu polimerleri tekrar üretebilmek gerekiyor ve bu kıyamet sonrası toplumu için uzun bir süre boyunca pek mümkün olmayacak. Geleneksel olarak nasıl beslendiğimiz ve nasıl giyindiğimiz arasında derin bir bağ var; evcilleştirilmiş bitkilere ve hayvan tür-lerine dayanan tarım güvenilir bir besin kaynağıdır, ama aynı zamanda bükülüp halatlara dönüştürülecek ya da dokunup kumaş olacak liflerin ve giyebileceğimiz derilerin kaynağı da odur. Ayrıca eğirme ve dokuma teknikleri medeniyetimizin temel işlevlerinden birçoğunun da destekçisi: bir şeyleri bağlamak için ip, inşaat-larda kullanılan vinçler için halat, gemi yelkenleri ya da bir rüzgâr değirmeninin kanatları için branda.

Geçmiş medeniyetten kalan ikinci el kıyafetler kullanılarak eskidiğinde, kıyamet sonrası toplumu, doğadan uygun lifler toplamaya yeniden ihtiyaç duyacak. Buna uygun bitkisel kaynaklar arasında kenevir, hintkeneviri ve kendir (keten için) bitkilerinin sağlam gövdeleri; sisal, yuka ile sabır otunun (agav) yaprakları ve pamuk ile "kapok"un çekirdeklerini saran tüy gibi yumuşak lifler yer alıyor. Her ne kadar en yaygınları koyun ve alpaka yünü olsa da, hayvansal lifler herhangi bir tür kürklü memelinin tüylerinden elde edilebilir. Böceklerden elde edilen önemli bir kaynak da *Bombyx mori* adı verilen bir güvenin kozası, yani ipek. Dolayısıyla yünlü bir şapka da, güzel bir ipek elbise de yediğiniz biftektekinden çok farklı olmayan proteinlerden oluşuyor. Keten bir ceket ya da pamuk bir gömlek de gazetelerle aynı şeyden yapılıyor: Birbirine bağlanarak selüloz bitki lifleri oluşturan şeker molekülleri.

Peki pamuktan koparılan ya da koyundan kırpılan doğal lif yığınlarını sizi hayatta tutacak kıyafetlere dönüştürmek için bilmeniz gereken temel şeyler neler? Önce daha ilkel, giriş seviyesindeki tekniklerle başlayıp, bunların 19. yüzyılda Britanya'da Sanayi Devrimi'yle birlikte başlayan ve dünyayı değiştiren mekanizasyonla nasıl bambaşka bir şey haline getirildiğine bakalım. Büyük bir afet sonrasında, pamuk ve ipek gibi alternatifleriyle karşılaştırıldığında çok daha geniş bir coğrafi alanda elde edilebilecek olduğundan daha çok yüne odaklanacağız.

Kırpılmış yün, çer çöpten ve bitki parçacıklarından ayıklandıktan sonra liflerin üzerindeki yağdan arındırılmak için ılık, sabunlu suda yıkanır. Daha sonra taraklanması gerekir: Sıkı yün tutamlarının açılması ve birbirine paralel yumuşak elyaflardan oluşan bir çile halinde inceltilmesi için üzerinde çok sayıda diş bulunan iki palet arasında tekrar tekrar taranması gerekir. Hazırlanan bu "çile" artık eğrilmek için hazırdır.

Eğirmenin amacı kısa elyaf havlarını uzun, güçlü ipliklere çevirmektir. Bunu hiçbir alet kullanmadan da, çilenizi hafifçe çekiştirip gevşek bir elyaf öbeği aldıktan sonra parmak uçlarınızın arasında büküp ince bir ipliğe dönüştürerek yapabilirsiniz. Öte yandan, bunu sadece ellerinizi kullanarak yapmak mümkünse de, bu çok fazla zamanınızı alacağından işinizi kolaylaştırmak için biraz teknoloji kullanmalısınız. Çıkrık iki önemli işlevi birden yerine getirir: Çileyi açarak ince ip telleri haline getirmek, sonra da bunları bükerek sağlam iplere dönüştürmek.

Büyük bir çark elle ya da bir pedal yardımıyla ayakla idare edilir ve öndeki eğirmeç miline bir kayışla ya da kordonla bağlanarak onu hızla döndürür. Buradaki temel mekanizma olan eğirmeç kolu, Leonardo da Vinci tarafından 1500 civarında bulundu ve bu önemli mucidin, henüz yaşarken hayata geçen ender buluşlarından biri. U şeklindeki eğirmeç kolu eğirmeçten biraz daha hızlı döner ve bükülen

Çilenin, dönmekte olan eğirtmecin kollarına verildiği ve makaraya sarıldıkça bükülerek ipliğe dönüştüğü çıkrık.

iplikleri bir milin üzerine dizili bir sıra çengele yönlendirir, milin sonuna geldiğinde iplik koldan çıkar ve merkezi eğirtmecin üzerine dolanır. Bu dâhiyane denilecek kadar basit tasarım aynı anda hem elyafları büker hem de bir ip makarasının üzerine sararak kullanıma hazır hale getirir. Yine de çıkrıkla yeterli miktarda iplik yapmak o kadar zaman alan bir şeydir ki, tarih boyunca sadece genç kızlar ya da yaşlı evlenmemiş kadınlar (kız kuruları) tarafından yapılmıştır.

Tek bir ipi daha güçlü hale getirmek için onu bir başka iplikle birlikte bükebilir ve böylece iki büklümlü bir ip elde edebilirsiniz. Ama daha önemlisi bu iki ipi ilk başta büküldükleri yönlerin tersi yönde birlikte bükerseniz, birbirine dolanan büklümler doğal olarak birbirlerine kilitlenecek ve çözülmeyecektir. Bu kombinasyon sürecini tekrarlayarak her biri birkaç santim boyunda ve tek başına çok zayıf elyaflardan, kolunuzdan daha kalın ve tonlarca ağırlık taşıyacak halatlar yapabilirsiniz.

Öte yandan eğirdiğiniz yünleri kumaşa çevirmek bundan daha fazlasını gerektirecek. Şu anda giydiğiniz kıyafetlere yakından bir bakın. Gömlekler genellikle çok çok ince ipliklerle dokunur, dolayısıyla yün bir cekete, bir tişörte ya da kot pantolon gibi dayanıklı bir kumaşa baktığınızda ipliklerin birbirlerinin içine nasıl geçtiklerini daha kolay görebilirsiniz. Ayrıca perdelere ve battaniyelere, yatak örtülerine, yorganlara, koltuk örtülerine ve halılara baktığınızda da aynı şeyi göreceksiniz.

Şimdilik bunun nasıl olduğunu bir kenara bırakalım, ama her giysi ve kumaşın birbirine dik açıyla gelen ve birbirinin altından ve üstünden geçen iki grup iplikten yapıldığını belirtelim. İlk gruba çözgüler deniyor ve kumaşın ana yapısal bileşenini oluşturuyorlar, bu yüzden de, çözgüleri paralel keserek aralarındaki boşlukları dolduran ve ikisini birbirine bağlayan atkılardan daha güçlü –ikili ya da dörtlü büklümler– olmak zorunda.

Dokuma işi dokuma tezgâhlarında yapılıyor ve bu tezgâhların temel işlevi, çözgü iplerini paralel hatlar şeklinde germek ve sonra atkılar aralarından geçebilsin diye bu hatları aşağı ya da yukarı çekmek. En ilkel dokuma tezgâhları sadece –biri bir ağaca diğeri yere bağlı– iki değnekten oluşur ve çözgüler ikisi arasında gerili bir şekilde durur ancak çözgülerin yatay bir çerçeve üzerinde olduğu tezgâhlar biraz daha karmaşıktır.

Dokuma tezgâhı kurmak için, kesintisiz tek bir sicimi, birbirine paralel bir şekilde devam eden çözgü sıraları oluşturarak, tezgâh boyunca dümdüz bir şekilde, bir ileri bir geri, sıkı bir şekilde dolamanız gerekir. Tezgâhların en önemli parçası, çözgülerin bir grubunu yukarı yükselterek ya da aşağı indirerek ayıran "gücü"dür (buna az sonra geri döneceğiz). Daha sonra atkılar tezgâh boyunca, ayrılan çözgülerin

Dokuma tezgâhı. Gücüler, atkıların aralardaki boşluklardan geçmesi için bir grup çözgüyü kaldırıyor.

aralarında oluşan boşluklardan geçiriliyor, yükseltilen çözgü grubu değiştiriliyor ve sonra atkılar boylu boyunca altlarından geçerek tekrar geri getiriliyor, böylece her seferinde bir sıra dokuma örgüsü oluşturuluyor.

Yükseltilen çözgü ipliği grubundaki düzeni değiştirmek, araya giren atkıların düzenini de değiştirir ve böylece farklı tiplerde kumaşlar elde edilir. En basit örnek düz dokumadır ve atkılar basitçe tek bir çözgünün altından ve üstünden geçerek iç içe geçmiş ipliklerden düz bir örgü oluşturur; bu keten kumaşlar için standart bir örgüdür. Usta bir "gücü" tasarımı için, bir levhanın üzerine birbiri ardına gelen dar oluklar ve delikler açılır ve her birine farklı bir çözgü ipi yerleştirilir. Bu sabit "gücü" yükseltildiğinde ya da alçaltıldığında, sadece deliklere giren çözgü ipleri "gücü"yle birlikte hareket eder, olukların içerisinde kalanlar "gücü"nün hareketinden etkilenmez ve böylece atkılar birbiri ardına gelen çözgülerin önce üstünden sonra altından geçer.

Daha karmaşık dokuma modelleri, yukarıda anlattığımız oyuklar ve deliklerden oluşan sabit "gücü"lerden daha karmaşık "gücü"ler gerektirir. Çok kullanışlı sistemlerden birisi, her birinin ucunda aynı yükseklikte, düğümlenmiş bir halkanın ya da metal gözün olduğu bir dizi ipliğin yatay bir şafttan sarktığı ve böylece şaft yükseltildiğinde sadece "gücü"lerin aralarından geçirilmiş olan çözgülerin yükseldiği sistemdir. Bu şekilde her bir çözgü ipi yükseltilebilir bir şaftla kontrol edilebilir ve dokunacak model ne kadar karmaşıksa, çözgü hareketlerinin sırasını doğru bir şekilde kontrol edebilmek için "gücü"leri çalıştıran o kadar farklı şaft gerekiyor. Örneğin kabartma çizgili bir dokumada atkılar, birden fazla çözgünün üzerinden aynı anda geçer ve oluşturdukları sıralar birbirini kesmeyecek şekilde düzenlenerek diyagonal bir doku oluşturur. Çözgüler ve atkıların birbirlerinin içine daha az geçmesinden dolayı kabartma çizgili dokumalar daha esnek ve rahattır, öte yandan iplikler daha sıkı bir şekilde bir araya geldiği için daha uzun süreler boyunca dayanır. Örneğin kot pantolonlar üçe birlik dimi örgüsüne sahiptir, yani çözgüler ve atkılar üç sıra boş geçip sonra bir sıranın üzerinden geçer.

Kıyafetlerinizi ister deri parçalarını ister dokunmuş kumaşları birbirine dikerek yapın, bir sonraki sorununuz onları vücudunuza nasıl giyip çıkaracağınız olacaktır. Yeniden başlayan bir medeniyetin imal etmesi için fazla karmaşık olacaklarından fermuarları ve cırt cırtları bir kenara bırakırsak, kolayca takılıp çözülecek sabitleme seçeneğiniz fazla değil. Antik ya da klasik medeniyetlerin akıllarına gelmemiş olan ama bugün her yanda olduğu için pek dikkatimizi çekmeyen en kullanışlı düşük teknolojili çözüm düğmelerdir. Bu mütevazı şeyler, şaşırtıcı bir şekilde 1300'lerin ortasına kadar Avrupa'da yaygınlaşmadı. Hatta Doğu kültürlerinde hiçbir zaman ortaya çıkmadı; Japonlar bunları ilk kez Portekizli tüccarların üzerinde gördüklerinde çok hoşlarına gitti. Tasarımlarının basitliğine rağmen düğmelerin sunduğu olanak çok şeyi değiştirdi. Kolayca üretilebildikleri ve iliklenip açılabildikleri için, onlarla birlikte kıyafetlerin insanların kafalarından geçebilmek için geniş ve biçimsiz olma zorunluluğu ortadan kalktı. Artık giyilip önden düğmelenebiliyor ve insanların üzerine tam oturacak şekilde üretilebiliyorlardı. Bu, modada bir devrim yarattı.

Medeniyetin toparlanma sürecinin ileriki aşamalarında, kıyamet sonrası toplumu büyümeye başladıkça, sürekli yapılmak zorunda olunan ve çok zaman alan kumaş üretme sürecinde otomasyona geçilmesine ve üretimin maksimize, gerekli emeğin minimize edilmesine yönelik baskı gittikçe artacaktır. Öte yandan bu işin –taraklama, eğirme ve dokuma gibi– farklı aşamalarında otomasyona geçmenin ve bu süreçleri mekanize etmenin, söz gelimi tahılları öğütmekten ya da kâğıt üretmek için ağaç hamuru dövmekten çok daha zor olduğunu göreceksiniz. Kumaş üretiminin aşamalarının birçoğu aşırı dikkat ister ve parmakların çevik hareketleri için daha uygundur, mesela koparmadan ince bir ip eğirmek; dokumak gibi diğer aşamalarsa bir dizi karmaşık işin tam doğru anda yapılmasını gerektirir. Bunların hepsini ilkel mekanizmalarla yapıp tatmin edici sonuçlara ulaşmak zordur.

Yukarıda anlattığım temel dokuma tezgâhı için en önemli gelişme, atkı mekiklerinin icadıydı. Atkıları yükseltilmiş ve alçaltılmış çözgü ipliklerinin arasındaki boşluklardan geçirmenin en kolay yolu, bir ip makarasını dokuma tezgâhı boyunca bir taraftan diğerine geçirmektir. Ama bu yavaş yapılabilecek bir iştir ve kumaşın büyüklüğünü de kollarınızın kolayca ulaşabileceği genişlikle sınırlar. Atkı mekiği, çevresi kayık şeklinde ağır bir ahşap parçasıyla kaplı bir ip makarasıdır ve bir ip yardımıyla bir kızağın üzerinde tezgâhın bir ucundan diğerine çekildiğinde atkı ipliğini tüketir. Bu icat dokumacıya çok daha geniş çözgü şeritleri üzerinde çalışabilme imkânı tanımakla kalmamış, aynı zamanda dokuma sürecini son derece hızlandırmıştı ve dokuma tezgâhlarının bir su değirmeni, buharlı ya da elektrikli motorla çalıştırılabilmelerine imkân sağlayarak tamamen mekanize olmalarının yolunu açtı. Böylece tek bir dokumacı aynı anda birden fazla makineyi idare edebilmeye başladı. İlk mekanize tezgâhlar bir saniyede bir çözgü sırasını tamamlayabiliyordu; günümüz makineleri atkıları tezgâh boyunca saatte 100 kilometreden fazla bir hızla taşıyabiliyor.

Kendiniz için yiyecek ve giyecek üretmenin yanı sıra en önemli öncelik, medeniyeti ayakta tutan hayati öneme sahip tüm doğal ve sonradan elde edilmiş maddelerin yeniden temin edilmesi olacak. Burada da amacımız, kıyamet sonrası hayatta kalanların, ölü toplumumuzun cesedini yağmalamak yerine kendileri için nasıl bir şeyler üretebileceklerini göstermek. Şimdi gelin, kimya sanayisini sıfırdan nasıl başlatacağımıza bir bakalım.

Kimyasallar

Oralarda bir yerlerde yuvalamış kuşların çığlıkları ile paslanmış araba parçalarından oluşan tepeleri, karmakarışık tuğla yığınlarını, çeşit çeşit çer çöpü döven okyanus dalgalarının sesi bir bayram günü trafiğini andırıyordu.

Antilop ve Flurya, Margaret Atwood

Kimyasallar günümüz insanları tarafından pek sevilmiyor. Sürekli belirli yiyeceklerin hiçbir suni kimyasal içermediği için sağlıklı olduğunu duyuyoruz; üzerinde "kimyasal içermez" yazan şişelenmiş su bile gördüm. Ama aslına bakarsanız saf su bile kimyasaldır, vücudumuzu meydana getiren diğer her şey de öyle. İnsanlar henüz yerleşik yaşama geçmeden ve dünyanın ilk şehirleri Mezopotamya'da kurulmadan önce bile yaşamlarımız doğal kimyasalların bilinçli bir şekilde çıkarılması, işlenmesi ve kullanılmasına bağlıydı. Yüzyıllar boyunca farklı maddeleri birleştirmenin yeni yollarını öğrenip, çevremizde çok kolay bir şekilde bulduğumuz şeyleri en çok ihtiyacımız olan başkalarına dönüştürdük ve hammaddeler elde edip, bunlarla medeniyetimizi inşa ettik. Tür olarak başarımız, sadece çiftçilik ve hayvancılıkta ustalaşmamızdan ya da emekten tasarruf etmek için alet ve mekanik sistemler kullanmamızdan değil, aynı zamanda istediğimiz özelliklere sahip maddeler ve malzemeler yaratabilme kabiliyetimizden kaynaklanıyor.

Farklı sınıflara ait kimyasal bileşikler, bir marangozun alet çantasındaki aletler gibidir, her biri farklı bir işlev görür ve belirli işler için belirli aletler kullanarak hammaddeleri ihtiyacımız olan ürünlere dönüştürürüz. Bu bölümde zincir türü hidrokarbon bileşiklerinin sadece iyi birer besin deposu olmadığını, aynı zamanda suyu ittiklerini, dolayısıyla hava şartlarına karşı dayanıklılık sağlamada hayati olduklarını göreceğiz. Özünü çıkarma ve saflaştırmada kullanılan farklı çözücülere bakacağız ve alkaliler ile onların kimyasal düşmanları asitlerin tarih boyunca bir dizi önemli işte nasıl kullanıldığını inceleyeceğiz. Bazı kimyasalların diğerlerinin oksijenlerini emerek onları nasıl "indirgediklerini" (saf metaller üretmek için temel bir özellik) ve oksitleyiciler olarak bilinen başkalarının bunun tam tersini yaparak nasıl yanmayı hızlandırdıklarını göreceğiz. Kitabın ileriteki bölümlerinde de, elektriği üreten, fotoğraf çekebilmek için ışığı yakalamamıza olanak tanıyan ve patlayıcılar için bir enerji patlamasına yol açan süreçlerin kimyasını inceleyeceğiz.

Şimdi en çok ihtiyaç duyduğumuz maddelere ve süreçlere odaklanacağım ama bunlar bütünün sadece küçük bir parçası. Kimya farklı bileşiklerin bağıntıları, değişimleri ve dönüşümlerinden oluşan sınırsız bir alan ve kıyametten sonra bu alanın özelliklerini keşfetmek, en etkili yöntemleri bulmak, reaksiyona girecek maddelerin ideal oranlarını tespit etmek ve doğru kimyasal formüller ile moleküler yapıları belirlemek için çok dirsek çürütmek gerekecek.

Termal Enerji Sağlamak

İnsanlık zaman içerisinde yanmayı kontrol altına almak ve yönetmek, yani ateşi dizginlemek konusunda büyük bir ustalığa erişti. Medeniyetimizin temel fonksiyonlarından birçoğu, ateşin yol açtığı kimyasal ya da fiziksel bir dönüşüme dayanıyor: Metalleri eritme, dövme ve dökme; cam yapımı; tuzun rafine edilmesi; sabun yapımı; kireç yakma; tuğla, kiremit ve kil su borularını pişirme; kumaşları beyazlatma; ekmek ve bira yapma; alkol damıtma ve On Birinci Bölüm'de göreceğimiz gelişmiş Solvay ve Haber süreçlerini yürütme. Anlık patlamalar, içten yanmalı motorların pistonlarına hapsedilip arabalara ve kamyonlara enerji verdi. Evinizde elektrik anahtarınıza her basışınızda çok büyük ihtimalle hâlâ uzak bir yerde hapsedilmiş, enerjisi alınmış, formu değiştirilmiş ve kablolardan geçip ampulünüzü aydınlatan bir ateşi kullanıyorsunuz. Modern, teknolojik medeniyetimiz ateşe, tıpkı ilk insan yerleşimlerindeki atalarımızın bir ocağın başında yemek pişirirken olduğu gibi bağımlı.

Bugün, ihtiyaç duyulan bu termal enerji doğrudan ya da dolaylı olarak (yani elektrik yoluyla) fosil yakıtların yani petrolün, kömürün ya da doğalgazın yakılmasıyla elde ediliyor. 18. yüzyılda Sanayi Devrimi'ni mümkün kılan en önemli teknolojilerden biri kömürden kok elde edilmesi ve bu yakıtın başta demiri eritmek ve çelik üretmek olmak üzere yukarıda saydığımız süreçlerin çoğunda kullanılmasıydı. O günden beri medeniyetimizin ilerleyişi, tükettiği kadar üreten sürdürülebilir kaynaklarla değil bu fosil yakıt yatakların, milyonlarca yıl boyunca biriken bitkisel kalıntıların içinde sıkışmış enerjinin yağmalanmasıyla sağlandı.

Bir kıyamet nedeniyle ilk günlerine dönmek zorunda kalan bir toplum, benzin istasyonları ve doğalgaz depolarındaki yakıt stokları tükendiğinde termal enerji ihtiyacını karşılamakta zorlanabilir. Kolay ulaşılabilir, yüksek kaliteli fosil yakıt rezervleri çoktan tüketildi; ilk turda kolay bir başlangıç yapmamızı sağlayan o devasa vaha artık yok. Petrol artık sığ kuyulardan çıkmıyor, kömür madencileri her seferinde dünyanın karnını biraz daha derin kazmak zorunda ve drenaj, hava-landırma ve göçüğe karşı payandalama yapmak için karmaşık teknikler gerekiyor.* Dünya hâlâ geniş kömür rezervleriyle dolu. En büyük yatakların olduğu üç ülke olan ABD, Rusya ve Çin'de toplam 500 milyon ton civarında rezerv mevcut ama erişilmesi kolay olan kömürün büyük kısmı tükendi. Kıyametten sağ çıkanlardan bazıları açık ocaklar yoluyla çıkarılabilecek yüzey kömür yataklarının yakınında olmak gibi bir şansa sahip olabilir, ama yine de kıyametten sonra yeni bir başlangıç yapacak olan medeniyet, yeşil bir başlangıç yapmak zorunda.

Birinci Bölüm'de gördüğümüz üzere, kıyametten sonraki ilk birkaç on yılda ormanlar şehirlerin dışındaki arazileri hatta terk edilmiş şehirleri ele geçirecek. Küçük boyutta bir insan topluluğu yakacak odun bulmakta sorun çekmeyecektir, özellikle de hızlı büyüyen ağaçları keserlerse. Bunun altında yatan mantık, dişbudak ya da söğüt gibi ağaçların kesilen gövdelerinden tekrar sürgün vermeleri ve gelişmiş bir kök yapısına sahip olduklarından beş ila on yıl içerisinde tekrar kesilmeye hazır hale gelmeleri. Bu tür ormanları işlerseniz, bir hektarlık bir alandan yılda beş ila on ton odun elde edebilirsiniz. Ağaç kütükleri şöminede yakıp evinizi ısıtmak için hoş olabilir, ama uzun ayağa kalkma sürecinde, birçok işlem için, odundan çok daha fazla ısı veren bir yakıta ihtiyacınız olacak. Bu, çok eski bir geleneği canlandırmanız gerektiği anlamına geliyor: Odunkömürü üretimi.

Odun, oksijen alımını sınırlamak için hava akımını engelleyen bir ortamda yakı-lır, böylece tamamen alev almaz, onun yerine karbonlaşır. Su ve diğer küçük, hafif moleküller gibi kolayca gaza dönüşebilen değişken maddeler odundan atılır, odunu meydana getiren kompleks bileşikler de ısı tarafından parçalanır (odun pirolize olur) ve geriye neredeyse saf karbondan oluşan siyah topaklar kalır. Odunkömürü, atası odundan çok daha yüksek ısı verir –zira tüm nemini kaybetmiştir ve geriye karbon yakıt kalmıştır– ve ağırlığının yarısını kaybettiğinden çok daha az yer kaplar ve kolay taşınabilir.

Odunun havasız yakılarak dönüştürüldüğü bu geleneksel yöntemde, ortasında bir hava bacası bırakılarak bir odun yığını yapılır ve sonra tüm yığın kille ya da

---

* Ekonomistler bir yakıtın kalitesine, enerji yatırımının enerji getirisi (*Energy Return on Energy Invested*; EROEI) oranını hesaplayarak karar veriyor. Bu size belirli bir yataktan ilgili maddeyi çıkarmak, rafine etmek ve işlemek için harcadığınız enerjiye karşılık, ne kadar kullanılabilir enerji elde edeceğinizi söylüyor. Örneğin 1900'lerin başında Texas'ta açılan ilk petrol kuyularından petrol elde etmek çok kolaydı ve bu kuyuların EROEI değerleri 100 civarındaydı, yani çıkarılırken kullanılandan 100 kat fazla enerji sağlıyorlardı. Günü-müzde kaynaklar gittikçe azalıyor ve petrol çekmek ve bu birkaç damlayı işlemek için (açık denizlerdeki sondaj kuleleri de dahil) gittikçe daha fazla çaba sarf ediliyor; bugün EROEI 10 civarına düşmüş durumda.

turbayla kaplanır. Odun yığını tepedeki bir delikten yakılır ve için için yanmaya devam eden yığın birkaç gün boyunca dikkatle takip edilir ve bakımı yapılır. Benzer bir sonuca, daha kolay bir yolla ulaşabilirsiniz. Geniş bir çukur açıp odunla doldurun, canlı bir şekilde yanacak şekilde tutuşturun ve sonra çukurun üzerini çatılara serilen oluklu demir levhalar ve toprakla kaplayarak oksijeni kesin. İçin için yanmaya ve bir süre sonra soğumaya bırakın. Odunkömürü temiz yanan bir yakıt olarak, bir sonraki bölümde göreceğimiz çömlek, kiremit, cam ve metal yapımı gibi işleri tekrar hayata geçirirken vazgeçilmez bir kaynak olacaktır. Öte yandan kıyametten sonra kendinizi gerçekten de erişilebilir kömür yataklarının olduğu bir bölgede bulursanız, onlar da karşı konulmaz bir termal enerji kaynağıdır. Sadece bir ton kömür, yukarıda bahsettiğimiz bir hektarlık alandan bir yıl boyunca elde edeceğiniz odunun sağladığı kadar ısı enerjisi sağlar. Kömürle ilgili sorun, odunkömürü kadar ısı açığa çıkarmamasıdır. Ayrıca oldukça kirlidir; dumanları, ekmek ya da cam gibi yapımına yardımcı oldukları ürünleri ise bulayabilir ve kükürtten kaynaklı bozulma çeliği kırılgan ve dövülmesi zor hale getirir.* Kömürü doğru bir şekilde kullanmak için, tıpkı odunu odunkömürüne çevirdiğinizde olduğu gibi, koka çevirmek gerekiyor. Bunun için kömür kısıtlı oksijen girdisine sahip bir fırında yakılarak yabancı ve uçucu maddelerden arındırılır. Bu işlem sırasında çıkan maddelerin de, söz gelimi odunun kuru damıtılması gibi (bkz. s. 105), kendi kullanım alanları mevcut ve bu yüzden de yoğuşturulmalı ve saklanmalılar.

Yanma ayrıca ışık sağlar ve toparlanmakta olan toplum elektrik şebekelerini tekrar kurup ampulü yeniden üretene kadar hayatta kalanların gaz lambalarına ve mumlara ihtiyacı olacak.† Bitkisel ve hayvansal yağlar, kimyalarından dolayı

---

* Bu yüzden birçok açıdan odunkömürü kömürden daha üstün bir yakıttır ve bir yakıt olarak tarih olduğunu düşünüyorsanız yanılıyorsunuz. Örneğin Brezilya geniş ormanlara ama çok az kömür madenine sahiptir (kıyametten sonra ormanların tekrar her yeri kaplaması sonucu kıyamet sonrası dünyası için de büyük ihtimalle geçerli olacak bir durum) ve dünyanın en büyük odunkömürü ihracatçısıdır. Bu odunkömürünün bir kısmı pik demir üretmek için kullanılır ve bu demir ABD ve başka ülkelere ihraç edilerek buralarda araba ve beyaz eşya yapımında kullanılır. Söz konusu odunkömürünün büyük kısmı düzenli olarak bakımları yapılan ormanlardan elde edilmekte, dolayısıyla "yeşil çelik" üretimi konusunda bir örnek teşkil etmektedir.

† Günümüzde gaz lambalarını ve mumları yedek teknolojiler olarak bulundurmaya devam ediyoruz. Daha gelişmiş seçenekler suya düştüğünde, yani elektrikler kesildiğinde güvenilir, kullanılması kolay bir kaynak olarak bir kenarda saklamaya devam ediyoruz. Ama ilkel teknolojiler, atların çektiği cenaze arabaları ya da mum yaktığımız romantik bir akşam yemeğinde olduğu gibi, aynı zamanda önemli bir durum hissi de yaratıyor. Bu bağlamda bazı eski teknolojiler hiçbir zaman eskimeyecek, sadece temel amaçları, işlevleri değişecek. Hayatta kalanlar için bu teknolojiler kıyametten sonra iyi birer seçenek olacak.

kontrollü bir yanma için özellikle uygun, yoğunlaşmış enerji kaynaklarıdır. Bu bileşiklerin temel özelliği uzun hidrokarbon zincirleridir. Uzun, papatya şeklindeki karbon atomlarının iki yanında, kısa ve kalın tırtıl bacakları gibi, kanatları süsleyen hidrojen atomları uzanır. Enerji, farklı atomların arasındaki kimyasal bağlarda saklıdır yani uzun hidrokarbon zincirleri özgürleştirilmeyi bekleyen yoğun depolardır. Yanma sırasında bu uzun bileşik parçalanır ve tüm atomlar oksijenle birleşir. Hidrojen atomlarının oksijenle birleşmesiyle H_2O, yani su, karbonla birleşmesiyle de uçucu karbondioksit gazı ortaya çıkar. Uzun, yağlı moleküllerin oksidasyon sırasında hızla parçalanması da ortaya bir enerji seli çıkartır; mumun o insanın içini ısıtan ışığını.

Bir gaz lambası, bir buruna ya da emziğe sahip bir kil parçası gibi basit bir şey ve hatta büyükçe bir deniz kabuğu bile olabilir. Keten ya da basitçe hasırotundan yapılma bir fitil, sıvı yakıtı bulunduğu kabın içerisinden emer ve sıvı, ateşin sıcaklığıyla buharlaşıp yanar. Gazyağı (kerosen) 1850'lerden beri gaz lambalarında yaygın bir şekilde kullanılan bir sıvı yakıttır (ayrıca bugün bulutların üzerinde süzülen jet motorlu yolcu uçaklarına enerji sağlar) ancak ham petrolden fraksiyonel (ayrımsal) damıtma yoluyla elde edilir ve günümüzün yüksek teknolojili medeniyetinin çöküşünün ardından üretmesi zor olacaktır. Öte yandan kolza (kanola) ya da zeytinyağı, hatta saflaştırılmış tereyağı gibi herhangi bir yağlı sıvı işinizi görecektir.

Mum tamamen yanıp tükenebilir çünkü yanıp kendi çevresinde küçük bir havuz oluşturana kadar katı halde kalan bir yakıttan başka bir şey değildir; başka bir deyişle mum, ortasında bir fitil olan silindir şeklinde bir katı yakıttır. Aşağı doğru yandıkça daha fazla fitil ortaya çıkar ve daha büyük ve dumanlı bir alev vermeye başlar, ta ki siz fitili kesene kadar. Bizi bu zahmetten kurtaran ama 1825 yılına kadar kimsenin aklına gelmeyen gelişme, fitilin liflerinin düz bir şerit oluşturacak şekilde örülmesi oldu, böylece fitil kendi kendine bükülmeye ve fazlalık ateş tarafından yakılmaya başlandı.

Günümüzde kullandığımız mumlar ham petrolden elde edilen parafinden yapılıyor ve balmumu bugün olduğu gibi sınırlı bir kaynak olmaya devam edecektir ama saflaştırılmış hayvan yağından gayet güzel bir şekilde yanan mumlar elde edebilirsiniz. Et parçalarını tuzlu suda kaynatın ve yüzeydeki sertleşmiş yağ parçalarını alın. Domuz yağından yapılan mumlar kokar ve tüter ama danadan elde edilen donyağı ya da koyun yağı hiç de fena sonuç vermez. Erimiş donyağını bir kalıba dökün ya da hatta fitillerinizi sıcak donyağına batırıp kaplayın. Soğumalarını bekleyin ve açık havaya serin. Sonra istediğiniz kalınlıkta mumlar edinceye kadar aynı işlemi tekrar edin.

Kireç

Kıyamet sonrasında toparlanmaya çalışan toplumun madenciliğine ve işlemeye başlamaya ihtiyaç duyacağı ilk maddelerden biri kalsiyum karbonat olacak. Bu çok işlevli madde aynı zamanda medeniyetin temel süreçlerinin birçoğu için de son derece gerekli. Bu basit bileşik ve ondan kolayca üretilen diğer şeyler tarımsal verimi artırmak, hijyen sağlamak ve içme suyunu arıtmak, metalleri eritmek ve cam yapmak gibi işlerde kullanılıyor. Ayrıca önemli bir inşa malzemesi ve kimya sanayisini baştan başlatmak için gerekli olan önemli reaktiflerden biri.

Mercan ve deniz kabukluları son derece saf kalsiyum karbonat kaynaklarıdır, tabii kireçtaşı da öyle. Aslına bakılırsa, kireçtaşı organik bir kayadır; söz gelimi İngiltere'nin Dover şehrindeki o ünlü beyaz falezler, çok eski zamanlarda bir deniz tabanında üst üste sıkışmış deniz kabuklularından oluşan yüz metre kalınlığında bir tabakadır. Ama en yaygın kalsiyum karbonat kaynağı kireçtaşıdır. Neyse ki kireçtaşı görece yumuşaktır ve yüzeylerdeki ocaklardan çekiç, keski ve kazma kullanılarak çok fazla çaba harcamadan çıkarılabilir. Alternatif olarak, motorlu bir taşıttan sökeceğiniz çelik bir aksın ucunu sivriltebilir ve bunu bir delgi gibi kullanıp delikler açabilirsiniz, açtığınız sıra sıra delikleri odunlarla tıkayın ve sonra bu odunları sürekli sulayın. Odunlar zamanla şişecek ve sonunda kireçtaşını çatlatacaktır. Öte yandan çok geçmeden patlayıcıları yeniden icat etmeyi ve insanın belini büken bu işten kurtulmak için patlamanın gücünden yararlanmayı isteyeceksiniz.

Kalsiyum karbonat düzenli olarak "tarım kireci" olarak da kullanılır ve tarlaların ürün verimini yükseltir. Toprağınız asidikse, pH değerini normale çekmek için tarlanıza ezilmiş tebeşir ya da kireçtaşı serpebilirsiniz. Asidik topraklar, başta fosfor olmak üzere Üçüncü Bölüm'de bahsettiğimiz önemli bitki besinlerini azaltır ve ürünlerinizin açlık çekmesine neden olur. Tarlaları kireçlemek, kullandığınız bitkisel ya da suni gübrelerin etkisini de artırır.

Öte yandan medeniyetinizin kireçtaşına asıl ihtiyaç duyacağı kullanım alanı, ısıtılmasıyla geçirdiği kimyasal dönüşümdür. Kalsiyum karbonat yeterince sıcak bir fırında −en az 900°C'de yanan bir ocakta− pişirilirse karbondioksit gazı salar ve kalsiyum okside dönüşür. Kalsiyum oksit genellikle yanmış kireç ya da sönmemiş kireç olarak bilinir. Sönmemiş kireç son derece kostik (yakıcı) bir maddedir ve hastalıkların yayılması ile kokunun önlenmesi amacıyla toplu mezarlarda kullanılır; kıyametten sonra pekâlâ gerekli olabilir. Bu yanmış kirecin suyla reaksiyona sokulmasıyla bir başka kullanışlı madde elde edilir. Sönmemiş kirecin İngilizcedeki karşılığı olan *"quicklime"* kelimesi, Eski İngilizcedeki canlı, hareketli anlamına gelen *"cwic"* kelimesinden gelir, çünkü sönmemiş kireç, suyla birleşince kaynamaya başlar ve hareketliymiş gibi görünür. Kimyasal açıdan konuşursak, son derece kostik olan kalsiyum oksit, su moleküllerini parçalayarak kalsiyum hidroksit oluşturur. Bu da kireçkaymağı ya da sönmüş kireç olarak adlandırılır.

Sönmüş kireç güçlü bir alkali ve kostiktir, ayrıca çok sayıda kullanım alanına sahiptir. Sıcak iklimlerde binanızı serin tutmak için temiz, beyaz bir sıvayla kaplamak isterseniz, sönmüş kireci tebeşirle karıştırıp badana elde edebilirsiniz. Sönmüş kireç ayrıca atık suları işlemekte kullanılır. Lağım sularıyla karıştırıldığında suyun içerisindeki minik parçacıkların birbirine yapışarak tortu oluşturmalarını sağlar ve geriye arıtılmayı bekleyen berrak su kalır. Ayrıca, bir sonraki bölümde göreceğimiz üzere, önemli bir yapı malzemesidir. Sönmüş kireç olmaksızın şehirlerimiz ve kasabalarımız bugün göründüğü gibi görünmezdi demek abartı olmaz. Ama önce kayayı sönmüş kirece nasıl dönüştüreceğinize bir bakalım.

Günümüz kireç tesisleri sönmüş kireç pişirmek için petrolle çalışan jet motorlar ve dönen çelik tamburlar kullanır ama kıyamet sonrasının dünyasında daha ilkel yöntemlere mecbur kalacaksınız. İmkânlarınız gerçekten sınırlıysa ve sıfırdan başlıyorsanız kireci bir çukurun içerisinde, geniş bir odun yığınının içinde pişirebilir, ürettiğiniz küçük kireç kümelerini parçalayıp söndürebilir ve bunları daha verimli bir şekilde kireç üretmek üzere tuğla döşeli bir fırın inşa etmek için harç yapmakta kullanabilirsiniz.

Kireci yakmak için kullanabileceğiniz en düşük teknolojili seçenek karma beslemeli, üstten yanmalı ocaktır: Bu, temel olarak içine bir kat yakıt, bir kat yakılarak kireçleşecek (kalsine olarak) kireçtaşı döşenmiş uzun bir bacadır. Bu tür ocaklar hem yapının desteklenmesi hem de yalıtımın artırılması amacıyla genellikle dik bir tepenin yamacına inşa edilir. Kireçtaşı katı çöktükçe, yükselen sıcak hava tarafından ısıtılır ve kurutulur, sonra da yanma bölgesinde kalsine olur ve dibe indikçe soğur. Ufalanmış sönmüş kireçler de alttaki çıkış kapılarından kürekle alınır. İçerideki yakıt yanıp küle döndükçe ve alttan sönmüş kireç çıktıkça bir kat daha yakıt ve bir kat daha kireçtaşı ekleyerek ocağınızın sonsuza kadar çalışmasını sağlayabilirsiniz.

Kireçtaşını söndürmek için sığ bir su havuzuna ihtiyacınız olacak, bunun için bir banyo küveti kullanabilirsiniz. Mesele, karışım kaynama noktasının hemen altında seyredecek şekilde sürekli kireç ve su eklemeye devam etmek ve açığa çıkan ısıyı kullanarak kimyasal reaksiyonun hızlı bir şekilde ilerlemesini sağlamaktır. Ürettiğiniz küçük parçacıklar suyun süt gibi görünmesine yol açacaktır ama bunlar zamanla dibe çökecek ve birbirlerine yapışacak, gittikçe daha fazla su çekecektir. Kireç suyunu süzdüğünüzde elinizde akışkan bir sönmüş kireç macunu kalacaktır. Kireç suyunun barut üretiminde nasıl kullanıldığını On Birinci Bölüm'de göreceğiz ama gelin, şimdi sönmüş kirecin çok önemli bir kullanım alanına bakalım: İstilacı mikroorganizma sürülerine karşı kimyasal silah üretimi.

Sabun

Sabun çevredeki doğal ortamda bulunan basit maddelerle kolayca üretilebilir ve kıyametten sonra önlenebilir hastalıkların yayılmasının önüne geçmek için bunun kesinlikle yapılması gerekecek. Gelişmekte olan ülkelerdeki sağlık araştırmaları, sindirim sistemi ve solunumla ilgili enfeksiyonların neredeyse yarısının sadece ellerinizi yıkayarak önlenebileceğini göstermiştir.

Sabunun hammaddesi bitkisel ve hayvansal yağlardır. Yani ironik bir şekilde, pişirdiğiniz etin yağını gömleğinize damlattıysanız temizlemek için kullanacağınız maddeyi aynı yağdan üretmeniz mümkün. Sabun, yağ lekelerini kıyafetlerinizden çıkarır ve bakteri dolu yağı derinizden uzaklaştırır çünkü birbirleriyle karışmayan yağ bileşikleri ve suyla kolayca birleşir. Bu kolay uyum sağlama yeteneği, bitkisel ve hayvansal yağlarla birleşebilen uzun bir hidrokarbon kuyruğa ve suyun içerisinde hızla çözülen yüklü bir başa sahip özel bir tür molekülden kaynaklanmaktadır. Bitkisel ya da hayvansal yağ molekülleri de, her biri bağlayıcı bir bloka tutunan üç "yağ asidi"ne sahip bir hidrokarbon zincirinden oluşur. Sabunlaşma reaksiyonu olarak bilinen sabun yapımındaki temel adım, bu üç yağ asidini birbirine bağlayan kimyasal bağları kırmaktır. Alkaliler olarak bilinen kimyasalların tamamı bunu yapabilir, yani bu bağı "hidrolize" edebilir. Alkaliler, asitlerin tam tersidir ve bunlar bir araya geldiklerinde birbirlerini nötralize eder ve ortaya su ile bir tuz çıkarırlar. Örneğin bildiğimiz sofra tuzu olan sodyum klorür, alkali sodyum hidroksit ile hidroklorik asidin birbirini nötralize etmesi sonucu oluşur.

Dolayısıyla sabun yapmak için alkali bir maddeyle yağı hidrolize ederek yağlı bir asit tuzu elde etmelisiniz. Yağ ile suyun birbirlerine karışmadıkları doğruysa da, bu yağ asidi tuzu, uzun hidrokarbon kuyruğunu yağa gömebilir ve kafasını çevredeki suda çözülmesi için dışarıda bırakır. Bu uzun moleküllerle kaplı küçük yağ damlası kendisini reddeden suyun ortasında stabilize olur ve böylece yağ deriden ya da kumaştan sökülebilir hale gelip suyla atılır. Banyomda duran "derin denizlerin ferahlığını taşıyan canlandırıcı, serinletici, nemlendirici" erkek duş jelinin içindekiler kısmında otuza yakın şey sıralanmış. Ama köpürtücüler, dengeleyiciler, koruyucular, jelleştiriciler ve kıvam artırıcılar, parfümler ve renklendiriciler bir yana bırakılırsa, etken madde yine hindistancevizi, zeytinyağı, palmiye yağı ya da kastor yağından üretilen sabunsu bir yüzey etkin madde.

Önemli bir soru, reaktif sağlayıcıların olmadığı kıyamet sonrası dünyasında alkali maddelerin nereden bulunacağı. Hayatta kalanlar için iyi bir haber, çok eski ve kaynak olması çok fazla olası görülmeyen bir kimyasal özütleme tekniğine başvurabilecek olmaları: Kül.

Odun ateşinin ardından ortaya çıkan kuru tortu, büyük oranda küle beyaz rengini veren yanmaz mineral bileşiklerden oluşur. İlkel bir kimya sanayisi başlatmak için atmanız gereken ilk adım oldukça basit: Bu külleri bir kova suyun içerisine atmak. Siyah, yanmamış odunkömürü tozu suyun yüzeyine çıkacak, odunun çözülmeyen minerallerinin büyük kısmı kovanın dibine çökecektir. Ama sizin elde etmek istedikleriniz suda çözülen mineraller.

Üstte yüzen kömür tozunu sıyırın ve suyu başka bir kabın içerisine aktarın; bu arada dipte kalan çözülmemiş tortunun ilk kabın içerisinde kaldığından emin olun. İkinci kabınızı kaynatarak içerisindeki suyun buharlaşmasını sağlayın ya da sıcak bir iklimde yaşıyorsanız çözeltiyi sığ kaplara koyup güneşin altında kurumaya bırakın. Geriye, neredeyse şeker ya da tuz gibi görünen beyaz, kristalimsi bir tortu kaldığını göreceksiniz, buna potas deniyor. (Aslında, potasın içerisindeki en önemli metal element, günümüzde kullandığımız ismini bu kelimeden alır: Potasyum). Potası sadece doğal yollarla yaktığınız odunun kalıntılarından elde etmeniz ve ateşi suyla söndürmemeniz ya da yağmurda bırakmamanız çok önemli. Aksi takdirde ihtiyacınız olan çözülebilir mineraller suyla birlikte akıp gidecektir.

Geride kalan beyaz mineraller aslında bir dizi bileşikten oluşur ama odun külündeki ana element potasyum karbonattır. Odun yerine bir yığın kuru yosun yakıp aynı özütleme sürecini takip etseydiniz, sodyum karbonat ya da bilinen adıyla çamaşır sodası elde edecektiniz. İskoçya ve İrlanda'nın batı sahilleri boyunca yosun toplanması ve yakılması yüzyıllardır önemli bir yerel işkolu. Deniz yosunu ayrıca iyot barındırır. Bu, koyu mor renkte bir elementtir ve yaraları dezenfekte etmek ile fotoğraf kimyasında (bu konuya ileride değineceğiz) oldukça faydalıdır.

Yukarıda anlatılan süreci takip ettiğinizde yaktığınız her bir kilo odun ya da yosun için bir gram potasyum karbonat ya da sodyum karbonat elde edersiniz ki, bu %0,1 gibi bir orana tekabül eder. Ama potas ve çamaşır sodası, onları özütlemek ve saflaştırmak için harcadığınız çabaya değecek son derece kullanışlı bileşiklerdir ve unutmayın ki, yaktığınız ateşi başka şeyler için de değerlendirebilirsiniz. Odunun bu bileşikleri hazır bir şekilde sunmasının nedeni, ağaçların köklerinin onlarca yıl boyunca çok fazla toprak, su ve çözülmüş mineralden bunları emmesi ve odunun yakılmasıyla bunların konsantre bir hale gelmesidir.

Hem potas hem de çamaşır sodası alkalidir. Hatta alkali kelimesinin türediği Arapça *el-kali* kelimesi "yanmış kül" anlamına gelir. Özütünüzü bir fıçı kaynayan bitkisel ya da hayvansal yağın içerisine koyarsanız, onu "sabunlaştıracak" ve kendi sabununuzu üretmiş olacaksınız. Böylece kıyamet sonrasının dünyasını temiz tutabilecek ve biraz kimya bilgisi ile sadece yağ ve kül gibi temel maddeleri kullanarak bulaşıcı hastalıklara karşı koruyabileceksiniz.

Öte yandan biraz daha güçlü bir alkali çözeltisi kullanarak bu hidroliz reaksiyonunu büyütebilirsiniz: Bu noktada kalsiyum hidroksite, yani sönmüş kirece geri döneceğiz.

Sönmüş kireci tek başına sabunlaştırma için kullanmak istemezsiniz, zira kalsiyum sabunları suda güzelden ziyade pis bir köpük oluşturur. Öte yandan kalsiyum hidroksit, potas ya da karbonatla tepkimeye sokulduğunda hidroksit taraf değiştirerek potasyum hidroksit ya da sodyum hidroksit oluşturur. Bunların her ikisi de kostiktir ve ikisi de geleneksel olarak kül suyu olarak adlandırılır. Kostik soda güçlü bir alkalidir (cildinizdeki yağı anında hidrolize edip sizi sabuna çevirir, dolayısıyla dikkatli kullanmalısınız) ve bu yüzden sabunlaştırma sürecinde kullanmak ve sert sabun kalıpları yapmak için idealdir.*

Üretmesi oldukça kolay olan bir başka alkali amonyaktır. İnsanlar ve hatta tüm memeliler vücutlarındaki fazla nitrojeni üre denilen bir su çözeltisi şeklinde atarlar ki buna idrar diyoruz. Ürenin içerisinde belirli bakterilerin üremesi onu (hepimizin yeterince temizlenmeyen halka açık tuvaletlerden tanıdığı o keskin kokunun kaynağı) amonyağa çevirir ve dolayısıyla oldukça düşük bir teknoloji kullanılarak, yani kovalarca çiş fermente edilerek alkali amonyak üretilebilir. Bu işlem giysilerin çivit mavisine (kot pantolonların rengi) boyanmasında da kullanıldığından, tarihsel bir öneme de sahiptir. Amonyağın diğer kullanım alanlarına ileride bakacağız.

Yağ moleküllerinin sabunlaşması ortaya faydalı bir yan ürün daha çıkartır. Yağ sabuna dönüştürüldüğünde, yağların üç yağ asidinden oluşan kuyruklarını bir arada tutan bağlayıcı blok işlevini gören kimyasal bileşen olan gliserin geride kalır. Gliserin de sonra derece faydalı bir maddedir ve köpüklü bir sabun çözeltisinden kolayca özütlenebilir. Sabunun yağ asidi tuzları, tuzlu suda tatlı suda olduğundan daha zor çözünür, dolayısıyla tuz eklemek, katı parçacıklar şeklinde çökmelerine ve geride sıvı halde gliserin bırakmalarına neden olur. Gliserin plastik ve patlayıcı yapımının (bu konuya On Birinci Bölüm'de döneceğiz) önemli hammaddelerinden biridir.

Hayvansal yağları sabuna çeviren hidroliz reaksiyonu yapıştırıcı yapımında da kullanılır. Hayvanların derisini, kas kirişlerini, boynuzlarını ya da toynaklarını, yani kolajenden oluşmuş herhangi bir sert bağlayıcı dokuyu kaynatırsanız, kolajen parçalanarak jelatine dönüşür. Kolajenin suda çözülmesiyle yapış yapış, cıvık bir

---

* DİKKAT! Sabun yapmak için asla alüminyum aletler ve kaplar kullanmayın. Alüminyum güçlü alkalilerle tepkimeye girer ve ortaya patlayıcı hidrojen gazı çıkar.

macun elde edilir ve bu kurutularak katı ve sert hale getirilir. Kolajenin hidrolitik parçalanması güçlü bir şekilde alkali ya da asidik olan ortamlarda çok daha hızlı gerçekleşir ki bu, kül suyunun ya da asitlerin bir başka kullanım alanıdır (az sonra bu konuya döneceğiz).

Odun Pirolizi

Odun, karbon temelli bir yakıt olmaktan ve küllerinden elde edeceğiniz alkaliden çok daha fazla kullanım alanına sahiptir. Aslına bakılırsa odun, uzun süreler boyunca en önemli organik bileşen kaynağıydı —çok fazla farklı süreç ve iş için kimyasal hammadde ve öncü madde olarak kullanılıyordu— ve 19. yüzyılın sonuna doğru aynı işlevler için katran ile ham petrolden elde edilen petrokimyasallar kullanılmaya başlayana kadar öyle olmaya devam etti. Bu nedenle erişilebilir kömüre ve petrol ikmaline sahip olmadığınız bir kıyamet sonrası dünyasında bu eski teknolojiler kimya sanayisinin tekrar başlatılmasına yardımcı olacaktır.

Odunkömürü yaparken bütün mesele, uçucu maddeleri odundan uzaklaştırmak ve geriye neredeyse saf karbondan oluşan ve yüksek ısı veren bir yakıtın kalmasıdır, ama bu uçucu "atık" ürünler de aslında oldukça faydalıdır. Odunkömürü üretimi sürecinde yapılacak ufak bir iyileştirmeyle bu çıkan dumanlar toplanabilir. 17. yüzyılın ikinci yarısında kimyagerler kapalı bir kabın içerisinde yanan odunun, yanabilir gazlar ve dumanlar çıkardığını, bunların tekrar yoğunlaştırılarak sıvıya dönüştürülebileceğini fark etti. Çok çeşitli bileşiklerin bir karışımı olan bu ürünler zamanla (Yunanca ateş kelimesiyle Latince odun kelimesinin bileşiminden türetilmiş bir kelime olan) "pyroligneous" (odun sirkesi) olarak adlandırılmaya başlandı. İdeal olarak, toparlanmakta olan bir toplum için bir atlama tahtası işlevi görebilecek bir işlem, odunu metal bir bölmede yakmak olacaktır. Bunun yan tarafına konulacak bir boruyla duman tahliye edilebilir ve bu duman bir kova soğuk suyun çevresinden dolaştırılırsa soğur ve yoğunlaşır. Duman yoğunlaşırken çıkan gazlar yoğunlaşmaz ve böylece odun pişirmek için kullanılan bölmenin altındaki ocakta yakıt olarak kullanılabilir. Bu "pyroligneous" gazların bir aracı çalıştırmak için bile kullanılabileceğini Dokuzuncu Bölüm'de göreceğiz.

Toplanan kondensat kendiliğinden sulu bir çözelti ile yoğun, katranlı bir tortu olarak ayrışır, bunların her ikisi de farklı maddeler içeren karışımlardır ve içeriklerine ayrıştırmak için daha önce anlattığımız damıtma işlemi kullanılabilir. "Pyroligneaus" asit olarak adlandırılan sulu kısım asetik asit, aseton ve metanolden oluşur.

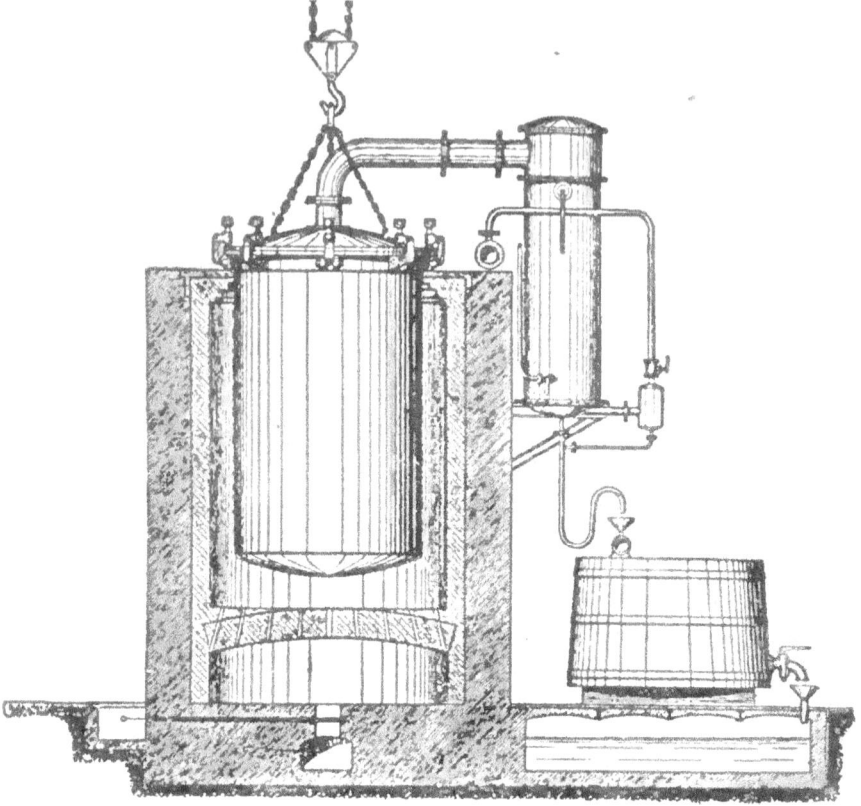

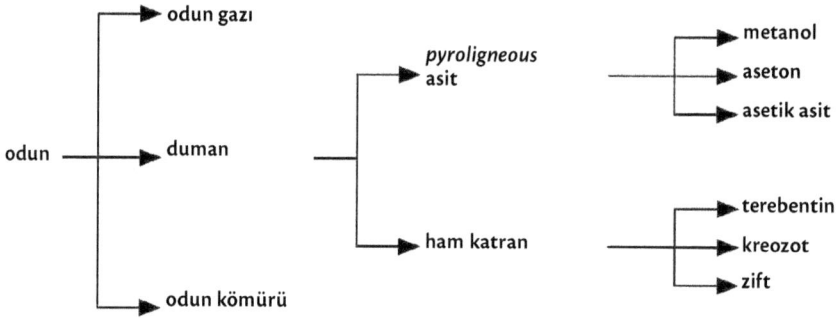

Odunun piroliz edilmesi ve çıkan dumanların toplanması (üstte) ve odunun proliziyle elde edilebilecek çeşitli maddelerin alınması için kurulmuş basit bir düzenek (altta).

Daha önce gördüğümüz üzere, asetik asit yiyecekleri salamura yapmakta kullanılabilir; mesela sirke, esasında seyreltilmiş bir asetik asit çözeltisidir. Asetik asit ayrıca alkali metal bileşiklerle tepkimeye girer ve çeşitli faydalı tuzlar üretir. Örneğin soda külü ya da kostik sodayla tepkimeye sokulduğunda, ortaya renkleri giysilere sabitlemek için kullanılan sodyum asetat çıkar. Bakır asetat bir mantar ilacıdır ve eski çağlardan beri mavi-yeşil boya üretmek için pigment olarak kullanılır.

Aseton iyi bir çözücüdür ve boyaların hammaddelerinden biridir (ojelere o belirgin kokularını veren madde), ayrıca bir yağ sökücüdür. Dahası plastik üretiminde önemli bir maddedir ve I. Dünya Savaşı'nda kovanların ve fişeklerin sevk barutu olarak kullanılan patlayıcı kordit maddesinin yapımında kullanılır. Savaş sırasında aseton stokları bitme noktasına geldiği için Britanya'nın savaşı kaybetmekten korktuğu bir dönem bile yaşanmıştı. Kordite olan talep o kadar yoğundu ki, ABD gibi odun zengini ülkelerden aseton ithal ediliyor olmasına rağmen, odunun kuru damıtılmasıyla elde edilen kordit yeterli olmamıştı. Talebin karşılanabilmesi için yeni bir teknik icat edildi. Fermantasyon sırasında aseton salgılayan bir bakteri keşfedildi ve bu bakterileri beslemek için de öğrenciler büyük miktarlarda atkestanesi topladı.

Eskiden odun ispirtosu olarak bilinen metanol, odunun kuru damıtılmasıyla büyük miktarlarda üretilebilir. Bir ton odundan 10 litre civarında metanol elde edilir. Metanol en basit alkol molekülüdür; tek bir karbon atomuna sahiptir. Öte yandan etanol ya da içtiğimiz alkol, iki atomdan oluşan bir omurgaya sahiptir. Metanol yakıt ya da çözücü olarak kullanılabilir. Antifriz işlevi görmektedir ve ayrıca biyodizel sentezlenmesinde çok önemli bir bileşendir, bu konuya Dokuzuncu Bölüm'de döneceğiz.

Ham katran, pişirilen odunun terlemesiyle ortaya çıkar ve yine damıtma yoluyla ana bileşenlerine ayrılabilir: İnce, sıvı terebentin (suda yüzer); yoğun, koyu kreozot (suda batar); ve koyu, akışkan zift. Terebentin önemli bir çözücüdür, tarih boyunca boya yapımında kullanıldı ve bu konuya Onuncu Bölüm'de döneceğiz. Kreozot inanılmaz bir koruyucudur ve odunlara sürüldüğünde ya da emdirildiğinde odunu hava koşullarına ve çürümeye karşı korur. Ayrıca antiseptik işlevi görür, mikrobiyal oluşumu engeller ve eti muhafaza eder. Tütsülenmiş ete ve balığa o belirgin tadını veren maddedir. En akışkanları ziftir ve uzun zincirli moleküllerin birleşiminden oluşan yapış yapış bir maddedir. Yanıcı olduğundan odunlara sürülüp meşale yapmakta kullanılabilir. Bu katranlı madde ayrıca su geçirmezdir ve kovaları ya da varilleri mühürlemekte kullanılır. Binyıllardır tekne gövdelerindeki ahşap çıtaların kalafatlanmasında kullanılmaktadır.

Kuru damıtma işlemine tabi tutulduğunda, her ağacın ahşabı, bu önemli kimyasallardan farklı miktarlarda verecektir; çam, ladin, köknar gibi reçineli, sert keresteye sahip ağaçlar daha fazla katran verir. Huş ağacının kabuğu da iyi bir katran kaynağıdır ve Taş Devri'nden beri okların tüylerini yapıştırmakta kullanılır. İhtiyacınız olan sadece katransa, bir fırında ya da ince bir teneke kutuda ateşin üzerinde pişen reçineli ağaçtan sızan katranı toplayabilirsiniz.

Damıtma, sıvıları ayrıştırmak için kullanılan o kadar genel bir tekniktir ki, kıyamet sonrası toplumunun, farklı sıvıların farklı kaynama noktaları olduğu ilkesini kullanarak bu işlemde olabildiğince hızlı bir şekilde ustalaşması oldukça yerinde olacaktır. Damıtma, ısıyla çözünen odundan çıkan çeşitli maddeleri parçalamakta ya da ayrıştırmakta, daha önce gördüğümüz üzere fermente edilmiş bir şıradan konsantre alkol elde etmekte, ayrıca ham petrolü onu oluşturan kalın, akıcı asfalttan gazolin gibi hafif, uçucu maddelere kadar çeşitli bileşenlerine ayırmakta kullanılır. Belirli bir endüstriyel kapasiteye ulaşıldığında hava bile damıtılabilir. Hava dediğimiz gaz karışımı, tekrarlanan bir genleştirme ve soğutma süreciyle -200°C'ye kadar soğutulur ve yürüyüşe çıkarken yanınıza aldığınız çay dolu bir termos gibi vakum yalıtımlı bir kapsülde tutulur. Sıvı hava daha sonra ısınmaya bırakılır ve her farklı gaz, buharlaştıkça toplanır ve mesela elde edilen saf oksijen hastanelerdeki solunum maskelerinde kullanılır.

Asitler

Şu ana kadar büyük oranda, güçlü türlerini kolayca yapabildiğimiz alkalilere odaklandık. Onların kimyasal karşıtları olan asitler de doğada bir o kadar yaygın olarak mevcuttur, ama özellikle güçlü versiyonlarına rastlamak, çamaşır sodasına rastlamaktan çok daha zordur ve ancak yakın tarihimizde kayda değer bir şekilde kullanılmaya başlandılar. Bir dizi bitkisel ürünü fermente ederek nasıl alkol üretebileceğinizi ve elde edilen etanolü okside ederek nasıl sirke yapabileceğinizi gördük. Asetik asit insanlığın bildiği en eski asit türüdür ve tarihin büyük bir bölümü boyunca tek asit seçeneğimiz de oydu. Medeniyetimizin bir alkaliler dizisinden –potas, çamaşır sodası, sönmüş kireç, amonyak– seçim yapabilirken, binyıllar boyunca kimyasal hünerimiz tek bir zayıf asitle sınırlıydı.

İnsanların kullandığı bir sonraki asit, sülfürik asit oldu. Bu asit başta cam benzeri nadir bir mineral olan vitriyolün pişirilmesiyle elde ediliyordu ve daha sonraları saf sarı kükürdün duman dolu, kurşun kaplı kaplarda güherçileyle (potasyum nitrat) birlikte yakılması yoluyla büyük miktarlarda üretilmeye başlandı. Günümüzde sülfürik asidi petrol ve doğalgazın bir yan ürünü olarak, onların kükürt atıklarının toplanması yoluyla üretiyoruz. Bu nedenle, yüzeydeki kükürt yatakları çok uzun zaman önce tüketildiğinden ve ihtiyacınız olan katalizörlerin yokluğunda daha gelişmiş teknikleri kullanamayacağınızdan, kıyamet sonrasının dünyasında bu önemli, güçlü asidi geleneksel yollarla elde edemeyebilirsiniz.

Yapacağınız şey, medeniyetimizin gelişim sürecinde endüstriyel olarak hiçbir zaman kullanılmamış kimyasal bir yola başvurmak. Kükürt dioksit gazı pirit kayaların (demir piriti, aptal altını olarak bilinir ve piritler ayrıca kurşun ve kalay cevherlerinin içerisinde de oluşur) pişirilmesiyle elde edilebilir ve aktif karbonu katalizör olarak kullanarak (odunkömürünün oldukça gözenekli bir formu) elektrolize ettiğiniz tuzlu sudan (bkz. s. 191-2) elde edebileceğiniz klor gazıyla tepkimeye sokulur. Bunun sonucunda sıvı kükürt klorür elde edersiniz ve bunu damıtma yoluyla konsantre hale getirebilirsiniz. Bu bileşik suda çözülür ve ortaya sülfürik asit ile hidrojen klorür gazları çıkar, bu gaz da toplanıp daha fazla suda çözülerek hidroklorik asit elde edilebilir. Bir kayanın pirit (bir metal sülfit bileşiği) olup olmadığını öğrenmek için kullanabileceğiniz basit bir kimyasal test var: Az miktarda seyreltik asidi kayanın üzerine dökün, fokurdar ve çürük yumurta kokusu çıkarırsa aradığınız şeyi buldunuz demektir (ama hidrojen sülfit gazı zehirlidir, çok fazla solumayın!).

Bugün, diğer tüm bileşenlerden daha fazla sülfürik asit üretiliyor. Bu madde modern kimya sanayinin temel taşı ve yeniden başlama sürecini hızlandırmak konusunda da çok faydalı olacaktır. Sülfürik asidin bu kadar önemli olmasının nedeni, bir dizi farklı kimyasal işlevi yerine getirmek konusunda başarılı olmasıdır. Sadece güçlü bir asit değildir, ayrıca güçlü bir dehidrasyon (suyunu alma) maddesidir ve oksitlendirme için de kullanılır. Günümüzde sentezlenen asitlerin büyük kısmı suni gübre olarak kullanılıyor; fosfat kayaları (ya da kemikleri) parçalar ve ortaya en önemli bitki besinlerinden fosforu çıkarır. Ama kullanım alanları fiilen sınırsız: Demir safrası mürekkebinin hazırlanması, pamuk ve ketenin beyazlatılması, deterjan yapımı, üretim için demir ve çelik yüzeylerin temizlenmesi ve hazırlanması, yağ ve sentetik elyaf üretimi ve pil asidi.

Sülfürik asidi tekrar üretmeyi başardığınızda, bu asit diğer asit ürünlerine ulaşan bir kapı işlevi görür. Hidroklorik asit, sülfürik asidin bildiğimiz sofra tuzu (sodyum klorür), nitrik asitse güherçileyle tepkimeye sokulması yoluyla elde edilir. Nitrik asit güçlü bir oksitlendirici olduğu için özellikle kullanışlıdır, sülfürik asidin oksitlendiremediği şeyleri de oksitlendirir. Bu, nitrik asidi patlayıcı yapımı ve fotoğrafçılıkta kullanılan gümüş bileşiklerin hazırlanmasında vazgeçilmez kılar. Bu iki önemli işleme ileride geri döneceğiz.

Yapı Malzemeleri

Bu kıta üzerinde bizim bugün sahip olduğumuzdan daha gelişmiş bir medeniyet vardı, bunu inkâr etmenin bir anlamı yok. Enkazlara ve paslanmış metallere baktığınızda bunu görüyorsunuz. Rüzgârın savurduğu kumu kaldırdığınızda ortaya bozulmuş yolları çıkıyor. Peki tarihçilerden duyduğumuz, o günlerde sahip oldukları makinelerin kanıtları nerede? Bir at olmadan yürüyen arabaların ya da uçan makinelerin kalıntıları nerede?

Leibowitz İçin Bir İlahi, Walter M. Miller, Jr.

Son bölümden açıkça belli olduğu üzere, odunun faydaları saymakla bitmez. Kimyasal potansiyeli bir yana, kirişlerin, kalasların ve direklerin yapıldığı odun, en eski yapı malzemelerinden biridir. Farklı ağaçlar farklı özelliklere sahiptir ve farklı işler için kullanılır; kıyametin ardından yeniden ayakları üzerine kalkmaya çalışan medeniyetin bu konuda keşfedecek çok şeyi olacak, zira bu alanda olağanüstü büyüklükte bir bilgi birikimi mevcut. Örneğin karaağacın ahşabı serttir, birbirinin içine geçmiş lifleri parçalanmaya dayanıklıdır, bu yüzden de at arabası tekerleği yapmak için idealdir. Ceviz özellikle sert bir ahşaba sahiptir ve rüzgâr ile su değirmenlerinin çarklarındaki dişleri yapmakta kullanılabilir. Çam ve köknar ağaçları olağanüstü düz bir şekilde uzar ve gemi direği yapmak için idealdir.

Bu mekanik özelliklerinin dışında, odun ateşi merkezi ısıtmanın olmadığı yerlerde soğuğu kapının önünde tutma ve mikrobiyal kirliliği etkisiz hale getirip besin öğelerini açığa çıkartmak için yiyeceklerinizi pişirme konusunda idealdir. Son bölümde havasız ortamda yakılan ahşabın dumanlarının nasıl toplanıp kimya sanayisinin temelini oluşturacak bir dizi önemli maddenin üretilmesinde kullanıldığını gördük. Ayrıca bu yolla üretilen odunkömürünün, muslukların kuruduğu ve market raflarındaki şişe suların tükendiği noktada içme suyunu filtrelemekte nasıl kullanılabileceğine baktık. Odun ayrıca çömlek ve tuğla pişirdiğiniz ocaklarda, cam yapımında ve demir ile çeliğin eritilmesinde yakıt olarak da kullanılabilir.

Kıyametin hemen ardından mevcut binaları işgal edebilir, yapabildiğiniz ölçüde onları tamir edip yamayabilirsiniz. Ama kimselerin yaşamadığı ve bakımı yapılmayan tüm yapılar birkaç on yıl sonra kaçınılmaz olarak çürüyecek ve çökecektir. Hayatta kalanların nüfusu büyüyüp yeni evlere ihtiyaç duyuldukça, muhtemelen eski medeniyetin çürüyen kabuklarını tamir etmektense yeni evler inşa etmeyi çok daha kolay bulacaksınız. Ve bunu yapmak için temel şeyleri öğrenmeniz gerekiyor. Tuğla, cam, beton ve çelik kelimenin gerçek anlamıyla medeniyetimizin yapıtaşları. Ama hepsi mütevazı kökenlerden geliyor: gübreli toprak, yumuşak kireçtaşı, kum ve yerin derinliklerinden kazıp çıkardığımız ve ateş kullanarak tarihteki en kullanışlı malzemelere dönüştürdüğümüz bir çeşit kaya. Bu süreci en kolay, yumuşak ve kolay işlenebilirken toplanan ve biçimlendirilen, sonra fırınlarda pişirilerek dayanıklı seramiğe dönüştürülen kilde görebiliriz; bir maddenin yapısını amaçlarımıza uyacak, bilinçli bir şekilde değiştiririz.

Kil

Günümüz dünyasında kili görmezden gelmek işten değil, kendisi belki de sadece okullardaki el işi dersleriyle ilişkilendirdiğiniz bir şey. Ama aslında çömlekçilik, medeniyetimizin kurulmasının önkoşullarının yaratılmasında çok önemli roller oynadı. Kilden üretilen kapaklı kaplar yiyeceklerin saklanabilmesini sağladı, onları böceklerden ve zararlılardan korudu; pişirmeye, konservelemeye ve fermente etmeye olanak tanıdı ve hem ticaret hem de seyahat için yiyecekleri taşınabilir hale getirdi. Kil, bloklar şeklinde kalıplandı ve sonra pişirilerek tuğla haline getirildi, böylece üretilen tuğlalar kasabalarımızın, değirmenlerimizin ve fabrikalarımızın yapı malzemesini oluşturan müthiş bir malzeme oldu.

Kil yatakları son derece yaygındır ve dünyanın birçok bölgesinde toprak örtüsünün hemen altında bulunur. Kil, hava koşullarının etkisiyle kayalardan kopan ve nehirler ya da buzullar tarafından çok uzak mesafelere taşınan, sonra da çökelen alüminosilikat mineralinin –her ikisi de oksijene bağlanmış alüminyum ve silikon plakaları– çok ince parçacıklarından oluşur. Bu kadar uzaklara taşındıkları için, çeşitli killer herhangi bir yerde yere kazılan çukurlardan çıkarılabilir ve elle şekillendirilir. Kullanabileceğiniz en iptidai kabı, top şeklindeki nemli bir kil parçasını parmak uçlarınızla mıncıklayarak ve yuvarlak bir kâse olacak şekilde biçimlendirerek yapabilirsiniz. Ama süreç üzerindeki kontrolünüzü olabildiğince artırmak için, çömlekçi çarkını yeniden geliştirmeniz gerekecek. Bu aletin en erken örnekleri basitçe serbest bir şekilde dönen disklerdi, böylece usta, üzerinde çalıştığı kil parçasını döndürebiliyordu. "Modern" çömlekçi çarkı, en az 500 yıldır, hatta belki çok daha uzun zamandır, dönme kuvvetini depolayan ve çömlekçinin üzerinde çalıştığı parçanın yavaşça dönmesini sağlayan, örneğin kalın yuvarlak bir taş kullanıyor. Çark, bir itme ya da tepme hareketiyle ya da kıyametten sonra bulabilirseniz elektrikli bir motorun gücüyle ara sıra döndürülür.

Kuru kil nispeten dayanıklıdır ama en iyisi kili pişirip seramik yapmaktır. 300° ile 800°C arasındaki sıcaklıklarda pişirildiğinde kilin içerisindeki su kaçınılmaz olarak buharlaşır ve mineral tabakalar birbirine geçse de gözenekli yapı aynı kalır. 900°C'nin üzerindeki sıcaklıklarda kil parçacıkları kaynaşmaya başlar ve kilin içerisindeki yabancı maddelerin erimesiyle kil biraz daha saflaşır. Bu camlaşan bileşenler çömlekten sızar ve çömlek soğuduğunda camsı bir yüzey oluşturacak şekilde katılaşarak kil kristallerini birbirine yapıştırır ve tüm boşlukları doldurarak sert ve su geçirmez bir malzeme oluşturur. Çömleğin yüzünü mühürlemek için yüksek sıcaklıklara maruz bırakmadan önce, isteyerek bu tip maddelere batırmaya sırlama sanatı deniyor. Fırının içerisine biraz tuz bile atabilirsiniz; kavurucu sıcaklık tuzu ayrıştıracak ve sodyum buharları kilin içerisindeki silikonla karışarak camsı bir kaplama oluşturacaktır. Bu yöntem, su dağıtım ağlarında ya da kanalizasyon sistemlerinde kullanılan kil boruları su geçirmez hale getirmek için tarih boyunca kullanılmıştır.

Pişirilmiş kil sadece sert ve su geçirmez değildir, ayrıca ısıya da dayanıklıdır. Alüminosilikat son derece yüksek bir erime noktasına sahiptir ve içerisindeki bileşenler zaten oksijene bağlandığı için kil ısındığında yanmaz. Bu nedenle ateş tuğlaları, ocakların ve fırınların içerisine döşemek için mükemmel malzemelerdir. Ateşi bir alana hapsetmek ve dolayısıyla teknolojik açıdan onu kullanabilmek için ateşi yalıtan ama aynı zamanda yaydığı sıcaklığa da dayanabilecek bir maddeye ihtiyacınız var. Bu bağlamda büyük bir ateşin içerisinde kili pişirip ısı geçirmez hale getirmek, sonra daha fazla tuğla pişirebilmek için bunlarla bir fırın inşa etmek, kendi çabalarıyla bir şeyler başarabilen bir medeniyetin güzel bir örneğidir. Medeniyetimizin hikâyesi, —yemek pişirilen kamp ateşinden çömlek fırınlarına, Bronz Çağı izabe ocaklarına, Demir Çağı fırınlarına ve Sanayi Devrimi'nin maden eritme ocaklarına kadar— daha yüksek sıcaklıklara ulaşmakta gittikçe ustalaşarak ateşin bir alanda muhafaza ve kontrol edilmesinin destanıdır; bütün bunları mümkün kılan ateşe dayanıklı tuğlalardır.

Fırınlanmış kil ayrıca yaygın bir şekilde bir yapı malzemesi olarak kullanılmaktadır. Kuru iklimlerde güneşte kurutulmuş kilden —kerpiç— ilkel duvarlar yapmak işinizi görecektir ama bunların ağır sağanak altında erime riskini göze almak zorundasınız. Aldığınız birkaç büyük avuç kili, bir kalıbın içerisinde küp şekline getirip sonra bir ocakta pişirmek suretiyle kimyasal dönüşüme tabi tutarak yapacağınız sert, sağlam seramik çok daha dayanıklı bir tuğladır. Öte yandan medeniyeti baştan inşa etmek için birkaç avuç kilden çok daha fazlasına ihtiyacınız olacak. Kuvvetli bir duvar inşa etmek için sıra sıra dizdiğiniz tuğlaları birbirine yapıştırmanız gerek ve bunun için kirece geri dönüyoruz.

Kireç Harcı

Beşinci Bölüm'de, bugünkü medeniyetimizden kalan şeyler tükendiğinde madenciliğe tekrar başlamak için muhtemelen ihtiyacınız olan ilk malzemenin kireçtaşı olduğunu gördük. Kireçtaşının bir medeniyetin ihtiyaç duyduğu birçok maddenin sentezlenmesinde merkezi bir rol oynadığını artık biliyoruz. Şimdi aynı muhteşem malzemenin kıyametten sonra nasıl inşa faaliyetlerine tekrar başlamanın temelini oluşturacağına bakacağız. Kireçtaşı blokları –tıpkı onların yerin derinliklerinde basınçla başkalaşan formları mermerler gibi–, iyi birer yapı malzemesidir ama yeniden inşa etmek için, asıl bu taşın dönüştürülebileceği başka bir şey oldukça faydalıdır.

Sönmüş kireç, sürülebilir bir macunken donduğunda taş kadar sert bir malzemeye dönüşme yeteneğine sahiptir. Biraz kum ve suyla karıştırıldığında sönmüş kireç harca dönüşür ve bu malzeme binlerce yıldır, yük taşıyabilen sağlam duvarlardaki tuğlaları sıkıca birbirine yapıştırmak için kullanılmaktadır. Daha az kum eklenip, söz gelimi at kılı gibi lifli bir maddeyle karıştırıldığındaysa duvarları pürüzsüz hale getirecek bir sıva elde edilir.

Kireç harcı binlerce yıldır kullanılıyor ama büyük miktarlarda ilk kez Romalılar tarafından üretildi ve inşa etmenin doğasını değiştirdi. Romalılar sönmüş kireci puzolan denen volkanik külle hatta kırık tuğla ya da çömlek parçalarıyla karıştırdıklarında elde ettikleri *cementum*'un (çimento), kireç harcından çok daha çabuk donduğunu ve kat kat daha sağlam olduğunu fark ettiler. Ayrıca inanılmaz güçlü bir mineral yapıştırıcı olan çimentoyla, sıra sıra dizdiğiniz tuğlaları birbirine yapıştırmaktan çok daha fazlasını yapabiliyordunuz. Aynı büyüklükte olmayan taş ya da çakıl taşlarını da birbirine yapıştırabiliyor yani beton yapabiliyordunuz. İnşaat alanındaki bu devrim, Romalıların Colosseum ve hâlâ dünyanın en büyük tek parçalı beton kubbesi olan Roma'daki Pantheon'un kubbesi gibi şaşkınlık uyandıran yapılar inşa edebilmesine olanak tanıdı.

Ama Roma İmparatorluğu'nun ticaret ve denizcilik alanlarındaki etkinliğini kazanmasını sağlayan, çimentonun bir başka, neredeyse büyülü denebilecek bir özelliğiydi: Puzolan ya da ufalanmış çömlek parçalarıyla yapılan beton, suyun içerisinde bile donuyordu. Kireç harcının tersine çimento hidroliktir ve başka bir kimyasal yol izleyerek donar. Volkanik kül, alümin ve silis içermektedir (kilin muhteviyatından bahsederken yukarıda söylemiştik) ve bunlar suya maruz bırakıldıklarında sönmüş kireçle tepkimeye girerek olağanüstü güçlü bir malzeme ortaya çıkarırlar.

Hidrolik malzemeler önemli bir teknolojik gelişmeyi beraberinde getirdi. Büyük taş blokları basitçe suya daldırmak yerine Romalıların artık beton dökerek iskeleler, dalgakıranlar, deniz setleri ve deniz feneri temelleri gibi denizin ortasında tek başına duran yapılar inşa edebilmelerine izin verdiği için, puzolan çimentosu Roma deniz mimarisinde bir devrime yol açtı. İster askeri ister ekonomik nedenlerle olsun, Afrika'nın kuzey kıyıları gibi çok az doğal limana sahip yerlerde bile limanlar inşa edebildiler. Böylece Roma gemileri Akdeniz'in hâkimi haline geldi.

Roma İmparatorluğu'nun çöküşüyle birlikte güçlü çimentolar, çok amaçlı betonlar ve su geçirmeyen sıvalara dair bütün bu önemli bilgiler neredeyse kayboldu. Çimentodan bahseden hiçbir ortaçağ metni yoktur ve ünlü Gotik katedraller sadece kireç harcı kullanılarak inşa edilmiştir. Öte yandan, bu bilgiler bir yerlerde korunmuş olmalı zira ortaçağda inşa edilen bir kısım kale ve limanda hidrolik çimento kullanılmıştı.

Çimento üretmek için modern yöntemlerin bulunması 1794'ü buldu. "Adi Portland çimentosu", Romalıların puzolan çimentosu gibi volkanik kül kullanmıyor, bir kireçtaşı-kil karışımının, özel bir fırında 1.450°C sıcaklıkta pişirilmesiyle elde ediliyordu. Elde edilen sert materyal daha sonra yumuşak, soluk renkli bir mineral olan alçıtaşıyla birlikte öğütülürdü, –aynı zamanda duvarlar ve kırık uzuvlarda kullanılan alçıya da eklenen– bu madde çimentonun kuruma sürecini yavaşlatıyordu, böylece ıslak çimento üzerinde çalışmak için daha fazla zaman oluyordu.

Şimdi, betonun son derece sıkıcı ve iç karartıcı bir yapı malzemesi olduğunu biliyorum ve ortalık onunla inşa edilmiş korkunç yapılarla dolu. Ama gelin biraz daha geniş bir açıdan bakalım ve onun ne kadar inanılmaz bir şey olduğunu görelim. Beton, temel olarak insan yapımı bir çeşit taştır. Ve formülü olağanüstü kolaydır: Bir kova Portland çimentosunu iki kova kum ya da çakılla karıştırır ve yoğun bir balçığa dönüşene kadar içine su eklersiniz. Bu sıvı taşı, ahşaptan yapılmış, canınızın istediği şekilde bir kalıba döker ve donmasını beklersiniz. Sonuç olağanüstü sert ve dayanıklı bir malzemedir. II. Dünya Savaşı'nın getirdiği yıkımın ardından betonun nasıl hızlı bir şehirsel yenilenmeye olanak sağladığını görmek zor değil ve bugün hâlâ şehirlerde kullanılan en önemli yapı malzemesidir. Her ne kadar temel süreci iki binyıl önce icat edilmiş olsa da, beton modern çağın bir ikonudur.

Öte yandan betonla ilgili sorun, temellerde ya da sütunlarda basınç altında son derece güçlü olsa da, gerilim altında bir o kadar zayıf olmasıdır. Beton, bir germe kuvveti uygulandığında çatlayarak felaketlere neden olur ve bu yüzden kirişlerde, köprülerde ya da çok katlı binaların zeminlerinde kullanılmaz. Bunun çözümü betonun içerisine çelik çubuklar gömmektir. Bu iki maddenin özellikleri birbirini mükemmel bir şekilde tamamlar: Betonun basınca dayanma gücü ile çeliğin gerilme direnci olağanüstü başarılı bir ikili oluşturur. Bu güçlendirilmiş beton, 1853 yılında, beton zemin levhaları kururken içine güçlendirilmiş metal fıçı kasnakları koyan bir sıvacı tarafından tesadüfen bulundu. Kıyametin ardından betonun yapılaşmanın tekrar başlamasına yardım etme potansiyelini sonuna kadar kullanmanıza vesile olacak olan da işte bu son icattır.

Beton mükemmel derecede kullanışlı bir yapı malzemesidir ama ısıya dayanıklı yapılarıyla kapalı bir alanda çok yüksek sıcaklıklara erişmenize olanak sağlayacak ve dolayısıyla metalürji yeteneklerinizi sergilemenize izin verecek olan yine tuğlalar.

Metaller

Metaller, başka hiçbir malzemenin sağlamadığı birkaç özellik sunar. Bazıları istisnai derecede sert ve güçlüdür ve bu yüzden alet, silah ya da çivi veya taşıyıcı kiriş gibi yapı malzemeleri yapmak için idealdir. Öte yandan kırılabilen seramiğin tersine bükülebilirler; basınç uygulandığında kırılmak yerine şekil değiştirirler ve bu yüzden bağlamak, çit yapmak ya da elektrik aktarmak üzere ince teller yapmakta kullanılabilirler. Birçok metal ayrıca çok yüksek sıcaklıklara dayanabilir ve bu yüzden yüksek performansta çalışan makinelerin yapımında kullanılabilir.

Yıkımın hemen ardından olabildiğince çabuk bir şekilde hem demir hem de onun karbon alaşımı çelik üzerinde uzmanlaşmalısınız. Çelik, demir ile karbon atomlarının karışımından oluşur ve kendisini oluşturan parçaların toplamından çok daha fazlasıdır. Demirin içerisine karbon eklenmesi bu metalin özelliklerini önemli ölçüde değiştirir ve alaşımın içerisindeki karbon oranını değiştirerek farklı alanlar için farklı güçte ve sertlikte çelikler elde edebilirsiniz.

Sıfırdan nasıl demir ve çelik üreteceğinize daha sonra bakacağız çünkü kıyametin hemen akabinde bunları her yerde kolayca bulabileceksiniz. Topladığınız malzemeleri – açık bir ocakta çalışmak, demir dövmek ya da örs ve çekiçle yaptığınız şeye şekil vermeye çalışırken onu eriyik durumda tutmak gibi– geleneksel demircilik becerilerini öğrenerek tekrar kullanabilirsiniz. Medeniyet tarihi boyunca sert demiri kullanabilmemizin nedeni, ısıtıldığında demirin fiziksel özelliklerinin geçici bir süre için değişmesi, dövülerek şekillendirilmeye izin verecek kadar yumuşaması, levha haline getirilebilmesi ya da boruların veya kabloların içerisine sokulabilmesidir. Bu temel bir nokta, çünkü demirin üzerinde çalışmak için demir aletler kullanabileceğiniz ve böylece daha fazla alet üretebileceğiniz anlamına geliyor.

Demiri alet yapımında kullanmak için ihtiyacınız olan temel bilgi, çeliği sertleştirmenin –tavlamak ve su vermek– kurallarıdır. Çelik, kızarana kadar ısıtılır, böylece demir-karbon kristallerinin içyapısı özellikle sert bir yapı oluşturacak şekilde değişir ve çelik sertleşir (bu haldeyken manyetik değildir, bunu ısıtma sırasında deneyip görebilirsiniz). Ama sonrasında yavaşça soğumasına izin verilirse bu kristal eski formuna geri döner, dolayısıyla istediğiniz şekli elde etmek için üzerinde çalıştığınız şeyi suya ya da yağa batırarak hızlı bir şekilde soğutmanız gerekmektedir. Öte yandan sert maddeler de kırılabilir ve kırılan bir çekiç, kılıç ya da yay kullanışsızdır. Bu yüzden üzerinde çalıştığınız parçaya su verdikten sonra tavlamalısınız. Bu, üzerinde çalıştığınız şeyin belirli bir süre için daha düşük bir sıcaklığa kadar ısıtılması, böylece kristal yapısının bir kısmının gevşemesiyle yapılır. Bu şekilde eserin sertliğinin bir kısmından vazgeçip onu esneklikle değiş tokuş edersiniz. Tavlama, çeliğin özellikleri üzerinde oynamanıza izin verir ve böylece farklı işlere uygun farklı metaller elde edebilmenizi sağlar.

Daha yakın zamanlarda ortaya çıkan bir başka kilit teknoloji, eriyik metal kullanarak metalleri birbirine yapıştırmak yani kaynaklamak. Asetilen, bir oksijen kaynağıyla yakıldığında 3.200°C'ye ulaşan sıcaklığıyla, yakıt olarak kullanılan gazlar arasında en yüksek sıcaklığı veren gazdır. Oksijen ile asetilen gazının bir emzikten basınçla ayrı ayrı akması sağlanarak bir kaynak meşalesi yani hamlaç yapılabilir. Saf oksijen, suyun elektroliz edilmesiyle (bkz. s. 191-2) ya da daha fazla olanağa sahip olunduğunda sıvılaştırılmış havanın damıtılmasıyla (bkz. s. 107-8) elde edilebilir. Asetilen, su ile kalsiyum karbür topaklarının tepkimeye sokulması sırasında salınır. Kalsiyum karbür de, daha önce gördüğümüz maddeler olan sönmemiş kireç ile odunkömürünün (ya da kokun) bir fırında birlikte ısıtılmasıyla elde edilebilir. Oksijen-asetilen alevi, metalleri kaynaştırmanın yanı sıra, oksijenin metalin üzerinde düzgün bir çizgi oluşturmasıyla kesme hamlacı olarak da kullanılabilir.

Elektrikli ark hamlacıyla 6.000°C gibi daha yüksek sıcaklıklar bile elde edilebilir; bir yıldırımın gücüne erişilebilir. Bir dizi pil ya da jeneratörle sabit bir kıvılcım, yani ark oluşturacak kadar yeterli voltaj elde edebilirsiniz. Ark, hedeflediğiniz metal ile karbon bir elektrot arasında gidip gelecek ve elektrot yüzey boyunca gezdirildikçe metali kaynatacak ya da kesecektir. Bu nevi ilkel oksiasetilen kaynaklar ya da ark hamlaçları, ölü şehirleri yağmalamak üzere gönderilen ekiplerin çok değerli malzemeleri kesip parçalamaları için vazgeçilmez birer alet olacaktır. Hurda metalleri eritmenin ve dönüştürmenin en etkili yollarından biri de elektrikli ark fırınıdır. Bu, temelde devasa bir ark hamlacıdır; geniş karbon elektrotlar elektrik dalgaları yaratarak metali eritirken, sürekli bir kireçtaşı akışıyla metalin içerisindeki yabancı maddeler ayıklanır ve yüzeye çıkar, bu arada da eriyik çelik, bir demlikten dökülüyormuş gibi alttan dökülür. Kıyamet sonrasının dünyasında termal enerji elde etmek için ihtiyaç duyulan yakıt miktarını azaltmak üzere yenilenebilir enerjiyle bir ark fırını tesis etmek, önemli bir teknolojik ilerleme olacaktır.

Ama bir malzeme çeşidi olarak metallere erişmek hikâyenin yalnızca yarısını oluşturuyor; ayrıca onları istediğiniz şekillere sokabilmek için ustalaşmanız gerek. Bunun için ihtiyacınız olan motorlu aletlerin çalışmaya devam edenlerini bulamazsanız onları nasıl baştan yapacaksınız?

Bunun son derece zarif bir örneğini, 1980'lerde işe sadece kil, kum, odunkömürü ve çok az hurda metalle başlayan ve tornası, metal profil tezgâhı, matkap tezgâhı ve freze makinesiyle tam teçhizatlı bir metal işleme atölyesi yaratan bir makinist verdi. Düşük bir erime noktası olduğundan alüminyumun dökülmesi kolaydır, ayrıca paslanmaz, bu yüzden de kıyametten çok uzun süreler sonra bile ortalıkta bulmaya devam edebilirsiniz. Bu yüzden de başlamak için iyi bir seçim olacaktır.

Bu olağanüstü projenin merkezinde, basit maddelerle inşa edeceğiniz küçük çaplı bir dökümhane var: İç yüzeyi ısıya dayanıklı bir kil astarla kaplanmış ve yan tarafından hava girişiyle güçlendirilen, odunkömürü yakılan bir metal kova. Bu arka bahçe fırını, toplanan alüminyumu eritmek için yeter de artar bile ve elde edilen eriyik metal çok çeşitli makine parçaları halinde kalıba dökülebilir. Döküm kalıpları bağlayıcı olarak kil ve biraz suyla karışmış ince kumdan yapılabilir, yontularak hazırlanmış örnekler iki parçalı ahşap bir çerçevenin içine konur ve etrafı doldurulur.

Yapılacak ilk mekanizma torna. Basit bir torna, bir ucuna torna aynası denilen bir başlığın, diğer ucuna kilidi açıldığında yatak boyunca sola ve sağa hareket edebilen punta başlığının monte edildiği, yatak olarak adlandırılan uzun, düz bir tezgâhtan ibarettir. Üzerinde çalışılan parça, aynanın üzerindeki şafta —belki bir düz aynaya çakılarak ya da torna kafasının hareket edebilen çenelerinin arasına sıkıştırılarak—

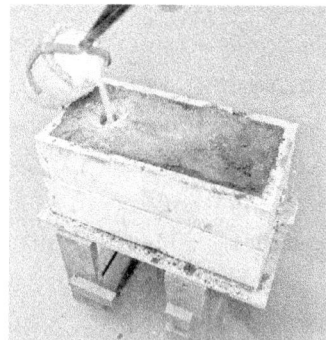

İlkel bir dökümhane: Küçük çaplı bir fırının içerisinde eriyen alüminyum (solda) kumdan yapılmış bir kalıba dökülüyor (sağda).

sabitlenir ve sonra parçanın tümü sahip olduğunuz hareket gücüne bağlı olarak (su değirmeni, buharlı motor ya da elektrikli motor) bir makara ya da dişli sistemi kullanılarak bu merkez etrafında bükülür. Diğer uç, yatak boyunca kayarak istenilen mesafelerde ayarlanabilen punta başlığıyla desteklenir ya da parça dönerken bir matkap kullanılarak delinir. Yatak boyunca kayan bir de vagon mevcuttur. Bu vagonun üzerinde bir kesme takımı bulunur ve parçaya göre pozisyonunun tam olarak ayarlanabilmesi için çapraz gelen bir başka sürgünün üzerinde hareket eder. Böylece parça dönerken, istenilen profilin elde edilebilmesi için onu tıraşlar. Şaşırtıcı şekilde, bir torna, kendisini oluşturan bütün parçaların üretilmesinde kullanılarak daha fazla torna yapmanıza olanak sağladığı gibi, ilk tornanın üretilmesi sırasında kendisini tamamlayan parçaları da yapmanıza imkân verir.

Çalıştığınız parçanın üzerinde, düzgün spiraller halinde dönen bir oluk oluşturmak için, kurşundan uzun bir vidayı yatağa yatırmalı ve vagonu düzgün bir şekilde sürmelisiniz ya da daha iyisi, çok düzgün bir hareket elde etmek için, buna ek olarak torna miline çark ekleyebilirsiniz. Kıyamet sonrasının dünyasında uzun, dişli bir vida bulsanız gerçekten çok iyi olur çünkü öteki türlü, düzenli bir diş aralığına sahip bir oluk oluşturmak inanılmaz zordur. Tarihimizde ilk düzgün metal vida yivini yapmak çok uzun bir zaman aldı. Ama uzun denemelerden sonra bir kez başarıldığında, ondan diğerlerini üretmek zor olmadı ve bütün bunları baştan yaşamak istemezsiniz.

Torna yaptıktan sonra onu freze tezgâhı gibi başka, daha karmaşık makinelerin parçalarını yapmak için kullanabilirsiniz. Torna, dönen bir parça üzerinde çalışmak için kullanılırken, frezenin parçaya dikine gelen bir döner aleti vardır ve

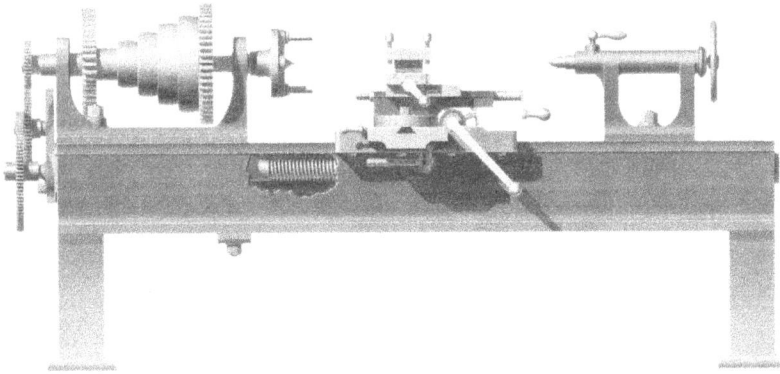

Ayna başlığı ile üzerinde çalışılan parçayı tutmaya ve döndürmeye yarayan şaft (solda); punta başlığı (sağda) ve kesme takımını taşıyan hareketli vagon (ortada).

oldukça kullanışlı bir makinedir. Freze tezgâhınız olduktan sonra neredeyse her şeyi üretebilirsiniz. Yukarıda bahsettiğimiz proje bu yüzden teknoloji tarihinin bir mikrokozmosudur: Basit aletlerle daha karmaşık aletler yapmak ve sonra bu aletlerin daha hassas versiyonlarını üretmek, sonra da bu döngüyü tekrar ederek sürekli ilerlemek.

Peki ya dövmek ya da dökmek için hazır halde saflaştırılmış metal bulamazsanız veya bunların hepsini çoktan kullandıysanız, metalleri kayaların içerisinden nasıl çıkaracaksınız? Maden eritmenin genel prensibi, metalin cevher içerisinde bağlı halde olduğu oksijen, kükürt ve diğer elementleri tasfiye etmeye dayanır. Bunun için yüksek sıcaklıklar sağlayacak bir yakıta, bir indirgeyiciye ve eritkene ihtiyacınız var. Odunkömürü (ya da kok) ilk iki işlev için işinizi gayet iyi bir şekilde görecektir; son derece yüksek sıcaklıklarda yanar ve yanarken oksijeni koparalarak geriye saf metal bırakan güçlü bir indirgeyici olan karbonmonoksit çıkarır. Bir demir eritme fırını inşa etmek için kireç yaktığınız ocaktakine benzer bir yol izleyebilirsiniz. Fırına katmanlar halinde odunkömürü ve ufalanmış demir cevheri doldurulur. Demir cevherinin arasına karıştırılacak bir miktar kireçtaşı eritme işlevi görür. Kireçtaşı ısıya dayanıklı gangların (ekonomik değeri olmayan taşlı parçalar) erime noktasını düşürür, bunlar böylece fırının içerisinde sıvılaşır ve metal yabancı maddelerden arınır. Bu cürufu tahliye ettikten sonra saf metalinizi fırından alabilirsiniz.

Fırınınız eğer demiri eritecek kadar yüksek sıcaklığa ulaşamıyorsa, metali süngerimsi bir topak olarak almanız, daha sonra bir örsün üzerinde döverek demirin yoğunlaşmasını ve içerisinde kalan cürufun dışarı sızmasını sağlamanız gerekecek. Alet yapımında kullanılmaya uygun hale getirmek için bu saf, dövülmüş demirin bir miktar karbon emmesi (çelik oluşturması) için bir kez daha odunkömürüyle ısıtılması ve tekrar örs üzerinde dövülmesi gerekiyor. Tekrar tekrar katlayarak ve yeniden düzleştirerek yaptığınız şey, esasında yekpare çelik oluşturmak için metali karıştırmak; bundan sonra onu son bir kez döverek son şeklini verebilirsiniz. Nalbant için bu bel büken bir iştir ve bu şekilde çelik üretimi son derece kısıtlı kalacaktır. Modern bir medeniyetin anahtarı, çeliği seri bir şekilde üretebilmektir. Şimdi bunu yapmanızın yoluna bakalım.

Çözüm, fırın bacasına güçlü bir hava akımı vermek ve böylece yanmayı olağanüstü bir şekilde güçlendirmek. Çinliler maden eritme ocaklarını MÖ 5. yüzyılda icat ettiler (Avrupa'da ortaya çıkışından 1.500 yılın üzerinde bir zaman önce) ve sonra su çarklarının ittiği pistonlu körükler kullanarak tasarımlarını daha da geliştirdiler. Yüksek sıcaklıklara daha etkin bir şekilde çıkmak için ocağın borusundan çıkan sıcak, yanıcı atık gazları kullanarak içeri giren havayı önceden ısıtabilirsiniz. Maden eritme ocağının içerisindeki yeni eritilmiş demir çok fazla karbon emer, bu da onun erime noktasını 1.200°C civarına çeker. Metal tamamen sıvılaşır, ocağın altına açılmış kanallardan akar ve dizi dizi külçe kalıpların içerisinde soğutulur. Ortaya çıkan sonuç pik demirdir; İngilizcede domuz anlamına gelen *pig* (pik) isminin verilmesinin nedeni, ortaçağ dökümhane işçilerinin külçeleri annelerinin memelerine yapışmış domuz yavrularına benzetmesidir.

Erime noktası düşürülmüş, yüksek karbon oranına sahip bu demir tekrar eritilerek sıcak bir mum gibi tekrar kalıplanabilir. Bu nedenle dökme demir (ya da pik) tencere, boru, makine parçaları ve Viktorya çağı İngiltere'sinde olduğu gibi dökme demirden kirişler gibi şeyler üretmek için son derece idealdir. Öte yandan dökme demirin büyük bir dezavantajı vardır, yüksek karbon içeriği yüzünden kırılgandır ve mesela dökme demirden yapılan köprülerin, yapısal öğelerinin bükülmesi ya da gerilmesi durumunda çökmek gibi kötü bir eğilimi vardır.

Sanayi Devrimi'nin ileriki aşamalarını mümkün kılan icat, maden eritme ocaklarından çıkan pik demirin kolayca çeliğe dönüştürülebilmesi oldu. Karbon içeriği açısından çelik, saf dövme demir ile kırılgan pik ya da dövme demir (%3-4 karbon) arasında bir yerde bulunur. %0,2 civarında karbon oranına sahip malze-

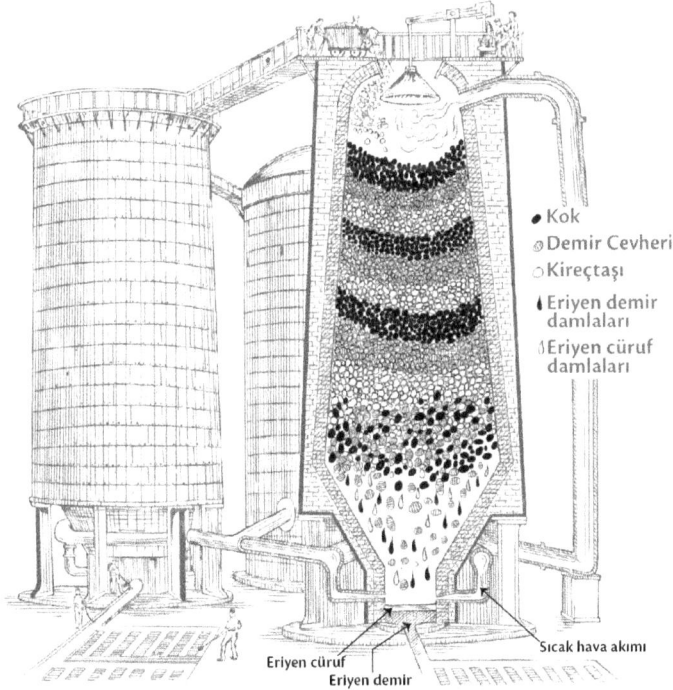

Demir eritmek için kullanılan maden eritme ocağı. Cevher, yakıt ve eritken yukarıdan verilir ve aşağıdan yoğun bir şekilde sıcak hava pompalanır.

meden makine parçaları ya da yapı öğeleri yapılırken, rulmanlar ya da tornanızın kesme takımı gibi şeyler için %1,2 civarında bir karbon oranına sahip sert çelikler kullanılır. Peki pik demirinizin içerisindeki karbon oranını nasıl düşüreceksiniz?

Bessemer potası, armut şeklinde devasa bir kovadır ve içi ısıya dayanıklı tuğlalarla kaplıdır, bir yana devirebilmek için hareketli ayakların üzerine oturtulmuştur. Bu tekne erimiş pik demirle doldurulur ve daha sonra altındaki deliklerden içeri, aşağı yukarı bir akvaryumdaki pompaların yaptığı gibi hava pompalanır. Fazla karbon oksijenle tepkimeye girerek karbondioksite dönüşür ve uçar. Metalin içerisindeki diğer yabancı maddeler de oksitlenir ve cüruf halinde çıkarılır. Şanslısınız ki, karbon yandıkça, demiri süreç boyunca eriyik halde tutmaya yetecek kadar ısı verir.

Sorun, sürecin, tüm karbonun salınmayıp %1'in hemen altında bir oranın korunmasını sağlayacak şekilde takip edilmesindeki güçlüktür. Nihai oranı tutturmak için yapılacak şey, süreci tüm karbonun gittiğinden emin olacak kadar uzun tutmak, sonra da istediğiniz miktarda karbonu saf demire geri vermektir. Bessemer süreci denilen bu yöntem, tarihte çeliğin ucuz bir şekilde seri üretiminin yapılabilmesini sağlayan ilk yöntemdir ve buraya ne kadar erken ulaşabilirseniz o kadar iyi.

Cam

Demir ve çelik, modern endüstriyel dünyanın anlı şanlı yapı öğeleriyken, kolayca görmezden gelinen (belki de şeffaf olduğundan) mütevazı cam da gelişimimiz açısından son derece önemlidir. İnsanoğlunun yaptığı ilk sentetik malzemelerden biri olan cam, MÖ 3. binyılda bir tarihte, ilk şehirlerin beşiği olan Mezopotamya'da icat edildi. Camın ve onun ana özelliklerinin benzersiz kombinasyonunun nasıl bilimin temel taşlarından biri olduğuna az sonra bakacağız. Ama gelin önce nasıl yapıldığına bakalım.

Muhtemelen camın eriyik kumdan, tam olarak söylemek gerekirse saflaştırılmış silisten (silikon dioksit) yapıldığını biliyorsunuzdur. Ama ateşin içerisine birkaç avuç kum atmak herhangi bir sonuç vermeyecektir, en fazla ateşinizi söndürürsünüz. Mesele, silisin erime noktasının son derece yüksek, yaklaşık olarak 1.650°C civarında olmasıdır. Bu sıcaklık basit bir ocağın kapasitesinin çok üzerindedir, dolayısıyla camın temel bileşeninin ne olduğunu bilmek onu yapmaya yetmeyecektir. Cam bazen doğal olarak oluşur; bir çölde orayı burayı kazarsanız ve şansınız yaver giderse, bir ağacın karmaşık kök sistemine benzer, olağanüstü uzun, delikli, erimiş cam borular bulabilirsiniz. Bu tip yapılara "fulgurit" ya da "yıldırım taşı" denir ve kuma yıldırım düştüğü zaman oluşur. Elektrik akımı yerin altında akar ve yarattığı yüksek ısıyla silis tanelerini camsı bir boru oluşturacak şekilde kaynaştırır.

Yıldırımın gücünü doğrudan kontrolünüz altına alamayacağınıza göre, cam üretmek için silisin erime noktasını, uygun bir eritken ekleyerek ocağın üretebileceği sıcaklıklara çekmek zorundasınız. Potas da çamaşır sodası da, silisi cam yapımında kullanmak için mükemmel birer eritkendir ama On Birinci Bölüm'de göreceğimiz üzere, biraz kimya uygulayarak soda üretmek çok daha kolaydır. Günümüzde pencerelerde ya da şişelerde kullanılan camlar, soda-kireç camlarıdır, yani soda ve kireç çözeltisinin kumda çözülmesi ve oda sıcaklığında katılaştırılmasıyla üretilirler.

Ateş kilinden yapabileceğiniz seramik bir pota, silis taneleriyle ve soda kristalleriyle doldurulur. Ocağın sıcaklığında sodyum karbonat, karbondioksit salar ve silisin içerisinde çözünür, böylece silisin erime noktasını, ocağın sıcaklığında başarılı bir şekilde cam üretecek düzeye çeker. Çıkan karbondioksit, ilk karışımın içerisindeki oksijen ile nitrojene bağlanır ve baloncuklu, köpüklü bir eriyik oluşturur. Dolayısıyla eriyik camı akışkan şekilde tutacak çok sıcak bir ocak kullanılmalıdır ve pota, bu baloncukların kaçmasına ve berrak bir cam oluşmasına yetecek kadar uzun süreler içeride tutulmalıdır. Ne yazık ki sadece silisten ve eritkenden üretilen cam, suyla temas ettiğinde çözünür ve dolayısıyla bu tür camlar oldukça kullanışsızdır. Çözüm, potanın içerisine camı çözünmez yapacak ikinci bir katkı maddesi eklemektir. Bir önceki bölümde gördüğümüz kalsiyum oksit, yani sönmemiş kireç bu iş için idealdir.

Camın temel malzemesi olan silisyum, dünyanın kabuğunun %40'ından fazlasını oluşturur; gezegenimizdeki taşların içeriğinde açık ara en fazla bulunan bileşendir. Ama silisyum genellikle başka birçok şeyle karışmış haldedir (metaller dahil; madenleri erittikten sonra atılan cürufun büyük kısmı da silisyumdur) ve berrak, renksiz bir cam yapmak için silisyumun olabildiğince saf olması gerekir. Söz gelimi birçok kumdaki kahverengimsi ton demir oksitten kaynaklanmaktadır ve bu kumdan yapılan cam yeşilimsi olur. Bu renk, bir şarap şişesinde kullanılabilir ama pencerede ya da teleskopta sinir bozucudur. Berrak cam için en iyi kaynak, parlak beyaz kum ya da meşhur Venedik "kristal" camları için kullanılan beyaz kuvars çakıllar ya da İngiliz "kurşunlu kristal" camları için kireçtaşlarının arasından toplanan çakmaktaşları gibi diğer saf silislerdir (bunların her ikisi de teknik olarak yanlış isimlerdir çünkü tüm camların atomları tamamen dağınık bir şekilde düzenlenmiştir ve kristallerle alakaları yoktur).

Kuşkusuz, eski medeniyet tarafından geride bırakılmış ve kullanılabilecek inanılmaz miktarda cam olacaktır. Bunlardan bütün kalanlar oldukları gibi, parçalanmış olanlar temizlenip eritilerek kullanılabilir. Cam günümüzde en kolay geri dönüştürülebilen malzemelerden biridir. Basitçe bir fırının içerisinde eritilir ve yeniden şekillendirilir. Dahası bu, söz gelimi plastiğin tersine, malzemenin kalitesinde herhangi bir kötüleşme olmadan tekrar tekrar yapılabilir. Ama medeniyetin toparlanma sürecinin ileriki aşamaları için camın sil baştan nasıl yapılacağını bilmeniz gerek ya da ıssız bir adaya düşme ihtimalinize karşı. Aslına bakılırsa tropikal bir adanın sahili berrak, yüksek kalitede bir camın üç hammaddesini toplamak için oldukça ideal bir yerdir: Demirsiz, parlak beyaz kum, çamaşır sodası elde etmek için deniz yosunu ve kalsine edip sönmemiş kireç elde etmek için deniz kabukları ya da mercan.

Eriyik haldeki cam potadan doğrudan kalıplara dökülebilir. Ama çok daha kullanışlı bir üretim süreci, camın garip özelliklerinden birinin kullanılmasını gerektirir. Cam, tek bir erime noktasına sahip olmamasıyla sıra dışıdır. Bunun yerine camın akışkanlığı (yani kıvamı) sıcaklığa göre değişir. Böylece çok akışkan değilken ama şekil vermeye de uygunken camın üzerinde çalışabilirsiniz, bu da cam üfleme sanatına olanak tanır. Kil ya da uzun metal bir borunun ucunu bir topakla kaplayın ve istediğiniz şekli vermek için açık havada çevirerek ya da şişe gibi nesneleri hızlı üretmek için bir kalıba hava basarak, camı şişirmek üzere içine hava basın.

Pencereler yapay mağaralarımıza güneş ışığının girmesine izin verirken hava koşullarına karşı da koruma sağladığından günümüzde evlerimizi ve binalarımızı aydınlatmak için vazgeçilmezdir. Küçük dökme cam parçalarını birleştirerek pencerelerinde ilk kez cam kullananlar Romalılardı, MS ilk binyılın sonlarına gelindiğinde Çinlilerin pencereleri hâlâ kâğıtla kaplıydı ve saydamlık için yağlanırlardı. Yüzyıllar boyunca, pencerelerde kullanılan camlar önce üflendi ve ardından hâlâ yumuşakken düzeltildi; eski köy evlerinin ve birahanelerin camlarında görülen ortadaki belirgin gamze, cam üfleyicinin çubuğunun ayrıldığı noktayı gösterir. Bugün camın, erimiş kalaydan bir banyoya dökülmesiyle geniş, mükemmel derecede pürüzsüz camlar yapılabiliyor. Cam, bu banyonun içinde yüzüyor ve düzgün, yekpare bir kalınlığa sahip olacak şekilde yayıldıktan sonra soğuyor ve donuyor. Ama pencerelerin ötesinde, camın kıyamet sonrasının dünyasında işe yarayacağı başka temel kullanım alanları da var.

Camı pencereler için bu kadar kullanışlı bir malzeme yapan temel özellik, tabii ki, şeffaf olmasıdır. Bu nadir bir özelliktir. Ancak camın başka hiçbir maddede bulunmayan başka önemli özellikleri de var ve bunlar camı bilimsel açıdan vazgeçilmez hale getirir: Doğal olguları gözlemlemek, etkilerini ölçmek ve bu bilgiden yola çıkarak daha gelişmiş teknolojiler icat etmek için kullanılabilmesi. Örneğin barometre ve termometre icat edilen ilk bilimsel araçlardır ve her ikisi de bir sıvı sütununun düzeyindeki değişiklikleri göstererek çalışır. Berrak, sert bir madde yani cam olmadan bu sıvılardaki dalgalanmaları görmek imkânsız olurdu.

Mikroskop slaytları da gözle görünmeyen örneklerin ışığı geçirecek bir tabakanın üzerine konulabilmesi sayesinde kullanılabiliyor. Cam, ayrıca son derece güçlüdür ve bir vakumu bile içerisinde tutabilecek hava geçirmez ortamlar yaratabilmektedir. X-ışınlarının oluşturulabilmesi için vakum boruları gerekmektedir (bkz. Yedinci Bölüm) ve bu borular ayrıca elektronlar ile diğer atom altı parçacıkların keşfedilmesi konusunda da önemli bir paya sahiptir. Hava geçirmez cam baloncuklar ampullerin ve floresan lambaların çalışması için de olmazsa olmazdır; belirli bir iç atmosferi korurken üretilen ışığın dışarı verilmesini sağlarlar.

Şeffaf, ısıya dayanıklı ve ince duvarlı kaplar oluşturacak kadar güçlü olmanın yanı sıra cam, çoğunlukla başka maddelerle kimyasal işleme girmez. Bu özelliği onu her türlü kimyasal araştırma için son derece önemli hale getirir. Deney tüpleri, imbikler, beher kapları, akıtaçlar, borular, mercekler, damıtma kolonları, gaz şırıngaları, ölçüm kapları ve deney tüpü tabakları gibi çok çeşitli şekillerdeki laboratuvar ekipmanları, camın eritilmesi ya da üflenmesiyle yapılır. Hem etkimeyen hem de şeffaf olan, deneye etki etmeden neler olup bittiğini görmemize olanak sağlayan böyle bir malzemeye sahip olmadan kimyanın nasıl gelişebileceğini düşünmek bile zor.

Öte yandan muhtemelen camın en büyük yeteneği ışığı kontrol ve manipüle edebilmesi. Bu bize hem doğanın küçük parçalarını izole ederek inceleme şansı veriyor hem de görme yeteneğimizi artırıyor.

Romalılar cam yapım ustalarıydı ve cam kürelerin, arkalarındaki nesneleri büyüttüğünü keşfettiler. Ama bir sonraki kavramsal adım olan, bir parça cama kavisli bir şekil verip mercek yaratma aşamasına hiçbir zaman geçemediler. Mercekler, ışınların şeffaf bir maddeden diğerine geçerken bükülmeleri, yani ışığın kırılması prensibine dayanır. Bunu bir göle düz bir çubuk sokarak görebilirsiniz; çubuğun su çizgisinin altında kalan kısmı kıvrılmış gibi görünecektir. Bunun nedeni ışınların gölün yüzeyinde, su ile hava arasında kırılmasıdır. Bir tarafı kabarık, mercimek şekli verilmiş, bir çanağı andıran (her iki taraftan da dışa doğru bükülen) cam parçaları, içerisinden geçen ışığı kırar. Merceğin dış kenarlarına gelen ışık, keskin bir şekilde içeri doğru saptırılır çünkü yüzeye geniş bir açıyla vurur. Merkeze daha yakın yerlerinden geçen ışınlar daha az kırılır. Son olarak tam merceğin ortasına gelen ışınlar merceğin eğimli yüzeyine dümdüz çarpar ve bu yüzden kırılmadan devam ederler. Bunun sonucu, tüm ışınların tek bir noktada, yani bir odakta toplanmasıdır. Büyütecin arkasındaki prensip budur.

İlk optik teknoloji İtalya'da 1285 civarında ortaya çıkan gözlüklerdi. Bunlar, insanların yaşlandıkça sıklıkla karşılaştığı bir sorun olan hipermetropluğa yani yakındaki nesnelere odaklanamama sorununa yardımcı olmak için tasarlanmış, dışbükey merceklere sahip gözlüklerdi. Miyopinin düzeltilmesi içinse içbükey merceklere ihtiyaç vardır ve camları ters yöne doğru bükmek –böylece yüzeyin içeri doğru kavis yapmasını ve ışınların bir yerde toplanmak yerine dağılmalarını sağlamak– biraz daha zordur.

Çığır açan gelişmeyse, mercekler nesneleri büyüttüğüne göre, dikkatli bir şekilde düzenlenmiş bir dizi merceğin uzaklıkları görmenizi sağlayabileceğinin fark edilmesiyle gerçekleşti; teleskobun arkasındaki fikir buydu. Bu alet ilk olarak gemi kaptanları tarafından kullanıldı ama kısa bir zaman sonra gökyüzüne doğru çevrildi ve evren ile onun içerisindeki yerimize dair bildiklerimizde büyük bir devrim başlattı. Öte yandan cam mercekler aynı zamanda çok küçük şeyleri büyütmemize de izin verdi. Mikroskop mikrobiyolojiyi ve mikropları anlamamız, kristal ve minerallerinin yapısını incelememiz ve metalürjiyi geliştirmemiz için olmazsa olmaz bir alet oldu.

Bundan 5.500 yılı aşkın bir zaman önce insanlık tarafından sentezlenen ilk yapay maddelerden biri olan cam, doğayı incelememize ve ilk okuma gözlüklerinden Hubble Uzay Teleskobu'na yeni teknolojiler geliştirmemize olanak sağladı. 17. yüzyılda geliştirilen ve modern bilimsel gelişmelerin gerçekleştirilmesi için vazgeçilmez olan, ki kıyametten sonra dünyayı tekrar keşfetmek için de gerekecek, altı aletten –sarkaçlı saat, termometre, barometre, teleskop, mikroskop ve hava pompalı vakum hücresi– sarkaçlı saat dışındakilerin hepsi tamamen camın özelliklerinden faydalanır.

Teleskopların görüş gücümüzü evrenin derinliklerine ulaşacak şekilde artırmasının ve mikroskopların maddelerin minicik parçalarını keşfedebilmemize olanak sağlamasının, bir avuç basit kumun bükülmesi sayesinde olduğunu düşününce insan şaşırmadan edemiyor. Cam, kelimenin gerçek anlamıyla dünyayı görüşümüzü değiştirdi. Kıyametten sonra da hem bir yapı malzemesi olarak hem de bilimle iştigal ederken önemli bir teknoloji olarak medeniyetin başarılı bir şekilde yeniden inşa edilmesinde çok önemli olacak. Termometre, barometre ve mikroskop ayrıca insan vücudunu incelemek için de çok önemli aletler; dolayısıyla gelin şimdi tıbba bir bakalım.

Tıp

Şehir bomboştu. Kalıntıların arasında, babadan oğula, nesilden nesle akta-
rılan gelenekleriyle bu milletten kalan hiç kimse yoktu... Bayındır, gösterişli
ve bir milletin yükselişi ile çöküşünün tüm aşamalarından geçmiş garip bir
halkın kalıntıları bunlar; altın çağlarına erişmiş ve yok olmuş bir halkın...
Dünya tarihinin görüp geçirdikleri arasında beni bu muazzam ve güzel
şehrin, bu içi dışına çıkmış, terk edilmiş ve kaybolmuş şehrin görüntüsü
kadar etkileyen bir şey olmadı... Her yeri ağaçlarla kaplıydı ve onu başka bir
yerden ayıracak bir ismi bile yoktu.

John Lloyd Stephens,
Maya medeniyetinin kalıntılarını keşfeden kâşif

Teknoloji medeniyetinin çöküşünden sonra modern tıbbi olanakların neredeyse
tamamen yok olduğuna tanık olacaksınız. Öncesinde bir telefonla ambulansın
kapıya geldiği gelişmiş ülkelerde yaşayan insanlar için, sağlık hizmetlerinin uçup
gitmesi ve bu olanakların getirdiği huzurun yok olması oldukça korku verici ola-
caktır. Artık her yaralanma ölümcül olur. Boş bir şehirdeki bir molozun üzerine
düşüldüğünde bacakta oluşacak bir açık kırık, gerekli tıbbi müdahalede bulunul-
mazsa ölümle sonuçlanacaktır. Küçücük bir kaza bile bir ölüm fermanı olabilir;
bir dikenin parmağınızda yol açtığı yara enfeksiyon kaparsa kanınızı zehirler.
Dolayısıyla, kıyametin hemen ardından hayatta kalanların sayısında sürekli bir
düşüş olabilir, zira yaralanmalar ve hastalıklardan kaynaklı ölüm oranı, doğum ora-
nını geçecektir. Antibiyotiklere, cerrahi operasyonlara ya da ileri yaşlarda vücudun
zayıflamasını geciktiren ilaçlara erişim olmadan, hayatta kalanların, günümüzün
dünyasının gelişmiş bölgelerinde 75-80 olan ortalama yaşam süresinde hızlı bir
düşüş beklemesi yerinde olur. Çok sayıda hemşire, doktor ve cerrah hayatta kalsa
bile, tanı koymaya yardımcı ekipmanlara ve kan testlerine ya da günümüz ilaçlarına
erişimleri olmadan bilgileri ve yetenekleri işe yaramaz olacaktır. Peki ya akabinde
bu tıbbi bilgiler de yok olursa? Yüzyılların uzmanlığını nasıl geri kazanabilirsiniz?

Bu kitapta işlenen diğer birçok konunun tersine, –sağlıklı insan vücudunu çalıştı-
ran karmaşık organ sistemimiz, dokular ve moleküler mekanizmalar ve hangilerinin

hangi hastalıklar ve yaralanmalardan etkilendikleri; bugün kullandığımız sayısız çeşitteki ilaç ve onları nasıl sentezlediğimiz; korkunç karmaşık cerrahi prosedürler vb.– tıbbi bilginin ufacık bir parçasını bile anlamlı bir şekilde tarif etmek imkânsız. Ancak kıyametin hemen ardından size mücadele etme şansı verecek temel bilgileri verebileceğimi ve sıfırdan her şeyi yeniden keşfetmenizi hızlandıracak araçları ve teknikleri tanımlayabileceğimi umuyorum.

Bugün, Batı dünyasında yaşayan çoğumuz yaşlanıp vücutlarımız düzgün çalışmamaya başladıkça eninde sonunda kalp hastalıkları ya da kanser gibi kronik hastalıklardan birine yakalanıyoruz. Ama tarihimiz boyunca ve gelişmekte olan ülkelerde hâlâ olduğu gibi, insanlığın asıl belası salgın hastalıklar olacaktır.

Aslına bakılırsa bu salgın hastalıkların çoğu medeniyetin doğrudan bir sonucudur. Özellikle hayvanların evcilleştirilmesi ve onlarla yakın bir şekilde yaşamak, bu hastalıkların tür bariyerini aşıp insanlara bulaşmasına neden oldu. Büyükbaş hayvanlar, tüberküloz ve çiçeği insan patojeni havuzuna ekledi. Atlardan rinovirüsü (sıradan nezle) aldık. Cüzzam köpeklerden ve büyükbaş hayvanlardan, grip domuzlarla kümes hayvanlarından geçti. Dahası şehirlerde yaşamamız da hastalıkları artırıyor; birbirine çok yakın yaşamak, temasla geçen ve havadan bulaşan salgın hastalıkların hızla yayılmasına neden oluyor ve yetersiz sıhhi temizlik ile kirli ortamlar suyla taşınan hastalık salgınlarıyla sonuçlanıyor. Görece yakın bir zamana kadar şehirlerdeki ölüm oranları o kadar yüksekti ki, şehirlerin nüfusu ancak kırsaldan sürekli bir göçmen akışıyla korunabiliyordu. Öte yandan tüm risklerine rağmen bir arada yaşamak ticareti geliştirir ve çok daha önemli bir şeyin, fikirlerin hızlı bir şekilde dolaşıma girmesini sağlar. Kıyametten sonra nüfus artmaya başladığında, şehirleşme tarihte olduğu gibi yine farklı yeteneklere ve özelliklere sahip insanlar arasındaki işbirliğini ve ilhamı artıracak ve teknolojik gelişmişliğe tekrar ulaşılmasını ciddi bir şekilde hızlandıracaktır.

O yüzden gelin, önce hayatta kalan insanları nasıl sağlıklı tutacağımıza ve hastalıklardan koruyacağımıza bakalım. Ayrıca kıyamet sonrası dünyasının nüfusunun olabildiğince hızlı bir şekilde artması için doğumları nasıl güvenli bir şekilde gerçekleştirebileceğimizi inceleyelim.

Bulaşıcı Hastalıklar

Bildiğimiz dünyanın sonu geldiğinde, bir kıyametten sağ çıkacak kadar şanslı olup birkaç ay sonra kolayca önlenebilecek bir hastalıktan ölseniz ironik olmaz mıydı? Antibiyotiklerin ve antivirallerin olmadığı kıyamet sonrası dünyada hastalanmayı kesinlikle istemezsiniz. Bulaşıcı hastalıklar, mikrobiyal istilacıların vücudun savunma sistemini yenmesi sonucu ortaya çıkar ve temel sanitasyon ile hijyeni iyi bilmek, kıyametin hemen ardından sizi başka herhangi bir bilginin yapabileceğinden daha fazla koruyacaktır.

Bugün koleranın nasıl faaliyet gösterdiğini gayet iyi biliyoruz. *Vibrio* bakterisi kısa bağırsağımızın besin dolu çorbasında hızla çoğalır, ishale yol açan moleküler bir toksinle bağırsak duvarını vurur ve organizmanın başka insanlara bulaşmasına neden olur. Bağırsak enfeksiyonlarının çoğu benzer bir hareket tarzına sahiptir ve doktorların dışkı-ağız yoluyla bulaşma dedikleri yolla hızla bulaşır. Yapılacak en basit şey bu döngüyü kırmaktır.

Bireysel düzeyde kendinizi potansiyel olarak öldürücü hastalık ve parazitlerden korumanın en etkili yolu ellerinizi (nasıl yapılacağını Beşinci Bölüm'de öğrendiğimiz sabunla) düzenli olarak yıkamaktır. Bunu günümüz medeniyetinden kalma basit bir alışkanlık, ellerinizi temiz tutarak görgü kurallarınıza uymaya devam etmek olarak değil, hayatta kalmak için yapmanız gereken temel bir iş, kendi kendinize verdiğiniz bir sağlık hizmeti olarak düşünün. Ayrıca topluluk olarak içme suyunuzun sizin ya da başka birinin dışkısıyla temas etmediğinden emin olmak zorundasınız. Bunlar günümüz kamu sağlığının asli unsurlarındandır ve mikrop teorisinin en temel prensiplerini bilmek, kıyamet sonrası toplumunu 1850 gibi görece yakın bir tarihte yaşamış atalarımızdan bile daha sağlıklı kılmaya yardımcı olacaktır.

Öte yandan bir bağırsak enfeksiyonu kaparsanız, öncelikle bu hastalıklardan kaynaklanan ölümlerin nadiren gerçekleştiğini bilin. Tarihte oldukça yıkıcı etkileri olan kolera bile aslında kesin olarak öldürücü değildir; günde 20 litreye yakın vücut sıvısı kaybettiğiniz için ağır ishalin neden olduğu, hızla susuz kalmaktan ölürsünüz. Bu yüzden, her ne kadar 1970'lere kadar yaygın bir şekilde uygulanmaya başlanmadıysa da, tedavisi şaşırtıcı derecede basittir. Ağızdan sıvı tedavisi (AST), bir litre suya bir çorba kaşığı tuz ve üç çorba kaşığı şekerin karıştırılmasından başka bir şey değildir ve hastalıktan dolayı kaybedilen suyun yanı sıra vücudunuzdaki çözünmüş maddelerin dengesini de geri kazandırır. Koleradan kurtulmak için gelişmiş ilaçlara ya da ciddi bir bakıma ihtiyacınız yok.

Doğum ve Yenidoğan Bakımı

Doğum günümüzün tıbbi imkânları olmaksızın anne ve çocuk için bir kez daha tehlikeli bir şey haline gelecektir. Bugün doğum sırasında ortaya çıkan ciddi komplikasyonlar genellikle sezaryenla çözülüyor; yani cerrah, karın kası duvarını boylu boyunca kesiyor ve rahme girerek bebeği çıkarıyor. Günümüzde her ne kadar bu rutin bir uygulama olsa ve hatta tıbben gerekli olmadığı halde anneler tarafından

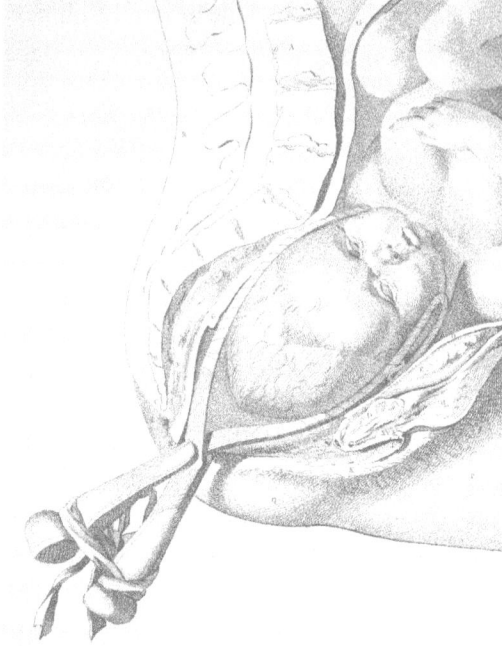

Doğum kaşığı (forseps).

talep edilse de, sezeryana yüzyıllar boyunca yalnızca annenin halihazırda öldüğü ya da anneyi kurtarma umudunun olmadığı durumlarda bebeği kurtarmak için son çare olarak başvuruldu. Annenin bu ameliyattan sağ çıktığı bilinen ilk örnek ancak 1790'da gerçekleşti ve 1860'lar itibariyle ölüm oranı hâlâ %80'lerin üzerindeydi. Sezaryen bugün hâlâ oldukça karmaşık, sarsıcı bir operasyondur ve doğal doğuma kıyametten hemen sonra güvenli bir alternatif oluşturmayacaktır.

Çocuğun zor bir doğumdan sağ çıkmasına yardımcı olmanın cerrahi müdahale içermeyen bir yolu 1600'lerin başında geliştirildi. Doğum biliminde önemli bir ilerleme olan doğum kaşıkları (forseps), ebe ya da doktorun doğum kanalına ulaşmasını mümkün kılıyor ve kaşıkla bebeği başından sıkıca kavramasına ve başını döndürmesine ya da bebeği yavaşça dışarı çekmesine olanak sağlıyordu.* Aletin iki kolunun bağlantı noktasından ayrılabildiği örnekler önemli bir gelişmeydi, böylece kollar birbirinden bağımsız olarak hareket edebilir ve pozisyon alabilir hale geldi. Zaman içerisinde forsepsin kollarının tasarımı annenin pelvisindeki

---

* Doğum kaşıkları yüzyıldan fazla bir süre boyunca onu icat eden hekim grubu tarafından bir sır gibi saklandı, böylece onların sağladığı avantajla diğer doğum uzmanlarından çok daha fazla para kazanabileceklerdi. Sırrı korumak için kaşıklar, odaya kapalı bir kutu içerisinde getiriliyor ve kutu ancak gözlemciler odadan çıkarıldıktan ve annenin gözleri bağlandıktan sonra açılıyordu.

anatomik kıvrımlara uygun olacak şekilde geliştirildi (böylece alet vajinal kasların kasılmalarıyla uyumlu bir şekilde çalışabiliyordu) ve kıskaçlar bebeğin kafatası şekline uyum sağlayacak hale getirildi.

Kendi vücut sıcaklıklarını düzenlemeye başlayana kadar bir hastanede, kuvözün sıcak ortamında tutulmamaları halinde prematüre ve düşük ağırlıkla doğan bebeklerin ölme ihtimalleri yüksektir. Modern kuvözler pahalı ve karmaşık cihazlar ve diğer birçok tıbbi ekipman gibi, gelişmekte olan ülkelerin hastanelerine bağışlandıklarında genellikle elektrik akımındaki dalgalanmalardan, yedek parça yetersizliğinden ya da tamir edecek teknisyenlerin yokluğundan dolayı kısa süre içerisinde işlevsiz hale geliyorlar. Bazı hastanelere bağışlanan tıbbi ekipmanların %95'inin beş yıl içerisinde işlevsiz hale geldiğini gösteren araştırmalar mevcut. Design that Matters isimli bir şirket bu soruna bir çözüm bulmaya çalışıyor ve dâhiyane tasarımları, kıyamet sonrası senaryomuz için uygun olan teknoloji konusunda güzel bir örnek oluşturuyor. Bu şirketin kuvöz tasarımları standart araba parçaları kullanıyor: Isıtma için farlar, filtrelenmiş havanın devridaimi için araba panelinin üzerine konan şu fanlardan, alarm için kapı zilleri ve elektrik kesintisi ya da kuvözün taşınması hallerinde yedek elektrik sağlaması için motosiklet aküleri. Bütün bu parçaları kıyametten sonra kolayca toparlayabilir ve gerektiğinde bir tamirciye tamir ettirebilirsiniz.

Muayene ve Teşhis

Bir doktorun en önemli becerisi teşhis koymaktır; yani hastanın mustarip olduğu hastalık ya da durumu belirleme ve gerekli tedavi yöntemine ya da cerrahi operasyona karar verme kabiliyetidir. Doktor, hastasından şikâyetinin başlangıcını ve arka planını anlatmasını, hissettiği belirtileri sıralamasını ister. Bunun sonucunda şikâyetin olası nedenlerinin ne olabileceğini düşünerek, hangi incelemelerin (kan testleri, hastanın vücudundan alınan örneklerin mikroskobik incelemesi, röntgen, tomografi gibi hastanın içini görüntülemeye yarayan teknikler vb.) yapılması gerektiğine karar verir. Bu incelemelerin sonucunda bir teşhis koymak için gerekli olan ipuçları elde edilir.

Kıyametten sonra sadece gelişmiş test ve tarama ekipmanlarını değil, tıbbi uzmanlıkların büyük kısmını da kaybedeceksiniz. Tıp ve cerrahi, bu kitapta anlatılan şeylerin büyük kısmından daha fazla örtük bilgiler içerir. Bu bilgileri edinebilirsiniz ama onları başkalarına sadece kelimeler ve resimler kullanarak aktarmak olağanüstü zordur. Britanya'da pratisyen hekim olabilmek için tıp fakültesinde neredeyse on yıl eğitim alınır ve hastanede iş başında eğitim bu sürecin bir parçasıdır. Bütün bu eğitimler ve uygulamalar halihazırda uzman olan insanlar tarafından verilir.

Bu bilgi aktarım döngüsünün kırılması halinde, gerekli uygulama becerilerini ya da yorumun bir parçası olduğu uzmanlıkları, ders kitaplarından kendi kendinize öğrenmeniz imkânsız olacaktır. Gelin o yüzden, tıbbın ve cerrahinin en temel prensiplerine bakalım: Tüm uzman bilgileri ve ekipmanları yok olursa, ihtiyacınız olan temel bilgileri ve becerileri nasıl tekrar kazanırsınız?

Bilgiye dayalı teşhise ancak bir dizi incelemenin sonucunda varılabilir, öte yandan 19. yüzyılın başına kadar tıp, doktorların insan vücudunun içini incelemesine olanak tanıyacak tek bir alete bile sahip değildi. Olası işaretleri görmek için vücudun dışına bakar, büyümüş organlar ya da kitleleri tespit etmek için parmak uçlarını kullanır, içeridekinin hava mı sıvı mı olduğunu belirlemek için karına ve göğüs kafesine hafif hafif vururlardı (bu teknik, bir hancının oğlu olan bir doktor tarafından keşfedilmişti; bu fikri bir şarap fıçısının içerisinde ne kadar şarap kaldığını anlamak için fıçıya vurulmasından aldığı söylenir).

Teşhis koymayı baştan ayağa değiştiren alet şaşırtıcı derecede basitti. Bir ucunu kulağınıza tuttuğunuz, diğer ucunu hastanın vücuduna dayadığınız içi boş bir odun parçası, hatta rulo yaptığınız birkaç kâğıt kadar basit bir şeyden daha fazlasına gerek olmayan stetoskop 1816'da tam da bu şekilde ortaya çıktı. René Laennec kulağının ve yanağının çok şişman bir kadın hastasının göğsüne değmesinden rahatsız oluyordu ve bunu yapmamak için kullandığı eğreti borunun sadece kalp atışlarını gayet iyi aktarmakla kalmadığını, sesleri yükselttiğini de fark etti. Stetoskop, vücudun içerisindeki sesleri duymamıza yardım eder. Kalp atışlarındaki düzensizliklerin yanı sıra akciğerlerdeki bir hastalığa işaret edebilecek hırıltılar, tıkanmış bir bağırsağın o noktasındaki sessizlik ya da fetüsün kalp atışlarındaki zayıflık stetoskopla tespit edilebilir.

19. yüzyılın sonundan önce bir doktorun çantasında stetoskopun yanı sıra sadece vücut ısısını ölçmek için taşınabilir termometreler ve kan basıncını ölçen bir ölçüm aletine bağlı şişirilebilir bantlardan oluşan tansiyon aletleri vardı. Söz konusu tıbbi termometreler enfeksiyon sonucu ortaya çıkan ateşi tespit ediyordu. Hatta ölçülen ateş değerleri bir ateş cetveline işaretleniyor ve ateşin seyrine bakılarak hastalık tahmin edilmeye çalışılıyordu. Ama kıyamet sonrasının dünyasında, insan vücudunun içinde neler olup bittiğini tespit etmek için en önemli aletiniz stetoskop olacaktır, ta ki ışığın yüksek enerjili bir biçimini üretmeyi yeniden öğrenene kadar. Bunu nasıl mı yapacaksınız?

19. yüzyılın son on yıllarında iki garip yayılım keşfedildi. Bunların ilki, iki metal plaka arasında yüksek voltaj uygulandığı zaman negatif elektrottan çıkan akımdı. Bu yayılıma katot ışınları dendi. Bugün, voltajın yarattığı yüksek elektrik

alanı boyunca bir kablonun içerisinde hızla akan elektrik akımının bu unsurlarını elektron olarak adlandırıyoruz. Uçan elektronlar hava gibi oldukça hafif şeyler tarafından bile hızla emilir, dolayısıyla bu katot ışınları, sadece içerisindeki gazın boşaltıldığı bir kutuda kayda değer mesafeler katedebilirler. Bu yüzden de katot ışınları, ancak bilim insanları hava geçirmeyen cam bir metal kutunun içerisindeki tüm havayı emecek bir vakum yaratabildiklerinde fark edilebildi.

İlk vakum tüplerinin içerisinde küçük miktarlarda gaz kaldığından, hızla çarpan elektronlar ürkütücü parlamalar oluşturuyordu (neon ışıklarında kullanılan bir etki). Alman doktor Wilhelm Röntgen, bu ışıktan kurtulmak istedi, böylece vakum tüpünün duvarına işleyen katot ışınlarını inceleyebilecekti. Bu yüzden de tüpü siyah mukavvaya sardı. Bu esnada laboratuvardaki tezgâhın diğer tarafındaki floresan ekranda sönük bir yeşil parlama gördü. Burası katot ışınlarının ulaşması için çok çok uzaktı ve Röntgen, bu görünmez ışımaya gizemli yapılarından ötürü X-ışınları ismini verdi. Bugün bu X-ışınlarının ultra yüksek enerjili elektromanyetik dalgalar olduğunu ve hızlanan elektronların, vakum tüpünün içerisindeki pozitif elektrota çarptığında yayıldıklarını biliyoruz.

X-ışınlarının katı cisimlerin arkasını, örneğin kapalı bir ahşap kutunun içerisindekileri, görmemize izin verdiğini fark ettiğinde Röntgen'in şaşkınlığı daha da artmıştı. 1895 yılında X-ışınlarını karısının elinin içindeki kemiklerin fotoğrafını çekmek için kullanabilmesi hepsinden daha ürkütücüydü. X-ışınları kemikler gibi katı cisimler tarafından, yumuşak dokular tarafından olduğundan daha kolay emildiğinden, ışık bedenin içerisinden geçiyor ve ortaya çıkan resim kemiklerin gölgesini gösteriyordu. X-ışınları mutasyonları tetikleyecek ve kansere yol açacak yükseklikte bir enerji içerdiğinden tehlikelidir, bu yüzden hastalar sadece bir anlığına, bir fotoğraf çekimine yetecek bir süre için X-ışınlarına maruz bırakılmalı, bu arada doktor kurşun bir perdenin arkasında kendini koruma altına almalıdır. Bu sağlık risklerine rağmen radyografinin hayati organları incelemek, kemiklerdeki kırıkları belirlemek ya da tümörlerin yerini tespit etmek için insan vücudunun içine bakabilmemizi sağlaması, ilk teşhis aracı olan stetoskopun sağladığı olanaklardan çok daha fazladır.

Öte yandan insan vücudunun iç koşullarını dışarıdan tespit edebilmek, kıyametten sonra karşınıza çıkacak sorunların sadece bir kısmı. Hastada yapılan incelemeler ile insan vücudunun yapısı arasında doğru bağı kurmak, insan vücudunu enikonu tanımak son derece önemli. Peki iç yapımıza dair ayrıntılı bilginin kaybolması halinde vücudumuzu baştan nasıl keşfedecek ve neyin sağlıklı, neyin anormal olduğunu nasıl anlayabileceksiniz?

Hayvanların içyapısını kasaplarda görmeye alışığız ama insan vücudunun hayvanlardan önemli yapısal farkları vardır. Bu yüzden, insan bedeni üzerinde çalışarak anatomimizi yeniden tanımak zorundasınız. Anatomi ve otopsi, patolojinin yeniden gelişmesi, hastalıkların temel nedenlerinin anlaşılması için son derece önemlidir. Hasta hayattayken dışarıdan görülen işaretler ve hastalığın semptomları ile ancak öldükten sonra incelenebilecek anatomimizdeki hatalar ve sorunları ilişkilendirmek için otopsi yapmak büyük önem taşıyor. Belirli bir hastalığın vücudun genelindeki bir sorundan ziyade (mesela modern öncesi dönemde kan, balgam, iltihap gibi vücut salgılarının bir dengesi olduğuna inanılırdı), belirli bir organdaki bir sorundan kaynaklandığını belirlemek, patoloji için hayati bir öneme sahiptir. Böylece görünen semptomları tedavi etmeye çalışmak yerine hastalığın altında yatan nedenlere karşı mücadele edilebilir.

Temel neden tespit edildiğinde bir sonraki adım uygun ilacın belirlenmesi ya da cerrahi müdahalede bulunulmasıdır.

İlaçlar

Bir hastalığı doğru teşhis etmek, ancak elinizde belirli hastalıklara karşı etkili olduğu bilinen ilaçların olması halinde bir işe yarar. İnsanlık tarihinin büyük kısmı boyunca bu büyük bir sorun olageldi ve 20. yüzyıldan önce bir doktorun ilaç çantası büyük ölçüde bir işe yaramıyordu. Hastanızı öldürmekte olan hastalığın ne olduğunu bildiğinizi, ama onu durdurmak için elinizden hiçbir şey gelmediğini ve bu durumda yaşayacağınız hayal kırıklığını bir düşünün.

Günümüz ilaçlarının ve tedavilerinin çoğu bitkilerden elde edilir ve bitkisel ilaçlarla ilgili gelenekler ve folklor, medeniyetin kendisi kadar eskidir. Neredeyse 2.500 yıl önce –doktorların ahlaki sorumluluklarını belirleyen Hipokrat yeminiyle ünlü– Hipokrat, acıyı dindirmek için söğüt çiğnemeyi önermişti. Eski Çin bitkisel tıbbında da ateşi düşürmek için söğüt ağacının kabuğu önerilir. Lavantadan çıkarılan yağ antiseptik (mikrop yok eden) ve antiinflamatuvar (iltihapla savaşan) özelliklere sahiptir ve kesiklerle ezikleri sürülerek kullanılır. Çay çiçeği yağı geleneksel olarak antiseptik ve antifungal (mantar enfeksiyonu önleyici) olarak kullanılır. Yüksükotundan çıkarılan dijitalin, kalbi hızlı ve düzensiz atanların kalp atışlarını yavaşlatırken, kınakına ağacının kabuğu sıtmanın ilacı olan kinin içerir ve toniğe o belirgin acı tadını verir (ve Britanya'nın kolonilerinde yaşayan vatandaşlarının cin tonik yudumlama tutkusuna yol açmıştır).

Üzerinde bir süre duracağımız ilaç sınıflarından biri ağrı kesiciler yani analjezikler. Bu ilaçlar nedenden çok semptoma yönelik oldukları için geçici bir çare olsalar da, baş ağrısı gibi günlük sorunlardan daha ciddi yaralanmalarda dünyada en çok kullanılan ilaçlardır. Öncelikle ameliyat yapabilmek için ağrıyı dindirmek zorundasınız. Söğüt ağacının kabuğu çiğnenerek ağrı bir miktar azaltılabilir ve yüzeysel yaralanmalar ya da çıban almak gibi küçük cerrahi ameliyatların sonucu olan bölgesel ağrılar için acı biber kullanılır. Acı biberlere o yakıcı tatlarını veren kapsaisin molekülü, nane bitkisinden elde edilen mentolün tersine serinletme özelliği gibi, uyuşturma özelliğine sahiptir ve ağrı sinyallerini maskelemek için deriye sürülebilir (hem kapsaisin hem de mentol kas gevşetme bantlarında ve merhemlerinde kullanılır).

Ama antik zamanlardan beri kullanılan en yaygın ağrı kesici haşhaştan elde edilir. Çiçeklendikten sonra haşhaştan hasat edilebilen sütsü pembe bitki özü afyondur ve bu madde ciddi ağrı kesici özelliklere sahiptir. Geleneksel olarak, afyon haşhaş bitkisinin bir golf topu büyüklüğündeki şişmiş çekirdek kozasına ufak çizikler atılıp, içerisindeki sıvının sızdırılmasıyla günlük olarak toplanır. Bitki özünün sızmasına ve siyah bir reçine halinde kurumasına izin verilir ve bu reçine ertesi sabah kazınarak alınır. Afyonun içerisindeki en önemli uyuşturucular morfin ve kodeindir; bitkinin kurutulan özü, %20'ye kadar morfin içerir. Bu uyuşturucular etanolün içerisinde, suyun içerisinde olduğundan çok daha iyi çözünür ve güçlü (ama bağımlılık yapıcı) bir haşhaş tentürü olan afyon ruhu, toz haline getirilmiş haşhaşın alkol içerisinde çözülmesiyle elde edilir. 1930'larda geliştirilen ve çok daha az emek gerektiren bir yöntemde, haşhaş bitkisi kesilip harman edildikten sonra içlerindeki uyuşturucuların çıkarılması için suda tekrar tekrar çözülüyor (çözünürlüğü artırmak için genelde biraz asidik bir su kullanılır). Bitkinin tohumları, tıpkı tahıllarda olduğu gibi yemek ya da yeniden dikmek için saklanır. Günümüzde tıbbi amaçla kullanılan uyuşturucuların %90'ı hâlâ haşhaştan elde ediliyor.

Öte yandan bitki özlerinden kaynatarak ya da alkolle karıştırarak solüsyon elde etmenin riski, elinizde kimyasal analiz yapabilecek araçlar olmadan solüsyonunuzun içerisindeki etken maddenin konsantrasyonunu bilemeyecek olmanız ve (özellikle, dijitalin gibi kalp atışlarınızı etkileyen maddelerin) fazla alınması durumunda tehlikeli olabilir. Dozaj konusunda çok geniş bir aralığınız yok; etkili olacak kadar çok, ölümcül olmayacak kadar az kullanmayı deneyin.

Yayılmakta olan bir enfeksiyon ve kan zehirlenmesinden kansere kadar uzanan, ciddi ve nihayetinde ölümcül olabilecek durumlarda, bitki karışımlarından hazırlayacağınız basit ilaçlardan etkili bir tedavi geliştirmeniz mümkün değil. II. Dünya Savaşı'nın ardından tıpta büyük bir devrim yaratan kilit teknoloji, eczacılıkta kullanılan bileşiklerin izole ve manipüle edilmesinde, yani genel olarak organik kimyada ulaşılan yetkinlikti. Günümüzde kullanılan ilaçlar çok kesin konsantrasyonlara sahip ve gerek etkilerinin artırılması, gerek yan etkilerinin azaltılması için ya yapay olarak sentezleniyor ya da bitkilerden elde edilip organik kimya kullanılarak modifiye ediliyorlar. Örneğin görece basit bir kimyasal modifikasyon, söğüt ağacının kabuğundaki etken madde olan salisilik aside uygulanıyor ve maddenin ateş düşürücü / ağrı kesici özellikleri korunurken mideye rahatsızlık verici yan etkisi azaltılıyor. Sonuç, tarihin en çok kullanılan ilacı olan aspirin.

Kıyametten sonra sizin de kullanmanız gerekecek, bugün kanıta dayalı tıpta kullanılan en önemli uygulama, bir deney yapmak ve kullandığınız bileşik ya da tedavi işe yarıyor mu* yoksa yılan yağları, büyücü hekimlerin iksirleri ve homeopatik karışımlarla birlikte çöpe mi gitmeli görmek. Bir tedavinin etkinliğini klinik bir deneyle nesnel olarak belirlemek için yeterince yüksek sayıda hastaya sahip olmalı ve hastalarınızı iki gruba bölmelisiniz: Bunlardan ilki düşünülen tedaviyi alırken, diğer gruba –karşılaştırma için kullanılacak olan kontrol grubu– plasebo [herhangi bir etkisi olmayan ama ilaçmış gibi verilen madde] ya da halihazırda kullanılan en iyi ilaç verilir. Başarılı bir klinik deneyin en önemli iki unsuru, deneklerin iki gruba rasgele dağıtılması ve "çift kör" yönteminin kullanılmasıdır, yani kimin hangi grupta olduğunu sonuçların değerlendirilmesi aşamasına kadar ne hastaların ne de deneyi yürütenlerin bilmesidir. Kıyametten sonra tıbbın yeniden geliştirilmesi sürecinde, insanların acılarını dindirmek için hayvanların üzerinde deney yapmak gibi kabul edilemeyecek yöntemlere başvurmak zorunda kalınan özenli, yöntemli çalışmalara giden kestirme bir yol olmayacaktır.

Ameliyat

Bazı durumlarda yapılacak en iyi şey ameliyat, yani vücut mekanizmasında bozuk olan ya da sorun yaratan parçanın fiziksel olarak düzeltilmesi ya da alınması olacaktır. Ama (hastanın hayatta kalma şansına güvenle) –vücutta bilerek bir yara açmak, içerisine bakmak ve bir araba tamircisi gibi içerideki parçaları kurcalamak anlamına gelen– bir ameliyata girişmeyi aklınızın ucundan bile geçirmeden önce, bir kıyamet sonrası toplumunun sağlaması gereken birkaç ön koşul var. Bilinmesi gereken üç A var: Anatomi, asepsi ve anestezi.

Sağlıklı bir organı sağlıksız olandan ayırabilmek için insan bedeninin yapısını bilmeniz gerektiğini daha önce gördük. Ayrıntılı bir anatomi bilgisine sahip değillerse cerrahlarınız samanlıkta iğne arayacaktır. Vücudun iç düzeninin, bileşenlerinin normal biçim ve yapılarının kapsayıcı bir haritasına ihtiyacınız olacak; bunların

---

*   Tarihteki ilk klinik testlerden biri, 1747'de iskorbüt hastalarıyla, turunçgillerin gerçekten de koruyucu bir madde içerip içermediklerini kanıtlamak üzere gerçekleştirildi.

işlevlerini anlamalı ve yanlışlıkla kesmemek için ana kan damarlarının ve sinirlerin nerelerden geçtiğini bilmelisiniz.

Asepsi, ameliyat sonrasında yarayı iyot veya etanol gibi antiseptik çözeltilerle temizlemeye çalışmaktansa (öte yandan kazara oluşan yaralarda antiseptikler tek çarenizdir), vücuda ameliyat sırasında mikrop girmesini engelleme ilkesidir. Aseptik şartları oluşturmak için ameliyatı yaptığınız odayı çok iyi bir şekilde temizlemeli ve içeri giren havayı filtrelemelisiniz. Ameliyat alanı yaranın açılmasından önce %70'lik bir etanol çözeltisi kullanılarak temizlenebilir. Hasta steril kumaşlarla örtülmeli, cerrahlar temiz kıyafetler ve maskeler giymeli, ellerini ve kollarını ovarak temizlemeli ve ısıya tabi tutularak sterilize edilmiş ameliyat gereçleri kullanmalıdır.

Üçüncü önemli unsur anestezidir. Anestetikler hastalıkları tedavi etmeyen ama en az bir o kadar kıymetli ilaçlardır: Acıya karşı tüm duyarlılığı geçici olarak durdurur hatta insanı tamamen bilinçsiz bir hale getirebilirler. Bu olmadan ameliyatlar korkunç derecede travmatik bir deneyim olur ve buna ancak son çare olarak başvurulmalıdır. Böyle bir durumda cerrah, hasta acıdan kıvranırken spazm geçiren ve gerilen kasları keserken hızlı çalışmalıdır ve bu şekilde sadece –böbrek taşı almak ya da kangren olmuş bir uzvu kasap testeresiyle kesmek gibi– basit ameliyatlar yapılabilir. Öte yandan cerrah, uyuşturulmuş bir hastanın üzerinde çok daha yavaş ve dikkatli bir şekilde çalışabilir ve göğüs ile karındaki çok daha zor ameliyatları gerçekleştirme ya da bir hastalığın altında yatan nedenin ne olduğunu anlamak için keşif ameliyatı yapma riskini alabilir.

Anestezik özellikleri tanınan ilk gaz, azot oksit ya da "kahkaha gazı"ydı. Bu gaz yeterince yüksek dozlarda solunduğunda, gazın insanı neşelendiren özelliği tam bir bilinçsizlik hali yaratarak, ameliyat yapmaya ya da dişler üzerinde çalışmaya olanak tanır. Azot oksit, ısıtıldığında ayrışan amonyum nitrattan (ama dikkatli olun, bu bileşik 240°C'nin çok üzerine çıkıldığında kararsızlaşır ve patlayabilir) elde edilir. Çıkan anestezik gaz önce soğutulur ve daha sonra da suyun içerisinden geçirilerek saflaştırılır. Amonyum nitratsa amonyak ve nitrik asidin tepkimeye sokulmasıyla elde edilebilir (bkz. On Birinci Bölüm). Azot oksit tek başına kullanıldığında acı hissinin dindirilmesinde işe yarar ama bir anestezik olarak çok güçlü değildir. Öte yandan dietil eter (genellikle kısaca eter olarak anılır) gibi başka anesteziklerle birlikte kullanılırsa onların etkinliğini artırır ve anestezi için çok daha kullanışlı bir hale gelir. Eter, etanolün sülfürik asit gibi güçlü bir asitle karıştırılması ve tepkime sonucu ortaya çıkan karışımdan eterin damıtılmasıyla elde edilir. Nefes yoluyla alınan güçlü bir anesteziktir ve her ne kadar etkisini nispeten yavaş gösterse ve bulantıya sebep olsa da tıbbi açıdan güvenlidir (ama patlayıcı bir gazdır). Eterin faydası, hastayı bilinçsizleştirmesinin yanı sıra kasları gevşeterek cerrahın işini kolaylaştırması ve acıyı dindirmesidir.

Mikrobiyoloji

Peki ya kıyametten nesiller sonra insanlık mikroplarla ilgili bilgilerinin çoğunu kaybedecek kadar geriler ve salgınların nedenini bir kez daha kötü havada (*mala* [kötü] ve *aria* [hava]) ya da kızgın tanrılarda aramaya başlarsa? Kıyamet sonrasının medeniyeti, yiyecekleri çürüten, yaraları iltihaplandıran, cesetleri kokutan ve salgın hastalıklara neden olan, hayal dahi edilemeyecek kadar küçük, gözle görülmeyen yaratıkların varlığını yeniden nasıl keşfedecek?

Aslına bakılırsa, bakteriler ve diğer tek hücreli parazitler şaşırtıcı derecede basit araçlar kullanılarak görülebilir. Bir mikroskop oldukça kolay bir şekilde sıfırdan yapılabilir. İlk ihtiyacınız olan şey iyi kaliteli, berrak bir cam. Camı ısıtın ve ince bir levha olacak şekilde açarak inceltin ve daha sonra ucunu bir aleve tutarak eritin ve damlatın. Damlalar soğuduklarında, biraz da şansın yardımıyla, mükemmel küreler halinde çok küçük cam bilyeler elde edeceksiniz. Küre şeklindeki merceklerinizi, ortasında bir delik olan ince bir metal ya da karton levhaya koyun ve inceleyeceğiniz şeyin üzerine getirin. Bu basit mikroskop, içerisindeki cam bilye geniş açılı kavislere sahip olduğundan ve içinden geçen ışık dalgalarına çok iyi bir şekilde odaklanacağından işinizi gayet iyi bir şekilde göreceklerdir. Bu aynı zamanda çok kısa bir odak uzaklığı anlamına gelir ve bu nedenle, merceklerinizi ve göz kürenizi örneğinizle doğru açıya getirmek zorundasınız.[*]

Bir aletin yardımıyla duyularımızı geliştirmemizin sonucu, gözle görülemeyecek kadar küçük organizmaların kaynadığı devasa bir evren –kıyamet sonrasının doğa bilimcilerinin tespit edeceği ve familyalar ile gruplara böleceği şaşırtıcı çeşitlilikte bir vahşi yaşam– olduğunun farkına varılması oldu. Bilimin gerektirdiği özenle hareket ettiğinizde, mikroorganizmaların sadece enfekte olmuş yaraların ya da bozulmuş sütün içerisinde olmadığını, onların "yokluğunda" yiyeceklerin de

---

[*] Antonie van Leeuwenhoek 1681'de bu tasarımı kullanarak tarihte bir mikrobu gören ilk insan oldu. Leeuwenhoek ishal olmuştu ve yeni mikroskopu altında kendi sıvı atığını incelemek istedi. "Boyları enlerinden biraz daha uzun ve karınlarında muhtelif küçük pençeleri olan... tatlı tatlı oynaşan mikroskobik hayvancıklar" gördüğünü söyledi. Gördükleri bizim bugün Giardia dediğimiz ve ishalin en yaygın nedenlerinden biri olan birgözelilerdi. Çok geçmeden Leeuwenhoek su damlalarının içerisindeki mikropları, dışkıların ve çürük dişlerin içerisindeki bakterileri gözlemlemeye başladı. Kendi menisini incelerken tüm hayvanların cinsel yolla üremesinin sorumlusu, hızlı hızlı kıpırdayan sperm hücrelerini keşfetti (kendi örneklerinin, "herhangi bir günahkâr edimin" sonucu olmadığını, bunların "evlilik ilişkisinin doğal sonucu" olduğunu söyleyecekti).

bozulmadığını göreceksiniz. Besin öğeleriyle dolu et suyunuzu ya da bozulmaya yatkın etinizi hava geçirmeyen bir kaba alır ve zaten mevcut olan mikropları etkisiz hale getirmek üzere ısıtırsanız bozulma gerçekleşmeyecektir: Hiçbir şey durduk yere bozulmaz. Farklı merceklerin kombinasyonuyla, teleskopla aynı şekilde, daha iyi mikroskoplar yapılabilir ve zaman içerisinde hangi mikropların hangi bulaşıcı hastalıklara yol açtığını belirleyeceksiniz. *

Hatta bu mikroorganizmaları yetiştirebilir ve onları, cam sıvı kaplarında üreterek ya da katı bir besinin üzerinde koloniler oluşturmalarını sağlayıp, kapatılmış bir ortamda inceleyebilirsiniz. Bakteri üretmekte kullanılan petri kapları camdan dökülebilir, kaplar besin zengini agaragarla (agar) doldurulur ve saf kalmaları için bir kapakla kapatılır. Agaragar, kırmızı alg ya da deniz yosununun kaynatılmasıyla elde edilen (ve Asya mutfağında yaygın olan) jelleşme özelliğine sahip bir maddedir. Büyükbaş hayvanların kemiklerinden elde edilen jele benzer ama mikropların çoğu tarafından sindirilemez.

Önceki bölümlerde mayalı ekmek yapımı, bira mayalama, yiyeceklerin korunması ve aseton üretimi gibi süreçler için bu temel mikrobiyoloji bilgisine ihtiyaç olduğunu görmüştük. Ama kıyametten sonra insanlığın durumunda ilerleme sağlanması bakımından belki de en önemlisi, mikrobiyolojinin, bakterileri öldürmek ve enfeksiyonları iyileştirmek için zehirli antiseptikler geliştirmekten çok daha etkili yöntemlerin keşfedileceği bilgi tabanını sağlamasıdır.

Alexander Fleming 1928 yılında, tatile çıkmadan hemen önce, deri apsesi ve burun mukusu gibi iltihaplı sıvılardan elde ettiği bakteri kültürleri üzerinde çalışıyordu. Döndüğünde laboratuvar tezgâhını temizlemeye ve kullanılmış petri kaplarını yıkamaya girişti. Lavaboya yığdığı kaplardan en üstte duran henüz dezenfekte etmediği bir tanesini rasgele eline aldığında, her tarafının bakteriyle kaplı olduğunu ama bir parça küfün çevresinde, halka şeklinde bir alanın temiz olduğunu gördü. Anlaşılan, küfün salgıladığı, daha sonra *Penicillium* türlerinden biri olduğu saptanan bir madde, bakteri üremesini engellemişti. Penisilin adı verilen bu salgılanmış bileşik ve sayısız başka antibiyotik keşfedildi ve sentezlendiğinden

---

* Gözle görünmeyecek kadar küçük organizmaların var olabileceğine dair yorumlar, ilk mikroskobun icadından çok önce yapılmıştı. MÖ 36'da Romalı yazar Marcus Terentius Varro, "havada süzülen ve ağızdan ya da burundan girerek ciddi hastalıklara neden olan, gözle görülemeyecek kadar minik birtakım yaratıkların var olduğuna" inandığını dile getirmişti. Belki de Varro, yukarıda bahsettiğimiz cam kürelerden ilkel mikroskobu nasıl yapacağını bilse ve sezgilerinde haklı olduğunu gösterse, tarihimiz bambaşka bir şekilde seyredecekti. Mikrop teorisinin İsa'nın doğumundan önce geliştirildiğini ve bulaşıcı hastalıkların önlendiğini bir düşünsenize.

beri mikrobiyal enfeksiyonların tedavisinde son derece etkili ve her yıl milyonlarca hayat kurtarıyor.

"Bilim konusunda, yeni bir keşfi müjdeleyen, duyması en heyecan verici cümlelerden biri," diyor bilimkurgu yazarı Isaac Asimov, "'Evreka!' ('buldum') değil, 'Hımm... İlginçmiş...'" Bu, Fleming'in şans eseri gerçekleşen keşfi için kesinlikle doğru. Tesadüfen gerçekleşen başka bir sürü keşif için de, ama tabii ki bunların bir keşif olduğu anlaşılırsa. Gerçekten de *Penicillium*'un bakteri oluşumunu engellediği elli sene önce başka mikrobiyologlar tarafından fark edilmiş ama onlar bir sonraki adımı atıp tıpta devrim yaratacak atılımı yapamamıştı.

Peki böyle bir şeyin mümkün olduğunu bilen kıyamet sonrası toplumunun, etkili küfleri araştırmak için benzer bir deneyler dizisi gerçekleştirmesi ve antibiyotikleri hızla yeniden keşfetmesi mümkün mü? Temel mikrobiyoloji karmaşık bir şey değildir. Petri kaplarını, deniz yosunundan elde edilmiş agaragara bulanmış, yoğunlaştırılmış et suyuyla doldurun, burnunuzdan çıkardığınız *staphylococcus* bakterisini bunlara karıştırın ve farklı agaragar tabakalarını hava filtreleri, toprak örnekleri ya da çürüyen meyve veya sebzelerden elde ettiğiniz istediğiniz kadar mantar sporuna maruz bırakın. Bir iki hafta sonra etraflarında bakteri oluşumunu engelleyen küf (ya da aslına bakarsanız başka bakteri kolonileri: Birçok antibiyotik, birbirlerine karşı bir silahlanma yarışına girişmiş bakterilerden üretilir) olup olmadığına dikkatle bakın. İhtiyacınız olan küfü alın ve kullanıma daha uygun bir antibiyotik salgısı üretmek için sıvı bir besin içerisinde yetiştirmeyi deneyin. Bu teknikle mantarlar ve bakterilerden artık sayısız antibiyotik bileşeni elde etmiş durumdayız ama *Penicillium* küfleri doğada o kadar yaygın ki, kıyametten sonra da muhtemelen ilk sentezlenenler arasında yer alacaklar. Onlar yiyeceklerin bozulmasının en önemli nedeni; hatta bugün dünyada üretilen penisilin antibiyotiklerin büyük kısmının kaynağı olan *Penicillium*, ABD, Illinois'te bir pazardaki küflenmiş bir kavundan alınmıştı.

Öte yandan kıyamet sonrası uygulayacağınız kaba ama iş görür bir tedavide bile, "küf suyu" içeren antibiyotiğinizi öylece enjekte edemezsiniz, çünkü saflaştırılmadığında içerisindeki yabancı maddeler hastada anafilaktik şoka* neden olacaktır. Howard Florey'nin yönetimindeki bir araştırma ekibi, 1930'ların sonunda, penisilini üzerinde büyüdükleri sıvıdan alarak saflaştıracak kimyayı çözümledi, antibiyotik molekülleri, organik çözeltilerin içerisinde suda olduğundan daha kolay çözünüyordu. Küf ve diğer şeyleri ayırmak için yetiştirdiğiniz kültürü süzün, içerisine az

---

* Alerjik reaksiyonların en şiddetlisi ve tehlikelisi olan anafilaksi (alerjik şok) bugün bile doktorların en korktuğu tablodur. Ani olarak gelişir ve ölümle sonuçlanabilir –en.

bir miktar asit ekleyin ve sonra eterle karıştırıp çalkalayın (bu bölümün başında bu kullanışlı çözeltiyi nasıl yapacağımızı görmüştük). Penisilinin büyük kısmı akışkan sıvı kültürden etere geçecektir; bunları ayrışmaya bıraktığınızda penisilin üste çıkacaktır. Alttaki sulu tabakayı atın ve eteri biraz alkali suyla birlikte çalkalayarak antibiyotiğin tekrar sulu çözeltiye geçmesini sağlayın. Bu sefer içerisindeki yabancı maddelerin çok büyük bir kısmı temizlenmiş olacaktır.

Günümüzde bir hastanın bir günlük penisilin dozunu karşılamak için 2.000 litre küflü suyun işlenmesi gerekiyor, dolayısıyla kıyamet sonrasında antibiyotik ihtiyacını karşılamak için ciddi bir örgütlü çaba gerekecektir. 1941'in sonuna gelindiğinde Florey'nin ekibi antibiyotik üretimini klinik denemelere yetecek kadar artırmıştı ama savaş yüzünden yaşanan ekipman sıkıntısı onları doğaçlama yapmak zorunda bıraktı. Küf kültürlerini lazımlıklar ve küvetler, çöp tenekeleri, süt güğümleri, eski bakır tesisatlar ve kapı zilleri gibi şeylerden yaptıkları derme çatma ekipmanların içinde yetiştiriyor, bütün bunları –kıyamet sonrasında gerekli olan geçici çözüm arayışları ve etrafı eşelemek için, belki, esin kaynağı– üniversitenin kütüphanesinden aldıkları meşe bir kitaplığın raflarında tutuyorlardı.

Penisilinin keşfi genellikle tesadüfi ve neredeyse çaba harcamadan gerçekleşmiş bir şey gibi anlatılır ama Fleming'in yaptığı gözlem, penisilini "küf suyu"ndan ayrıştırıp güvenli bir ilaç yaratma yolunda, uzun bir araştırma ve geliştirme, deneme ve iyileştirme, ayrıştırma ve saflaştırma sürecinin sadece ilk adımıydı. Tüm bunların sonunda ABD kitlesel tedaviye yetecek miktarda malzeme sağlayacak büyük ölçekli fermantasyon için gerekli olanakları sağladı. Benzer şekilde, antibiyotik üretmek için bilinmesi gerekenleri öğrense bile, kıyamet sonrasının toplumu herkese yetecek kadar antibiyotik üretebilmeye başlamadan önce, belirli bir gelişmişlik düzeyine yeniden erişmek zorunda kalacak.

İktidar Halka

> Beyaz ışık, güneydoğu yönünde kırmızı bir top haline geldi. Herkes bunun ne olduğunu biliyordu. Burası Orlando'ydu ya da McCoy Hava Üssü ya da ikisi birden. Burası, Timucuan'ın elektrik kaynağıydı. Dolayısıyla ışıklar gitti ve o anda Fort Repose'taki medeniyet yüzyıl geriye gitti. Böylece, Bu Devir sona erdi.
>
> *Alas, Babylon* [Ah, Babil], Pat Frank

Kuzey Londra'daki dairemin gaz ve elektrik faturalarını gözden geçirdiğimde, geçen yılki enerji tüketimimin 14.000 kWh'nin (kilovat saat) biraz altında olduğunu gördüm. Fosil yakıtlara erişimimiz olmasaydı, tüm bu enerjiyi sağlamak için yıllık üç ton odun yakmak zorunda kalacaktım (ya da daha yoğun olan odunkömüründen 1,7 ton), bunun için de iki dönümlük bir ormanlık arazisinin sürekli bakımını yapmam gerekecekti. Ama bütün bu hesap, bir odunun içerisinde saklı enerjinin %100'ünün, kablolarımızda akan elektriğe çevrilebileceği varsayımına dayanıyor. Ama aslına bakarsanız elektrik üretmek için yakıt yakmanın çok aşamalı işlemi bu işin doğası gereği verimsizdir ve günümüzün enerji santralleri bile kullandıkları yakıtın içerisindeki enerjinin ancak %30 ila 50'sini elektriğe çevirebilirler.

Ayrıca tabii ki söz konusu enerji, benim sadece dört duvar arasında ısınmak, aydınlatmak ve ev aletlerini çalıştırmak için kullandığım enerji. İçinde yaşadığım sanayi toplumundan payıma düşenler, yani yol ve inşaat yapımında kullanılan enerji, bana yazacak kâğıt ve çamaşırlarımı yıkamak için deterjan sağlamak üzere sanayi üretiminde kullanılan enerji, kıyafetlerimi ya da mobilyalarımı üretmek ya da nakletmek için kullanılan enerji ve tarım yapmak üzere gübre üretmek ya da tarla sürmek için kullanılan enerji, her gün işe giderken bindiğim trende kullanılan enerji buna dahil değil. Ulusal enerji tüketimini toplam nüfusa böldüğünüzde ABD'deki her bireyin yıllık yaklaşık 90.000 kWh enerji tükettiğini görürsünüz; bu rakam Avrupalılar için 40.000 kWh.

Ortaçağda su ve yel değirmenlerinin yaygın olarak kullanılmasını beraberinde getiren mekanik devrimden ve daha sonrasında fosil yakıtları kullanan sanayileşmeden önce tarım, üretim ve nakliye için ihtiyaç duyulan enerjinin tamamı kas gücünden elde ediliyordu. Bunu günümüzün enerji tüketimiyle karşılaştırmak için şöyle ifade edelim, bir ABD'linin 90.000 kWh'lik enerji ihtiyacı için 14 at ya da 100'ün üzerinde insandan oluşan bir ekibin tüm güçleriyle 7 gün 24 saat çalışması gerekirdi.

Sanayileşmiş toplumun çöküşü ve enerji akışının kesilmesiyle kıyamet sonrasının toplumu, enerji ihtiyacını nasıl karşılayacağını baştan öğrenmek zorunda kalacak. Medeniyetin ilerlemesi gittikçe daha fazla enerji kaynağının kullanıma sokulabilmesiyle ve özellikle bir tür enerjinin nasıl başka bir tür enerjiye dönüştürülebileceğinin öğrenilmesiyle, mesela ısı enerjisini mekanik enerjiye dönüştürme kabiliyetinin elde edilmesiyle mümkün.

Mekanik Enerji

Medeniyet için sadece Beşinci Bölüm'de gördüğümüz ısı enerjisine değil, sadece kas enerjisi kullanmanın getirdiği sınırlamalardan kurtulmak için mekanik enerjiden yararlanmaya da ihtiyacınız var.

Romalıların geliştirdikleri önemli icatlardan biri dikey, dişli çarklı su değirmenleriydi. Paletleri olan geniş bir çarkın alt kısmı bir nehre daldırılıyor, akıntının gücüyle çark dönüyordu. Eski çağlarda bu su enerjisi, temel olarak un öğütmek üzere değirmen taşı çevirmek için kullanılıyordu ve bu teknolojiyi mümkün kılan en önemli mekanizma, dikey çarkların icadıydı (MÖ yaklaşık 270); böylece su değirmeninin dikey dönüşünün hareket yönü, değirmen taşının yatay dönüşüne dönüştürülebildi. Bu en basit şekliyle, büyük bir tepe dişli çarkının (dişlerin çarkın düz yüzeyinde çıkıntı yaptığı bir çark) su değirmeninin çevirme miline bağlanması, bu milin de değirmen taşıyla bağlantılı, fener dişlisi denen silindir çubuklarla birleşmesiyle yapılabilir. Büyük tepe dişli çarkını ve fener dişlisinin boyutlarını değiştirerek, su kaynağınızın akış hızına göre ihtiyacınız olan öğütme hızına erişebilirsiniz. Bu su değirmenleri enerjiyi aktarmak için kullanılan bilinen ilk dişli düzenekleridir ve mekanizasyonun en eski temellerini oluştururlar.

Bu düzenek her ne kadar pratikte herhangi bir nehir kenarına hatta nehre demirlemiş bir teknenin üzerine bile kurulabilse de, suyu alttan alan çarklar son derece verimsizdir ve nehirlerdeki su seviyelerinin değişmesi yüzünden de sorun çıkarırlar. Neyse ki daha etkili ve güçlü su değirmenleri inşa etmek için çok fazla teknik bilgiye ihtiyacınız yok. Suyu üstten alan değirmenler, Roma İmparatorluğu'nun çöküşünün ardından, cahil ve hiç gelişmeyen ortaçağ boyunca Avrupa'da yaygın olarak kullanıldı. Genel görünümleri aşağı yukarı aynı olsa da, bu değirmenler suyu alttan alan ilkel değirmenlerden tamamen farklı bir ilkeyle çalışırlar.

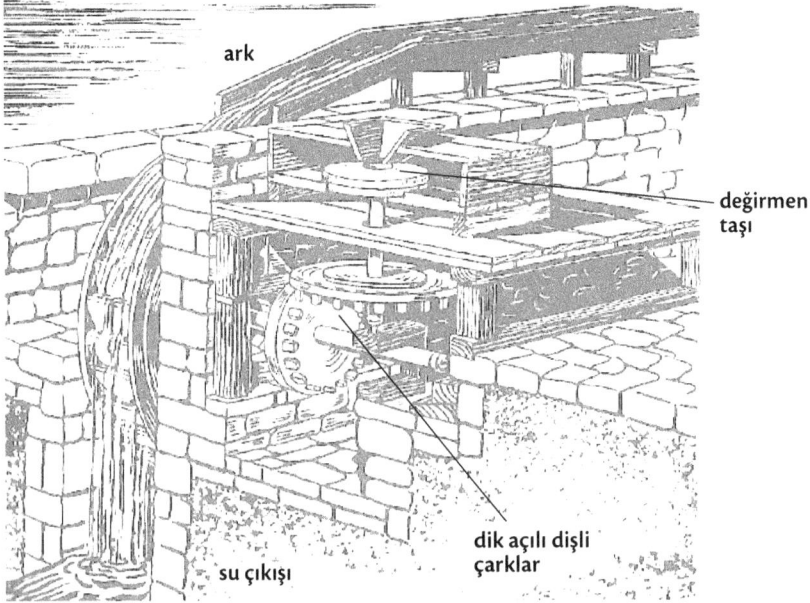

Suyu üstten alan su değirmeni. Birbirine dik açıyla bağlı dişli çarklar, dikey hareketi yatay harekete çevirerek değirmen taşını hareket ettirir ve unun öğütülmesini sağlar.

Bu değirmenler suya batırılmaz, alt kısımlarının suyla bir alakası yoktur, bunun yerine su, bir ark tarafından çarkın üzerinden verilir. Suyu üstten alan çark, dönme hareketini nehrin akıntısından değil, dökülen sudan kaynaklanan enerjiden elde eder. Bu tasarım çok daha etkilidir ve su basıncındaki enerjinin dörtte üçünü kullanabilir. Çarkın üzerine dökülen suyu kontrol etmek için arkın üzerine bir bent kapağı ekleyebilir ve bir değirmen havuzu oluşturarak ihtiyaç duyacağınız zamanlar için enerji biriktirebilirsiniz (bu, MS 6. yüzyıla, yani dikey su değirmenlerinin ortaya çıkışından 500 yıl sonrasına kadar düşünülemedi, tabii kıyametten sonra sıçramalı bir ilerleme kaydedebilirsiniz).

Rüzgârdan yararlanmak, teknik açıdan su gücünden istifade etmekten çok daha zordur ve bu yüzden bu teknoloji çok daha geç ortaya çıktı (öte yandan, rüzgârın itme gücünden faydalanan yelkenli teknelerin ilk ortaya çıkışı MÖ 3000'e kadar gider). Su, havadan çok daha yoğun bir ortam ve hafif bir akıntı bile büyük miktarlarda enerji barındırır ve bu yüzden de derme çatma araçlarla ve ahşap aksamla bile istifade etmesi kolay bir kaynak. Yukarıda bahsettiğimiz bent kapağı gibi bir şeyle suyun akışını düzenleyebilirsiniz ama rüzgâr üzerinde herhangi bir kontrolünüz yoktur, dolayısıyla çok şiddetli esmeye başlarsa değirmenin kanatları ya da dönen parçalar zarar görebilir. Bu yüzden yel değirmenleri bir fren sistemine ve kanatların çalışmasını kontrol eden bir yönteme ihtiyaç duyar; mesela istendiği

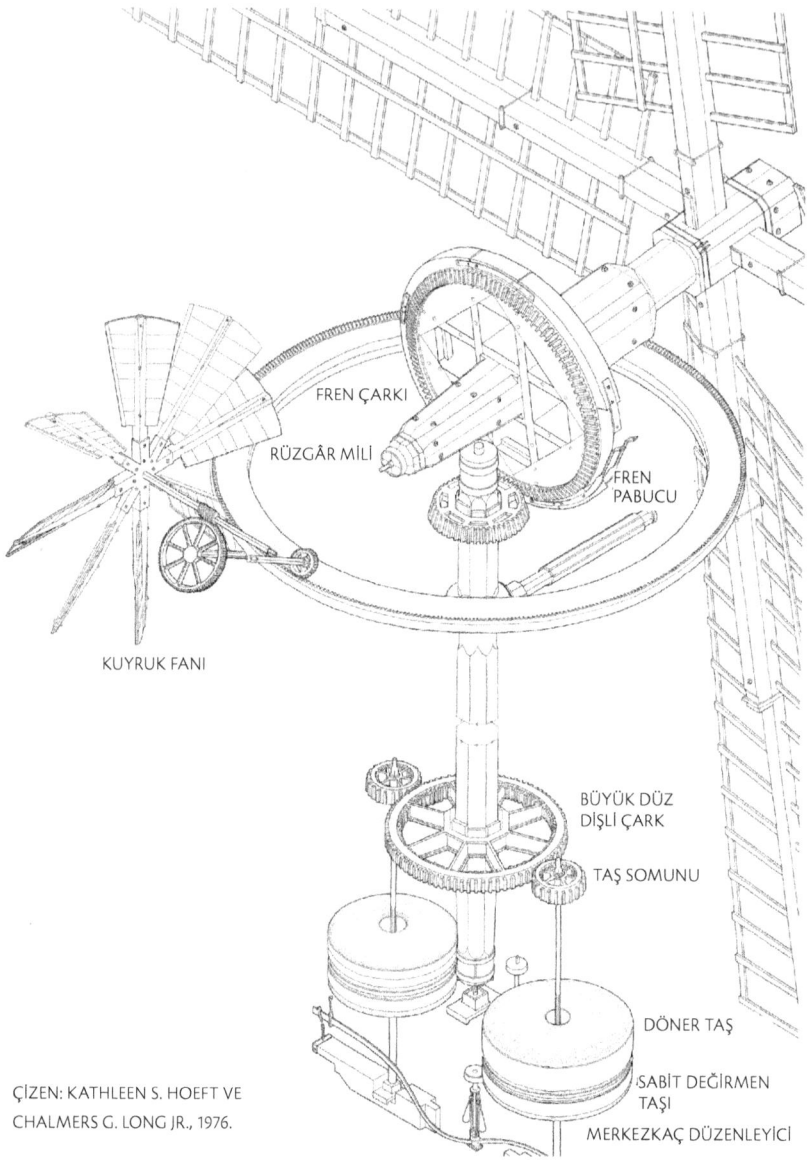

FREN ÇARKI

RÜZGÂR MİLİ

FREN PABUCU

KUYRUK FANI

BÜYÜK DÜZ DİŞLİ ÇARK

TAŞ SOMUNU

DÖNER TAŞ

SABİT DEĞİRMEN TAŞI

MERKEZKAÇ DÜZENLEYİCİ

ÇİZEN: KATHLEEN S. HOEFT VE CHALMERS G. LONG JR., 1976.

Kendi kendine yön değiştirebilen kuleli yel değirmeni. Kuyruk pervanesi ana kanatların her zaman rüzgâra doğru dönmesini sağlıyor ve merkezi mil iki değirmen taşını çeviriyor.

zaman katlanabilen kanvas kanatlara. Öte yandan en büyük sorun, rüzgârın sürekli yön değiştirmesidir, bu yüzden yel değirmenlerinin çok hızlı bir şekilde yön değiştirebilmesi gerekir.

İlkel bir yel değirmeni, bir direğin üzerine inşa edilip, tüm yapı elle de rüzgâra doğru çevrilebilir, ama daha büyük ve daha güçlü sabit bir yel değirmeni için kanatlar tepedeki bir kuleye monte edilmeli ve bu kule merkezi bir milin çevresinde otomatik olarak dönerek yüzünü rüzgâra çevirebilmelidir. Bunun için kullanabileceğiniz mekanizma inanılmaz kolay: Arkada duran küçük bir pervane, ana kanatların üzerinde hareket ettiği dişli raya dik bir açıyla gelecek şekilde oturtulur, böylece rüzgâr ne zaman yön değiştirse ve bu kuyruk pervanesine çarpsa, pervane kuleyi çevirir ve yeniden rüzgâra bakacak şekle getirir.*

Tüm bunlar çok büyük bir su değirmeni inşa etmekten bile daha yüksek bir mekanik gelişmişlik seviyesi gerektiriyor. Ama bir kez rüzgâr gücüne hâkim oldunuz mu, su yollarının geçtiği yerlerle sınırlı kalmazsınız ve (Hollanda gibi) düz bir arazide, (İspanya gibi) bol su kaynakları olmayan ya da (İskandinavya gibi) suların donduğu bölgelerde bile üretim yapabilirsiniz.

Rüzgâr ve suyun vahşi güçlerinin ehlileştirilmesinin, koşum hayvanlarının giderek daha etkin bir şekilde kullanılmaya başlanmasıyla birleşmesi (bu konuya Dokuzuncu Bölüm'de döneceğiz), toplumumuzun üzerinde önemli bir etki yaptı; sizin de aynı düzeye olabildiğince hızlı bir şekilde çıkmayı başarmanız gerekecek. Ortaçağ Avrupa'sı, insanlık tarihinde verimliliğini insan kas gücüne –köle ya da ırgat emeğine– değil, doğal kaynakların kullanılmasına dayandıran ilk medeniyet oldu. 11. ve 13. yüzyıllar arasında hız kazanan bu mekanik devrim, hasattan elde edilen tahılları öğüterek una çevirmek için değirmen kullanmaktan çok daha öteye gitti. Su ve yel değirmenlerinin güçlü döndürme kuvveti zeytin –keten ve kolzadan yağ yapmak; ahşap delen matkaplar; camın perdahlanması; ipek ve pamuk eğirmek ve demir çubuklara şekil vermek için metal silindirleri döndürmek gibi– son derece farklı alanlarda yaygın bir şekilde kullanıldı. Temel mekanik bileşen olan ve dönme hareketini iki yönlü bir itme hareketine çeviren krank kolu kendine, odun kesme değirmenleri, maden kuyularının havalandırılması ve madenlerden ya da su altında kalmış yerlerden su pompalanması (bu, Hollandalılar tarafından toprak kazanmak için çok büyük ölçeklerde kullanıldı) gibi kullanım alanları buldu. Ama muhtemelen en çok yönlü işlevini, dönme hareketini doğrusal harekete çeviren bir mekanizma olan kam'ın, bir şahmerdanı sürekli kaldırıp indirecek şekle getirilmesiyle kazandı. Bu mekanizma, metal cevherlerini kırmak, pik demiri dövmek,

---

* 19. yüzyılın sonlarında artık etkileyici bir gelişmişlik düzeyine ulaşan yel değirmenleri, bir merkezkaç düzenleyiciyle (kollardan sarkan iki ağır gülle) yönetilmeye başlandı, böylece değirmen taşlarının arasındaki boşluklar, rüzgârın şiddetine göre otomatik olarak düzenlenebiliyordu. Bugün bu kontrol sistemi aklımıza buharlı motorları getiriyor. Buharlı motorlarda aynı sistem gaz vanasını kapatıyor ve çok yüksek hızlarla dönmeye başladıklarında yüksek basınçlı buharı pistonlara gönderiyor. Ama sistemin mucidi James Watt, aslında bu teknolojiyi tamamen yel değirmenlerinden almıştı.

kireçtaşını tarımda ya da harç yapımında kullanmak üzere ufalamak, koyun yünü, bira, kâğıt, deri ve boya yapmak üzere hammaddeleri dövmek için mükemmeldi.

Kam mekanizması, Sanayi Devrimi'yle birlikte buharla çalışan versiyonlarıyla değiştirilmeden önce 700 yıl boyunca şahmerdanları kaldırıp indirmekte kullanıldı. Bugün varlığını arabalarımızın ve kamyonlarımızın kaputlarının altında, motor supaplarını doğru aralıklarla indirip kaldırarak (bkz. Dokuzuncu Bölüm) sürdürüyor.

Dönme hareketini arzu edilen harekete çeviren uygun iç mekanizmalarıyla ortaçağın su ve yel değirmenleri, enerji kullanan ilk aletlerimizdi. Ortaçağ dünyası belki sanayileşmiş bir dünya değildi ama sanayiyi kesinlikle kullanıyordu. Ve bir gün medeniyetimiz bir felaket sonucu çökerse, bu teknolojinin temel bir üretkenlik seviyesine yeniden hızla ulaşabilmek için yeniden kullanılma umudu var. Her medeniyet hem termal hem de mekanik enerjiyi başarılı bir şekilde kullanmak zorunda. Peki birini diğerine nasıl çevireceksiniz? Mekanik enerjiyi ısıya çevirmek işten değil —soğuk bir günde ellerinizi birbirine sürttüğünüzde yaptığınız şey bu— ve hatta motor yağları ile rulmanların işi, sürtünmeyi asgariye indirip, kullanılabilir enerjinin ısı olarak kaybının önüne geçmek. Öte yandan, ısı enerjisini mekanik enerjiye çevirebilmek oldukça kullanışlıdır. Termal enerji her istendiğinde, herhangi bir şeyin yakılmasıyla elde edilebilir ve bu ısıyı mekanik enerjiye çevirme kabiliyeti, sizi rüzgâr ve suyun öngörülemez doğalarına mahkûm olmaktan kurtaracak, ayrıca taşıma işini mekanize etmek için bir güç kaynağı sağlayacaktır. Tarihte bu dönüşümü gerçekleştirebilen —ısıyı kullanılabilir bir harekete dönüştüren— ilk makineler, buharlı makinelerdi.

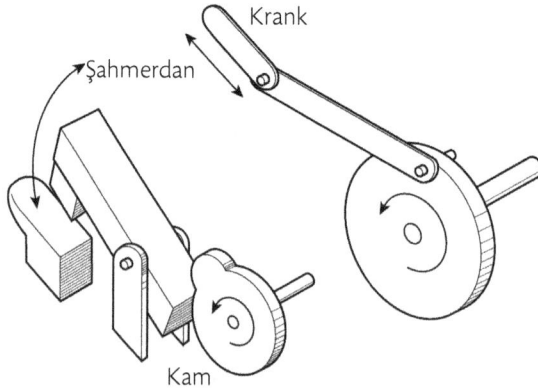

Temel mekanizmalar: Krank (sağda) dönme hareketini bıçkılama için uygun olan bir ileri-geri hareketine çevirir ve kam (solda) bir şahmerdanı sürekli kaldırıp indirmek için kullanılabilir.

Buharlı makinelerin ardındaki temel düşünce, yüzyıllarca öncesine giden bir gizeme dayanıyor. 1500'lerin sonunda Galileo tarafından da bilinen bu gizem, emme pompasının, suyu yaklaşık 10 metreden daha yukarıda bir boruya çıkaramamasıydı. Bunun açıklaması, borunun içerisindeki su da dahil yeryüzündeki her şeyi sıkıştıran bir güç olan, basıncı yaratan havadır. Dolayısıyla havanın sizin için çalışmasını sağlayabilirsiniz. Tek yapmanız gereken, içi boş bir silindirin içinde serbest bir şekilde hareket eden bir pistonla bir emiş gücü yaratmak ve dışarıdaki hava basıncının pistonu aşağı çekmesini sağlamak. İnsan gücünden olabildiğince tasarruf etmek için bu mekanik bir sistemle de birleştirilebilir. Mesele şu: Silindirin içerisinde tekrar eden bir emiş gücünü nasıl yaratacaksınız? Cevap: Buhar kullanarak.

Sıcak buharın bir kazandan bir silindirin içerisine geçmesini sağlayın ve soğumaya bırakın; buhar yoğunlaşarak suya dönerken aşağı doğru bir basınç oluşturur ve bu ortamda artık dengede değildir. Piston dışarıdaki hava tarafından aşağı doğru itilir ve bu döngüyü, pistonun tekrar yükselmesini sağlamak için bir supap açarak ve daha fazla buhar püskürterek tekrar edebilirsiniz. 18. yüzyılda ortaya çıkan ilk "yangın pompaları"nın temel çalışma prensibi buydu. Bu sisteme eklemeler yaparak, mesela ayrı bir yoğunlaştırıcı ekleyerek, böylece silindiri sürekli soğutmak ve yeniden ısıtmak zorunda kalmayarak, onu daha etkin bir şekilde kullanabilirsiniz. Ama belki bulduğunuz malzemelerden ya da metalürji konusunda kendinizi geliştirerek, daha sağlam silindirler ve kazanlar üretebiliyorsanız bundan çok daha iyisini yapabilirsiniz. Silindirin içerisinde yoğuşmakta olan buharın emme gücünü kullanmak yerine, pistonu silindirin içinde önce bir yöne, sonra yeniden geriye hareket ettirmek için, buharı daha yüksek bir basınca ulaşacak şekilde biriktirin ve sıcak gazın genişleme gücünü (espresso makinelerindeki "foş" sesini hatırlayın) kullanın.

Buhar makinesinin (ısıyla çalışan diğer makinelerde, mesela Dokuzuncu Bölüm'de göreceğimiz araba motorlarında olduğu gibi) temel işlevi pistonu ileri ve geri itmektir. Bu işlev mesela madenlerdeki suları dışarı pompalamak için kullanışlıdır ama başka bir sürü şey için, bu ileri-geri hareketi, düzgün bir dönme hareketine çevirmek zorundasınız. Yel değirmenlerinde gördüğümüz üzere, krank bu dönüştürmeyi gerçekleştirebiliyor ve makineler ile araç tekerleklerini hareket ettirmek için kullanılabilecek bir hareket yaratıyor.

Buharlı motorların hızla aşmak isteyeceğiniz bir teknolojik düzey olduğunu ve buradan, ileride ayrıntılı bir şekilde inceleyeceğimiz içten yanmalı motorlara ve buhar türbinlerine geçiş yapmanız gerektiğini düşünüyor olabilirsiniz. Ama buharlı motorlar, kendilerinden daha gelişmiş olan alternatiflerine nazaran iki önemli avantaja sahiptir, dolayısıyla bu aşamada biraz daha durmak isteyebilirsiniz. Bu motorlar, öncelikle, dıştan yanmalı motorlardır ve çalışmak için rafine edilmiş petrole, mazota ya da gaza ihtiyaç duymazlar; çok daha az seçicidirler ve kazanlarına, tarımsal atıklar ya da işe yaramaz odun parçaları gibi istediğiniz şeyi atıp yakabilirsiniz. İkinci olarak, basit bir buharlı motor çok daha ilkel aletler ve malzemelerle yapılabilir ve teknik hata paylarına, kendisinden daha karmaşık alternatiflerine nazaran çok daha açıktır. Mekanik güce kısaca geri döneceğiz ama gelin şimdi modern dünyanın en temel unsurlarından birine bakalım: Elektrik.

Elektrik

Elektrik ya da, daha doğrusunu söylemek gerekirse, elektromanyetizmayla ilgili her şey o kadar önemli bir teknolojik kapı ki, kıyametten sonra siz de kestirme yoldan bu kapıdan geçmelisiniz. Elektromanyetizmanın keşfi, tesadüfen keşfedilen tamamen yeni bir bilim alanının, bizi nasıl kendisiyle ilgili yepyeni bilgilere ve insanlığın faydalanabileceği olanaklara götürdüğünün tarihsel bir örneğidir. Bu yeni olgu, teknolojik kullanım alanları için derinlikli bir şekilde incelendi ve yepyeni temel bilimsel araştırmalara giden kapılar araladı.

Elektrik ilk olarak, pilde olduğu gibi pratik amaçlar için kullanılabilecek şekilde, durgun, sürekli bir akım olarak üretildi. Pil yapmak şaşırtıcı derecede kolaydır. Tek ihtiyacınız olan, her ikisi de, elektrolit denilen iletken bir sıvının ya da macunun içerisine batırılmış iki farklı metal çeşidi arasında sürekli bir elektrik akımı yaratmak.* Bütün metaller, elektron denilen parçacıklara karşı belirli bir çekim gücüne sahiptir ve birbirinden farklı iki metal bir araya getirildiğinde metallerden biri, daha fazla elektron ihtiyacı duyan diğerine elektron aktararak onları birbirine bağlayan telin üzerinde bir akım oluşmasına neden olur. İster telefonunuzun pili olsun, ister televizyon kumandanıza taktığınız bir pil, tüm piller bu bağ sağlandığında kimyasal bir reaksiyon üretir ve elektronlar, sarılmış tellerin içerisinden geçerek bize enerji sağlar. İki metalin arasındaki reaktifliğin farklılaşması, üretilen elektriksel potansiyeli yani farklı voltajları ortaya çıkarır.

Gümüş ya da bakırın, demir ya da çinko gibi daha yüksek reaktifliğe sahip metallerle eşleştirilmesiyle uygun voltajlar elde edilebilir. İlk pil olan voltaik pil, 1800 yılında, birbiri ardına gelen ve aralarına karton konmuş bakır ve demir disklerin tuzlu suya batırılmasıyla yapılmıştı. Gümüş, bakır ve demir, voltaik pilin icadından binlerce yıl önce biliniyordu ve her ne kadar çinkoyu izole etmek daha

---

* Dişlerinizden birinde eski tip metal dolgulardan varsa bunu kendi ağzınızda deneyebilirsiniz. Bir parça alüminyum folyo çiğnerseniz, dişinizdeki cıva-gümüş dolguyla tepkimeye girecek ikinci bir metali ağzınıza sokmuş olacaksınız ve salyanız da elektrolit işlevi görecek. Ama dikkatli olun, zira ürettiğiniz elektrik akımı doğruca dolgulu olan dişinizdeki sinir uçlarına gidecektir!

zorsa da, antik zamanlardan beri bronz alaşımının içerisinde, 1700'lerin ortasından itibaren de yalın halde kullanılıyordu. Teller, yumuşak bakırın yuvarlanması ya da çekilmesiyle yapılabilir. Yani göründüğü kadarıyla, eski çağlarda elektriğin keşfedilmesinin önünde aşılamaz herhangi bir engel yoktu.

Hatta aslına bakarsanız belki de keşfedilmişti.

1930'larda Bağdat'ın yakınlarında yapılan arkeolojik bir kazıda insan yapımı ilginç bazı eserler bulundu. Bunlar, Parthia dönemine (MÖ 200-MS 200) ait 12 santim uzunluğunda kil kavanozlardı. Ama asıl ilgi çekici olan, bu çömleklerin içerisindekilerdi. Her kavanozun içerisinde demir bir çubuk ile onun çevresine sarılı silindir şekli verilmiş bakır bir levha vardı ve kavanozlar sirke gibi asidik bir sıvının kalıntılarını taşıyordu. Metaller birbirine değmiyordu ve kavanozların ağzı doğal katranla mühürlenmişti. Varsayımlardan biri, bu antik eserin elektrokimyasal bir pil olduğu, muhtemelen takıların üzerini elektroliz kullanarak altınla kaplamakta kullanıldığı ya da belki pilin yarattığı gıdıklama hissinin sağlığa iyi geldiğine inanıldığı. "Bağdat pili"nin kopyaları yapıldı ve gerçekten de yarım volt ürettikleri tespit edildi, ama elektrolizle kaplamaya dair kanıtların zayıf olduğunu ve bu kapların gizemlerini koruduklarını söylemek doğru olur. Öte yandan, elektrik üretmek için yapılmışlarsa, ki bu gayet mümkün, voltaik pilden 1.000 yıldan çok daha önce bir tarihte yapılmışlardı.

Elektronları negatif kutuptan çıkarıp pozitif elektroda geçiren kimyasal reaksiyonu tersine çevirebilirseniz, çok kullanışlı bir şey elde edersiniz: Şarj edilebilir pil. Sıfırdan yapılabilecek en kolay şarj edilebilir piller, bugün arabalarda yaygın olarak kullanılan kurşun-asit akümülatörlerdir. Her elektrot için, sülfürik asit elektrolitine batırılmış kurşun bir plak kullanılır. Her iki elektrot da asitle tepkimeye girerek kurşun sülfat oluşturur ama şarj sırasında pozitif olan kurşun okside (kurşun pası), negatif olan kurşuna döner ve akü boşalırken bu işlemi tam tersine çevirmek oldukça kolaydır. Bu ünitelerin her biri 2 voltun çok az üzerinde bir akım üretir, dolayısıyla bunların altı tanesini birbirine bağlarsanız 12 voltluk araba aküsü (batarya) elde edersiniz.*

Öte yandan bataryalarla ilgili sorun, her ne kadar dizüstü bilgisayarlarımız, cep telefonlarımız ve diğer modern aletler için olağanüstü bir seyyar güç kaynağı sağlıyor olsalar da, sadece benzer olmayan metallerde halihazırda bulunan kimyasal enerjinin kullanılmasına izin vermeleridir (tıpkı bir odunu yakıp, oksijenle tepkimeye giren karbonun kimyasal enerjisinin açığa çıkmasını sağlamak gibi). Ayrıca

---

* Birden fazla elektrokimyasal pilin bir araya geldiğinde oluşturduğu sistemin adı askeri jargondan gelmektedir; ağır silahların belirli bir düzende mevzilenmesine topçu bataryası denir.

reaktif metalleri rafine etmek ya da şarj edilebilir bataryanızı başka bir elektrik kaynağı kullanarak doldurmak için de çok fazla enerji harcamanız gerekecektir. Başka bir deyişle, piller/bataryalar birer depodur, kaynak değil.

Elektriğin günümüz yaşamında bu kadar bağımlı olduğumuz, birbirleriyle ilişkili özellikleri, 1820'lerden itibaren tesadüfen keşfedildi. Bir pilden akım alan bir telin yanına pusula yerleştirirseniz, pusulanın iğnesinin yönünün saptığını göreceksiniz. Tel, Dünya'nın küresel alanını bölgesel olarak etkileyen manyetik bir alan oluşturur, böylece pusulanın iğnesi yön değiştirir. Teli, demir bir çubuğun çevresinde bir bobin oluşturacak şekilde sıkıca sararak bu etkiyi artırabilirsiniz; telin oluşturduğu küçük alanlar birleşerek güçlü bir elektromıknatıs oluşturur, bunu bir anahtarla istediğiniz zaman açıp kapayabilir ve başka demir parçalarını kalıcı olarak manyetize etmek için kullanabilirsiniz.

Peki elektrik manyetizma yaratabiliyorsa tersi de mümkün olabilir mi; bir mıknatıs bir telde akım yaratabilir mi? Kesinlikle yaratabilir. Bir mıknatıs ileri geri hareket ettirildiğinde ya da döndürüldüğünde, hatta bir elektromıknatıs sadece açılıp kapatıldığında, yakınındaki bir tel bobininde bir akım yaratır. Manyetik alan telin çevresinde ne kadar hızlı hareket ederse ortaya çıkan akım o kadar güçlü olur. Yani elektrik ve manyetizma birbirine ayrılmaz bir şekilde bağlı simetrik güçlerdir: Aynı elektromanyetik madalyonun iki yüzü.

Manyetizmanın akım yaratmasına dair şu basit gözlem, sayısız modern teknolojinin kapısını aralar: Mıknatıs kullanarak, hareket elektrik enerjisine çevrilebilir. Pahalı metaller gerektiren ve sonunda tükenen bataryalara mahkûm değilsiniz: Bir mıknatısın bir tel bobinin içinde döndürülmesiyle ya da tam tersini yaparak istediğiniz kadar elektrik üretebilirsiniz. Ve bunun tersi de geçerlidir: Elektromanyetizma da hareket yaratabilir. Bir telin yanına güçlü bir mıknatıs koyarsanız, içerisinden akım geçen telin döndüğünü görürsünüz. Bu motor etkisidir ve biraz deneme yaparsanız, bir şaftı hızla döndürebilmek için akım taşıyan telleri ve mıknatısları (ya da hatta elektromıknatısları) nasıl yerleştirmeniz gerektiğini bulabilirsiniz. Bugün elektrikli motorlar makineleri çalıştırıyor, odunlarınızı kesiyor, ununuzu öğütüyor ve evinizde de onlardan bir düzine var: Elektrikli süpürgenizi çalıştırıyor, banyonuzu havalandırılıyor ve DVD çalarınızı çeviriyorlar. Bugün yaşamlarımız, emekten inanılmaz tasarruf etmemizi sağlayan bu motorlar sayesinde çok kolay hale geldi ve artık o kadar yaygınlar ki onları fark etmiyoruz bile.

Elektromanyetizmanın harekete yol açtığı prensibini kullanarak, ne kadar akımın geçtiği ve hangi voltajda olduğu gibi elektriğin temel özelliklerini doğru bir şekilde ölçen aletler de yapabilirsiniz. (İlk elektrikçiler bunu, şokun dillerinde yol açtığı acıyı ölçerek hesaplamaya çalışıyorlardı!) On Üçüncü Bölüm'de göreceğimiz üzere, yeni bir şeyi güvenilir bir şekilde ölçebilmek, onu anlamanın ve teknolojik amaçlarla kullanabilmenin ilk ve en önemli aşamasıdır.

Elektrik ışığının da hayatlarımızda çok önemli bir rolü var. İstediğimiz zaman dünyamızı aydınlatması, uyku düzenimizi ve çalışma hayatlarımızı kökünden değiştirdi, binalarımız ve caddelerimizde artık milyarlarca minik güneş parlıyor. Elektrikle aydınlanmanın en basit formu ark lambasıdır. 1800'lerin başında icat edilen bu sistem voltaik pillerle çalışır ve temel olarak iki karbon elektrotun arasındaki boşlukta kesintisiz bir elektrik akımıdır (yapay bir şimşek gibi). Ark ışığıyla ilgili sorun, dayanılamayacak kadar güçlü olmaları, bu yüzden de iç aydınlatma için uygun olmamalarıdır. Elektrikle ışık yaratmak basit olsa da, kullanışlı bir aydınlık yaratmak için elektrik kullanmak alabildiğine karmaşıktır.

Elektrik ampulünü tasarlamak için yararlanılan fiziksel olgu oldukça basittir. Akımın içinden geçeceği ince bir filamenti ısıtmak için elektrik direncine sahip bir madde kullanabilirsiniz. İçinden akım geçen maddeler ısındıkça, kendi ışığıyla parlamaya başlayacaktır; akkor ışıma: Mesela ateşin içerisine sokulan demir bir çubuk önce kızarır, sonra turuncuya döner, sonra sararır ve son olarak parlak bir beyaza döner. Ama şeytan ayrıntıda gizlidir. Karbonlaştırılmış tel ya da metal bir filament, havaya temas ederken akkor haline gelirse hemen oksijenle tepkimeye girer ve yanar. Filamenti, mühürlü cam bir kürenin içerisine hapsedebilir ve vakumlu bir pompayla kürenin içerisindeki tüm havayı emebilirsiniz ama vakum uygulandığında sıcak malzemeleriniz de buharlaşıp gidecektir. Ampulü azot ya da argon gibi bir soy gazla düşük basınçta doldurmak da işe yarar, ama sonuç olarak yine de güvenilir bir filament olarak hangi karbonize malzemeyi ya da ince metal teli kullanabileceğinizi belirlemek için biraz ar-ge, deneme yanılma yapmanız gerekecek.

Üretim ve Dağıtım

Bir jeneratörün hareket enerjisini elektriğe nasıl çevirdiğini gördük ama bu döngüyü ilk başta nasıl oluşturacaksınız? İlk akla gelen çözüm, jeneratörünüzü, kendi inşa ettiğiniz ilkel bir su ya da yel değirmenine kurmak. Jeneratörler ne kadar hızlı bir şekilde dönerlerse o kadar iyi, dolayısıyla tahrik milinin yavaş ama yüksek dönme momentli dönüşünü olabildiğince artırmak için bir dişli ya da makara-kayış sistemine ihtiyacınız olacak. Kıyamet sonrası medeniyetinin, *steampunk* türü bir bilimkurgudaki gibi birbirleriyle alakası olmayan bir teknolojiler karmasına benzemesi çok mümkün görünüyor. Dolayısıyla geleneksel bir dört kanatlı yel değirmeni ya da su değirmeninin, doğal güçleri kullanarak tahıl öğüttüğünü ya da metal dövdüğünü değil, enerji hatları için elektrik ürettiğini görebiliriz.

Charles Brush'ın 17 metre çapındaki, elektrik üreten yel değirmeni, inşa tarihi 1887.

2005'te yapılan bir fizibilite çalışması, dört kanatlı geleneksel bir yel değirmeninin, değirmen taşı bir şanzıman kutusu ve jeneratörle değiştirilip güçlendirildiğinde yılda 50 bin kWh elektrik üretebileceğini gösterdi; evimde kullandığımdan dört kat daha fazla bir üretim bu. Ama muhtemelen ilkel araçlarla başarılabileceklere dair en etkileyici örnek, Amerikalı mucit Charles Francis Brush'ınki. Brush, 1887 yılında kendi arazisi üzerinde 17 metre uzunlukta bir pervaneye sahip, bükülmüş ince sedir ağacından yapılmış 144 rotor kanadı olan bir kule dikti. Kule, Brush'ın evindeki yüz civarında akkor ampulü (bunlar da o dönemin son teknolojisiydi) aydınlatan bir kilovatın üzerinde elektrik üretiyordu ve artan miktar bodrumundaki 400 şarj edilebilir pilde depolanıyordu.

Bu tür tasarımlarla ilgili sorun, dönmeyi hızlandıracak büyük dişli sisteminin çok fazla enerji harcaması. Yel değirmenlerinde çözüm, tasarımı tamamen değiştirmek. Modern rüzgâr türbinlerinin, estiği sırada bol miktarda rüzgâr yakalayan geniş kanatlar yerine, çok yoğun türbülans ve hava direnci yaratan, ince ve uzun üç kolu var. Bunlar uçaklardaki pervanelerin geliştirilmesi sırasında öğrenilen aerodinamik derslere dayanılarak tasarlandılar ve yüzey alanlarının çok daha küçük olması her ne kadar hafif rüzgârlarda dönmekte zorlanmalarına neden olsa da, daha sert rüzgârlarda inanılmaz hızlarla dönebiliyor ve açığa çıkan enerjinin çok daha büyük bir kısmını elektriğe çevirebiliyorlar.

Su değirmenlerinin enerji çıkışı da sınırlıdır. Bir su akıntısındaki kullanılabilir enerji miktarını, suyun akış ve düşüş hızı belirler. Akış hızı suyun debisidir, –suyu üstten alan bir çark örneğinde, dağıtım kanalı ve değirmen oluğu arasındaki– toplam düşüş yüksekliği de su düşüşüdür. Su değirmenleri, kullanabilecekleri maksimum yükseklik değirmen çarkının çapıyla sınırlı olduğu için oldukça sınırlı üretim kapasitesine sahiptir; ayrıca çapı 20 metreden büyük bir çark da üretemezsiniz zira çok ağırlaşır ve yavaş döner.

Öte yandan su türbinleri için aynı sınırlama geçerli değildir. Yangtze Nehri'nin üzerinde kurulu olan Üç Boğaz Barajı dünyadaki en güçlü hidroelektrik santralidir; yukarıdaki rezervuar ile aşağıdaki türbinler arasında 80 metrelik bir düşüş yüksekliği vardır ve bu yüzden devasa miktarlarda elektrik üretir.

İnşa edebileceğiniz en iyi türbin, büyük bir düşüş yüksekliği ve küçük bir debi akışını (yani çok yüksek bir basınçla su fışkırtacak dar bir boruyu) en iyi şekilde kullanan Pelton türbinidir ve bir çark göbeğinin çevresine sabitlenmiş (bir daire şeklinde dizilmiş kaşıklar gibi görünen) çark kepçelerinden oluşur. Suyun fışkırmasıyla ilgili kilit nokta, suyun kepçelere her çarpışında durmaması, geri dönüp geldiği yönden çıkmasıdır. Her kepçe, iki yarısı olan hafif kavisli bir kepçe şeklinde tasarlanmıştır, tam ortasından sivri bir sırt geçer ve böylece kepçeye önden çarpan su, ortadaki bu sırt tarafından tam ikiye ayrılır. Su, her iki yarıdaki kavisin içerisinden dönerek geçer ve tekrar önden çıkar. Bu yön değiştirme kepçeye büyük bir kuvvet uygular ve su sırayla her kepçeye çarpıp çark göbeğini çevirdikçe türbini döndürür.

Pelton türbini (çarkı).

Tersi durumlar, yani debinin yüksek olduğu ama düşüş yüksekliğinin az olduğu durumlar için çapraz akışlı türbinler daha uygundur. Bunlarda su, dairesel şekilde dizilmiş kısa, kavisli kanatçıklara sahip bir çarkın üstünden verilir, akıntı yandan kanatçıklara çarpar ve su alttan çıkarken bir kez daha çarpar. Çapraz akışlı türbinler, yüzeysel bir şekilde bakıldığında geleneksel su değirmenlerine benzer ama yukarıdan çarkın kepçelerine dökülen suyun ağırlığıyla değil, eğimli kanatlarına çarpan akıntının hızıyla döner.

Hem Pelton türbinini hem de çapraz akışlı türbinleri basit metal işleme aletleriyle inşa etmek kolaydır ve bugün, gelişmekte olan ülkelerde yerel üretim için uygun birer teknoloji olarak gösterilirler. Dolayısıyla, tam da kıyamet sonrasının ayakları üzerinde doğrulmaya çalışan toplumuna uygun türde teknolojilerdir.

Rüzgâr ve su türbinlerinin verimliliğine ve yenilenebilir enerji kullanıyor olmalarına rağmen, günümüzde elektriğimizin büyük kısmını bu yolla elde etmiyoruz. Aslına bakarsanız buhar çağı hiç bitmedi. Buharlı motorları artık makinelerimizi çalıştırmak ya da araçlarımızı hareket ettirmek için kullanmıyoruz, ama dünya üzerinde kullanılan elektriğin %80'i buhar kullanılarak üretiliyor. Kömür veya gazın yakılmasıyla ya da istikrarsız ağır atomların bir fisyon reaktöründe parçalanmasıyla elde edilen ısı, kazanların kaynatılmasında kullanılıyor.

Daha önce gördüğümüz üzere, ısı üretmenin karışık bir yönü yok ama termal enerjiyi harekete çevirmek bundan biraz daha karmaşık bir adım. Buharlı motorlar tam da bu işi yapar ama pistonların yeterince hızlı olmayan itiş gücü, elektrik üretimi için uygun olan hızlı devire verimli bir şekilde dönüştürülemez.

Çözüm, su türbinlerinin başarılı tasarımlarına dayanan ama yüksek basınçlı buharla en verimli şekilde çalışmak üzere optimize edilen buhar türbinidir. Enerji, buhar akışından iki şekilde elde edilebilir: Akımı (Pelton ya da çapraz akışlı su türbinlerindeki gibi) buharın ittiği kanatların arkasında yakalayarak ya da uçak kanatlarında olduğu gibi, kavisli bir yüzeyin üzerinde suyun yönünü değiştirip böylece tepkime kuvvetiyle itilmesini sağlayarak. Buharın sudan temel farkı, genleşerek sudan daha hızlı ama daha düşük bir basınçla hareket etmesidir, dolayısıyla çoğu buhar türbini yüksek basınçlı buharla birlikte, buhar genişlemeye devam ettiğinde kanatların üzerinde oluşan itme kuvvetinin şaftı daha aşağıya ittiği bir tepki kademesi içerir. Bu çok aşamalı buhar türbini, çok yüksek bir verimle inanılmaz büyük miktarlarda elektrik üretilebilmesini mümkün kılmış ve günümüzün elektrik çağının kapısını açmıştır.

Öte yandan, elektriğinizi hangi türbinden elde ediyorsanız edin, onu kullanabilmek için, ihtiyacınız olan yere götürebilmeniz gerekiyor.

Sabit bir şekilde bir doğru akım (DC, pildeki gibi) üretecek bir jeneratörü her ne kadar yapabilecek olsanız da, içerisindeki kanatlar döndükçe hızlı bir şekilde devir yapan alternatif bir akım (AC) üreten bir jeneratör üretmek daha kolay. Bobinde üretilen voltaj, pozitiften negatife ve sonra tersine dönüp durur, böylece ürettiği akım da sürekli yön değiştirir, hızlı bir gelgit gibi telin içerisinde hızla ileri geri hareket eder. AC'nin DC'ye karşı çok önemli bir avantajı vardır; elektriğin, üretildiği elektrik santralinden kullanılacağı sanayi tesislerine ya da şehirlere taşınması sorununa zarif bir çözüm sunar.

Metal kablolardan oluşan dağıtım ağınızda elektronların yönünü değiştirmek için çalışmaya başladığınızda temel bir sorunla karşılaşacaksınız. Elektriğin enerji miktarı, akımın voltajla çarpılması sonucu elde edilir. Elektrik akımınız fazlaysa, tellerin elektrik dirençleri ısınmalarına ve ürettiğiniz değerli enerjinin büyük kısmını ziyan etmelerine neden olacaktır (iyi tarafından bakarsak su ısıtıcıları, ekmek kızartıcıları, saç kurutma makineleri gibi aletlerin ısınmasında elektrik direnci bilerek azamiye çıkarılır ve daha önce gördüğümüz üzere, ince bir filamenti yanmadan, parlayacak kadar ısıtabilirseniz ampulün temel prensibini çözdünüz demektir). Yüksek miktarlarda enerji sağlamanın tek yolu, akımı alçak tutup voltajı artırmaktır. Buradaki sorunsa, yüksek voltajların olağanüstü tehlikeli olmasıdır; yüksek gerilim hatlarından tarlalar boyunca gitmelerinde bir sakınca yok ama bunları kesinlikle evlerinize bağlamak istemezsiniz. AC'nin güzel tarafı, trafo kullanılarak voltajın kolayca yükseltilebilmesi ya da alçaltılabilmesidir.

Trafo temel olarak kemer tokası şeklinde demir bir çekirdeğe karşı karşıya gelecek şekilde konan iki büyük tel bobininden başka bir şey değildir; böylece ilk bobinin yarattığı manyetik alan ikincisinin içerisinden geçer. İndüksiyonun yukarıda, sayfa 152'de gördüğümüz özelliklerini kullanan, ana bobinden geçen alternatif akım, hızla dalgalanan –saniyede yüz kez genişleyen ve çöken– bir elektromanyetik alan yaratır, bu da ikinci bobinde alternatif bir akımın oluşmasına neden olur. Şimdi dâhiyane kısım geliyor. İkinci bobini ilkinden daha fazla sararsanız, voltaj yükselir ve akım düşer: Trafo, bir elektrik döviz bürosu gibidir, akım ile voltajı birbirine dönüştürür. Kısacası elektrik dağıtım şebekenizin farklı aşamalarında voltajı değiştirmek için trafo kullanabilir, böylece hem yüksek akımın verimsizliğini hem de yüksek voltajın tehlikelerini asgariye indirebilirsiniz.

Elektriğin güzel yanı, sizi, 19. yüzyıldan önce atalarımızın yapması gerektiği gibi, tüm sanayi üretiminizi rüzgârlı tepelerde, hızlı akan nehirlerin kenarlarında ya da ormanlar ve kömür yataklarının yakınlarında gerçekleştirmek zorunda bırakmamasıdır. Bu alanlara sadece bir elektrik jeneratörü koymanız ve elektriğe nerede ihtiyacınız varsa oraya kabloyla çekmeniz yeterli olacaktır. Bu, bugün alıştığımız bir şey. Ama yüzyıl önce, bir evin ihtiyacı olan tüm enerji fiziksel olarak taşınmak zorundaydı: lambalar için yağ, pişirme ve ısınma için odunkömürü ve kömür. Viktorya dönemi evlerinin dışında, tüm kış kullanılacak kömürü saklayan, küçük bir oda büyüklüğünde bir kömürlük olurdu. Bugün elektrik evimize kadar geliyor, depolamamıza ihtiyaç kalmadan temiz ve sessiz bir şekilde ihtiyacımız olan her yerde enerji sağlıyor.

DC, kıyametin hemen ardından toplumun tekrar ayaklarının üzerinde durabilmesi için iyi bir alternatif sunuyor. Onu kullanarak kısa mesafelere elektrik pompalayabilir ya da yel değirmenleri ile evlerden oluşan küçük ölçekli şebekenizi besleyecek pillerinizi onunla şarj edebilirsiniz. Ama kıyamet sonrası medeniyetiniz kendisine geldikçe büyük ölçekli bir ekonomiden, merkezi enerji santrallerinden faydalanmak isteyeceksiniz ve bir AC dağıtım şebekesi geliştirmeniz gerekecek. Çok daha az enerjiye sahip olmanın sıkıntısını yaşaması muhtemel bir toplumda, yakıtınızdan olabildiği kadar fazla ısı elde etmek isteyeceksiniz. Birleşik ısı ve güç (BIG) santralleri, enerji santralleri soğutma kuleleri devasa miktarlarda ısıyı atarken, çevre kasabalardaki binaların ısınmak için yakıt yakıyor olması saçmalığına karşı geliştirildi. İsveç ve Danimarka BIG kullanımı konusunda dünyaya liderlik ediyor, elektrik üretmek için türbinlerini çalıştırırken, çıkan sıcak buharı yakınlardaki binaları ısıtmak gibi başka amaçlarla kullanıyor. Türbinlerde doğalgazın yanı sıra atık odunlar, sürdürülebilir ormanlardan elde edilen kereste veya tarımsal atıklar gibi biyoyakıtlar da kullanılıyor ve elektrik ile ısı üretiminde toplamda %90 gibi bir verimlilik oranına yaklaşılmış durumda.

Yeniden başlama sırasında sık sık karşılaşılacak manzaralardan biri de, yakınlardaki yerleşimler ve sanayi tesisleri için enerji ve ısı üretmek üzere, kırsaldaki BIG santrallerine kereste ve tarımsal atık taşıyan, hayvanların çektiği ve hatta gazlaştırıcı kullanan arabalar olabilir. Gelin şimdi bu ulaşım teknolojilerine bir bakalım.

DOKUZUNCU BÖLÜM

Ulaşım

> Benzinli motorlar büyüden başka bir şey değil. Binlerce parça metali al-
> dığını... ve hepsini belirli bir şekilde bir araya getirdiğini düşün...sonra da
> onları biraz yağ ve benzinle beslediğini...ve sonra bir düğmeye basıyorsun...
> birden bütün metaller canlanıyor...ve hırlıyor ve vınlıyor ve gümbürdüyor...
> bir arabanın tekerleklerini inanılmaz bir hızla döndürüyor.
>
> *Dünya Şampiyonu Danny*, Roald Dahl

Bir ülkenin yol ağının bakımı inanamayacağınız kadar pahalı ve zaman alan bir
şeydir ve kıyamet sonrasının dünyasında yollar şaşırtıcı derecede büyük bir hızla
bozulacaktır, o yolları sürekli döven trafik sona erecek olsa bile. Ilıman iklimlerde
yolların baş düşmanı olan donma-çözülme döngüsü, yollarda istikrarlı bir şekilde
yarıklar ile çatlaklar açacak ve rüzgârlarla buralara dolan tohumlar kısa süre sonra
güçlü çalılara ve ağaçlara dönecek, kökleri, üstteki ince asfalt kabuğu daha da
parçalayacaktır.

Aslına bakarsanız günümüzün asfalt yolları, her ne kadar otobanda saatte yüz
kilometre hızla gitmek için olağanüstü güzel olsalar da, Romalıların inşa ettiği
yollardan çok daha az dayanıklı bir yüzeye sahiptir. En üst katmanında kalın
döşeme taşları olan pek çok *viae publicae*, onları döşeyen medeniyetin yok olma-
sından binyıl sonra bile kullanılabilir durumdaydı. Aynını bugün kullandığımız
ulaşım ağı için söyleyebilmek mümkün değil. Çok zaman geçmeden medeniyetin
atardamarları olan büyük otobanlar bile kullanılamaz hale gelecektir. Bu yüzden
ölü şehirlerde keşfe çıkmak için sağlam arazi araçlarına ihtiyacınız olacak; cip tipi
araçlar şehirlerde bir yerden bir yere gitmek için ilk kez gerçekten gerekli olacak.

Demiryollarının çelikten rayları yollarımızdan çok daha dayanıklıdır ama onlar
da bir zaman sonra paslanma kanserine yenik düşeceklerdir. Yine de kıyametten
sonraki ilk birkaç on yıl boyunca, karada uzak yerlerle ticaret yapmanın en kolay
yolu demiryolları olacaktır; tabii bitkilerin temizlenmesi koşuluyla.

Günümüz ulaşımının altında yatan temel mekanizma içten yanmalı motorlardır;
aile arabalarından trenlere ve hafif uçaklara, araçlarımızın çoğunda bu sistem kul-

lanılıyor. Ama motorlu araçların toplumlarımızı beslediği tek alan bu değil; traktör, biçerdöver, balıkçı tekneleri, yük kamyonları gibi araçlar çok önemli rollere sahip. Bunları olabildiği kadar uzun bir süre boyunca çalışır halde tutmanızda fayda var. Gelin o yüzden, motorlu araçları kullanamaz hale gelecek kadar gerilersek ne gibi seçeneklerimizin olduğuna bakmadan önce, araçların ihtiyacı olan temel tüketim maddelerini (benzin ve lastik) nasıl sağlayacağımıza bir bakalım.

Araçları Kullanılabilir Halde Tutmak

Benzinli ve dizel motorların çalışma sistemleri arasındaki farka birazdan bakacağız ama şimdilik farklı türde sıvı yakıtlarla çalıştıklarını söyleyelim. Hem benzin hem de mazot, sıvı hidrokarbon karışımları; Beşinci Bölüm'de bahsettiğimiz bitkisel yağlarla benzer moleküller. Petrol ve benzin 5-10 karbon atomu uzunluğunda bir omurgaya sahip hidrokarbon karışımlarıdır, öte yandan mazot biraz daha ağırdır, 10 ila 20 karbon gibi daha uzun bileşenlerden oluşur ve daha akışkandır. Daha önce gördüğümüz üzere, kıyametten sonra benzin istasyonlarında ve terk edilmiş arabaların benzin depolarında hâlâ bu sıvı yakıtlardan büyük miktarlarda olacaktır. Ama bir zaman sonra, hayatta kalanların mekanize tarım ve ulaşımı devam ettirebilmek için kendi üretimlerini yapmaları gerekecek.

Bugün bu yakıtlar ham petrolün işlenmesiyle elde ediliyor. Ham petrolü işleyerek benzin ve mazot elde etmekte kullanılan yöntemlerin bir zorluğu yok ve bu iş küçük ölçekte de gerçekleştirilebilir. Bileşik sıvıları ayrıştırmak için, fermantasyondan sonra alkolü sudan ayırmakta kullanılan temel ilkeyle işleyen, fraksiyonel damıtma kullanılıyor. Uzun hidrokarbon parçalarını, onları (parçalanmış ponza taşı gibi) bir alümin katalizörü içerisinde ısıtarak "parçalayabilir", daha küçük moleküllere sahip kullanışlı bir yakıta çevirebilirsiniz.

Yakıt tedarikinin sürdürülmesiyle ilgili sorun, onları işlemekte kullanılan kimyasal süreçlerin zorluğunda değil, elinizde karmaşık sondaj araçları ya da açık deniz platformları olmadan ham petrolü dünyanın karnından çıkarmakta. Öte yandan hammadde olarak petrol kullanmadan otomobil yakıtı üretmek mümkün ve bir kıyamet sonrası toplumunun günümüzün Yeşil Hareket'inden öğreneceği çok şey var. Rudolf Diesel'in 1900'lerin başında söylediği gibi, "tüm doğal katı ve sıvı yakıtlar tükendiğinde, tarımda her zaman kullandığımız güneş sıcaklığından enerji elde edilebilir."

Benzinle çalışan araçlar için güvenilir bir alternatif etanoldür (Dördüncü Bölüm'de gördüğümüz üzere fermantasyonla elde ediliyor). Brezilya bugün alkolle çalışan araçlar konusunda dünya lideri; %20'lik petrollü karışımından %100 etanolle çalışanına kadar, bugün yollarında giden her araç bir alkol karışımı kullanıyor. ABD'de bile birçok eyalet benzinin %10'a kadar alkolle karıştırılmasını istiyor; bu orana kadar olan karışımlar için motorda herhangi bir değişiklik yapmaya gerek yok. Aslına bakarsanız, seri üretimi yapılan ilk otomobil olan Ford'un T Modeli de hem fosil yakıtlarla hem de alkolle çalışacak şekilde tasarlanmıştı ve alkol üretiminin yasaklandığı 1920 yılına kadar, ülkedeki bazı damıtımhaneler tahıldan araba yakıtı üretti.

Bir ulaşım sistemine yakıt sağlamak üzere büyük ölçekte etanol üretmenin sorunu, fermente olan bakterileri besleyecek kadar büyük miktarlarda rafine şeker sağlayabilmektir. Brezilya'nın sürdürülebilir biyoyakıt ekonomisinin temeli olan şeker kamışı gibi ürünler tropikler dışında yetişmiyor. Ayrıca, her ne kadar bütün bitkilerin içerisinde şeker varsa ve bitkilerin yapısal destek olarak kullandığı selüloz dizilerini oluştursa da, selüloz o kadar sert ve kimyasal olarak dengelidir ki, içerisindeki şekerler sıkı bir koruma altındadır ve erişilebilir değildir. Dolayısıyla bu biyokütleleri motorlu taşıtlar için uygun bir yakıta çevirmeye uğraşmak yerine, bir biyoçürütücüde çürütüp metan gazı elde etmek (bkz. s. 72-3) ya da bunu basitçe bir enerji santralinde kazan yakmakta kullanmak daha mantıklı.

Öte yandan kıyametten sonra dizel motorların gümbürtüsünü duymaya neredeyse kesin olarak devam edeceğiz. Bir dizel motor oldukça çok yönlüdür ve işlenerek biyodizel haline getirilmiş bitkisel yağlarla çalışmaya devam edebilir. Bunu, yağı, (Beşinci Bölüm'de gördüğümüz üzere kül suyu –sodyum ya da potasyum hidroksit– ekleyerek) alkali şartlarda, basit alkolle yani metanolle tepkimeye sokarak yapabilirsiniz. Odun ispirtosu da denilen metanol, odunun kuru damıtılmasıyla (bkz. s. 105-7) elde edilebilir ama fermantasyon sonucu elde ettiğiniz etanol de işinizi görecektir. İçerisinde kalan metanol ve kül suyunu, ayrıca istenmeyen yan ürünler olan gliserol ve sabun gibi şeyleri, biyoyakıttan kaynamış su geçirerek temizleyebilirsiniz, daha sonra yakıtı ısıtarak içerisindeki tüm suyu buharlaştırdıktan sonra kullanabilirsiniz.

Neredeyse her bitkisel yağ kullanılabilir. Kolza, Britanya'daysanız iyi bir seçim olacaktır çünkü bu bitki dönüm başına çok miktarda yağ verir (ayçiçeği ve soya fasulyesi gibi yağ kaynaklarından daha fazla): Kolzayı presleyerek tohumlarından yağ çıkardıktan sonra, geriye kalan gövde de besleyici bir hayvan yemi olacaktır. Gerekirse hayvansal yağ da kullanılabilir. Donyağı da bitkisel yağlar gibi işlenerek biyodizel haline getirilebilir ama hidrokarbonları daha uzun olduğundan soğuk havalarda benzin deponuzun içerisinde donacaktır.

Bu biyoyakıtlarla ilgili sorun, ürünlerin dönüştürülmesine dayanıyor olmasıdır ve küçük bir arabayı bile yolda tutmak, en az iki dönümlük bir araziden elde

I. Dünya Savaşı sırasında gaz torbasıyla çalışan bir Londra otobüsü.

edilecek tarımsal ürünün tüketilmesi anlamına gelir. Kıyamet sonrasında hayatta kalan insanlara düşen yiyecek miktarı pekâlâ az olabilir. Peki böyle bir durumda araçların gıda olarak tüketilmeyen bir kaynakla hareket ettirilmesi mümkün mü?

Aslına bakılırsa içten yanmalı motorlar sıvı yakıtlarla değil, gazla (benzinin kısaltmasıyla karıştırılmamalı) çalışır. İnce bir benzin ya da mazot buharı oluşturulur ve buhar pistonun içerisinde yakılır. Dolayısıyla motorlu taşıtlarınızı hareket ettirmeye devam etmenin bir yolu da, basınçlı bir gaz pistonu kullanarak motorunuza doğrudan yanabilir gaz pompalamaktır. Günümüzde sıkıştırılmış doğalgaz (CNG: metan) ve sıvılaştırılmış petrol gazlı (LPG: bir propan ve bütan karışımı) araçlar bu şekilde çalışıyor.

Gazları yüzlerce atmosfer basınçla, tüplerin içerisine pompalamanın zor olacağı kıyamet sonrası dünyası için uygun olacak düşük teknolojili bir alternatif, araçları gaz çantalarıyla donatmak olacaktır. I. ve II. Dünya Savaşlarında benzin sıkıntısı yaşandığı zamanlar yaygın olan, kauçukla mühürlenmiş kumaş torbalar içerisinde kömür gazı ya da metan taşıyordu ve her iki-üç metreküp gaz bir litre kadar benzine denkti.

Biraz daha zor bir seçenek, odunla çalışan bir araba yapıp gazınızı aracınızı sürerken üretmek.

Burada kullanacağınız temel ilkeye gazlaştırma deniyor. Bu ilkeyi anlamak için bir kibrit yakın ve çok yakından bakın. Işığı sağlayan sarı alev ile kararmakta olan ahşap çubuğun arasında bir boşluk olduğunu göreceksiniz. Bunun nedeni, alevin yakıtını kibritin çöpünün değil, büyük oranda, ısıyla birlikte parçalanan kompleks organik odun moleküllerinin ürettiği yanıcı gazların oluşturmasıdır, bu gazlar havadaki oksijenle buluşunca canlı bir alevle yanar. Piroliz denilen bu süreci, odunun kuru damıtılması ve çıkan dumanların yoğunlaştırılarak yararlı birtakım sıvılara dönüştürülmesi bağlamında incelemiştik (bkz. s. 105-7). Öte yandan bir motora yakıt sağlamak için yanıcı gaza dönüştürme sürecini maksimize etmemiz ve pirolize olan odun ile alevin arasındaki mesafeyi kibritte olduğundan çok daha fazla açmamız gerekiyor. Ayrıca elde ettiğimiz gazın motora ulaşana kadar yanmasını engellemeliyiz; daha sonra oksijenle karışmasını ve pistonların içerisinde patlayarak tekerleklerimizi döndürmesini sağlayacağız.

II. Dünya Savaşı sırasında, sayısı bir milyona varan gazlaştırıcıyla çalışan araç, tüm Avrupa'da temel sivil ulaşımın sürdürülmesini sağladı. Almanya, Volkswagen Beetle'ın, içerisine mükemmel şekilde bir odun gazlaştırıcı yerleştirilmiş bir versiyonunu üretti; dışarıdan bakıldığında görülebilen tek fark, sıra dışı yakıtı odunun konduğu kaputtaki bir delikti. Hatta 1944 yılında Alman ordusu, odun gazlaştırıcıyla çalışan 50 adet Tiger tankı bile kullandı.

Gazlaştırıcı, temel olarak üstünde bir kapağın olduğu hava geçirmez silindir bir kazandır; böyle bir şeyi topladığınız malzemelerle, mesela çelik bir bidon, üzerine koyduğunuz galvanize bir çöp tenekesi ve tesisat için de bildiğiniz su borularıyla yapabilirsiniz. En üste konan odunlar önce kurur, sonra içerideki sıcağın etkisiyle pirolize olur ve sınırlı oksijenden dolayı kısmen yanarak ihtiyacınız olan ısıyı yaratır. Kazanın dibinde duran sıcak odunkömürü, piroliz sonucu ortaya çıkan dumanlar ve gazlarla tepkimeye girer ve onların kimyasal dönüşümünü tamamlar.

Odun gazlaştırıcıyla çalışan bir araç.

Ortaya, yanıcı hidrojen, metan ve karbonmonoksit (ki zehirlidir, dolayısıyla sadece iyi havalandırılan yerlerde çalıştırın) açısından zengin havagazı ile %60'a kadar etkisiz bir gaz olan azot çıkar ve bunlar dipten çekilir. Havagazınızı soğuttuktan sonra (aksi takdirde içerisindeki buhar motorunuzu tıkayacaktır) pistonlarınıza gönderebilirsiniz.

Yaklaşık üç kilogram odun (yoğunluğuna ve kuruluğuna bağlı olarak) bir litre kadar benzine eşit enerji üretir ve dolayısıyla havagazıyla çalışan araçların yakıt tüketimi kilometre başına kaç litre değil, kaç kilo yaktıklarıyla ölçülür. Savaş dönemindeki gazlaştırıcılar, kilogram başına bir kilometre gibi bir orana ulaşmayı başarmışlardı.

Bir otomobilin hareket edebilmek için kullandığı tek sarf malzemesi yakıt değildir. Siz sürmeye devam ettikçe eskiyen tekerlekler ve iç lastikleri üretmek için kauçuğa ihtiyacınız var.

Kullanıma yönelik nedenlerden dolayı ham kauçuğun malzeme özellikleri vulkanizasyon yoluyla değiştirilir; yani üzerine kükürt serpilip eritildikten sonra bir kalıba konup sertleşmesi beklenir. Bu arada kauçuğun sarmal moleküler zincirleri kükürtten köprüler tarafından birbirine bağlanır ve ortaya sert, dayanıklı bir örgü çıkar. Bu, lateksten daha elastik, sıcakta erimeyen ve soğukta kırılganlaşmayan, inanılmaz dayanıklı bir maddedir.

Kauçuğun sorunu bir kez vulkanize edildikten sonra tekrar eritilip, yeni ürünler üretmek üzere şekil verilememesidir. Dolayısıyla kıyamet sonrası toplumunun dişli lastikler yapmaya devam etmek ve ayrıca kauçuğu valf, boru yapımı gibi diğer alanlarda kullanmak üzere eskileri geri dönüştürmek gibi bir şansı olmayacak, yeni kauçuk kaynakları bulması gerekecek.

Kauçuk geleneksel olarak, Hevea adlı kauçuk ağacından damlayan lateksten yapılır ve bu ağaç sadece ekvator civarındaki dar bir şerit boyunca hüküm süren nemli tropikal iklim koşullarında yetişir. Alternatif bir kaynak Guayule bitkisinin gövdesinden, dallarından ve köklerinden elde edilir. Hevea'nın tersine bu küçük çalının anavatanı Teksas ve Meksika'nın yarı kurak platolarıdır. Guayule'nin bilinirliği, II. Dünya Savaşı sırasında Japonya'nın Güneydoğu Asya'yı işgal etmesi ve Müttefik Devletler'in kauçuk arzlarının %90'ını kaybetmesiyle arttı. Sentetik kauçuk yapmak için ihtiyaç duyulan kimya bilgisine, toparlanmanın erken aşamalarında hemen ulaşmak biraz zor olacaktır, dolayısıyla geçiş döneminde mevcut kauçuk stoklarınız azalmaya başladığında doğal bir kaynağın yakınlarında yaşamıyorsanız uzun mesafeli yolculukları tekrar başlatmak en önemli önceliklerinizden biri haline gelecektir.

Yakıt ve kauçuk ihtiyacınızı karşılayabilseniz bile araçlarınızı sonsuza kadar kullanamayacaksınız. Eski dünyadan kalan makinelerin parçaları kaçınılmaz olarak aşınacak ve eskiyecek. Belirli bir süre boyunca yedek parça ihtiyacınızı her ne kadar başka araçlardan topladıklarınızla karşılayabilseniz bile, bir zaman sonra kendinizinkileri yapmanız gerekecek. Günümüzün motorlarının yedek parçalarını yapmakta kullanılan alaşımları elde edebilmek için üst düzey bir metalürji bilgisine ve tam ihtiyacınız olan parçaları üretmek için torna tezgâhına ihtiyacınız var (Altıncı Bölüm'de işlediğimiz konular). Ama bu yetkinlikler, çalışan son motor durmadan önce edinilmezse, toplum mekanizasyonu kaybedecek ve daha da gerileyecektir. Peki bu durumda, ulaşım ve tarımın hayati fonksiyonlarını devam ettirebilmek için nasıl yedeklere ihtiyacımız var?

Ya Mekanizasyonu Kaybederseniz?

Mekanizasyon biterse hayvan gücünün yeniden canlandırılması gerekecek. Tarihte yük hayvanı olarak kullanılan ilk hayvanlar arabaları, kağnıları, sabanları, tarakları ve tohum delgilerini çekmek için kullanılan öküzlerdi (iğdiş edilmiş boğalar) ve bir gün traktörler çalışmaz hale gelirse ilk başvuracağımız hayvanların yine on-lar olması muhtemel. Shire atları gibi yük hayvanları ortaçağ Avrupa'sının savaş alanlarında baştan ayağa zırhlı süvarileri taşımak üzere özenle yetiştirilen atların soyundan gelir ve öküzlerden çok daha hızlı ve güçlüdürler, çok daha geç yorulurlar. Ama öküzlerin yerine bu atları kullanmak istiyorsanız, antik ve klasik uygarlıkların hiçbirinin icat edemediği kritik bir araç olan, bu hayvanlar için doğru koşumları icat etmek zorundasınız.

Öküzler, boyunlarının üzerine oturan ahşap bir direk ve boynun iki yanına hizalanıp boynu sabit tutacak çıtalarla ya da boynuzların ön tarafına oturtulacak bir kafa boynduruğuyla kolayca koşum altına alınabilir. Diğer yandan, atın gövde şekline göre düzenlenen kayışlarla koşum altına alınması gerekir. En basit sistem boyun-göğüs koşumu olarak bilinir; bir kayış omuzların üzerinden ve atın kalın boynunun çevresinden geçerken, bir diğeri göğsünün altından geçer ve yük bağla-ma noktası sırtın ortasıdır. Bu koşum tarzı eski çağlarda kullanılmış ve Asurlular, Mısırlılar, Yunanlar ve Romalıların savaş arabalarında yüzyıllar boyunca hizmet vermiştir. Öte yandan atın anatomik yapısına hiç uygun değildir ve saban çekmek gibi zor işlerde işinize yaramayacaktır. Sorun, öndeki kayışın atın şahdamarını ve soluk borusunu kesmesidir, bu nedenle hayvan güçlü bir şekilde çektikçe kendini boğar. Çözüm, koşumu hayvanın üzerine güç uyguladığı noktayı değiştirecek şekilde yeniden tasarlamaktır.

Hamut koşumu, yumuşak olacak şekilde kaplanmış bir metal ya da ahşap parçasıdır ve boyna rahat bir şekilde oturur. Yük binme noktası boynun arkasında değil, gövdenin her iki yanının aşağı tarafındadır, böylece yük, atın göğsü ve omuzları boyunca eşit şekilde dağılır. Anatomik açıdan sağlıklı olan hamut koşumu –ergonomik tasarımın erken bir örneği– Çin'de, MÖ 5. yüzyılda geliştirildi ama Avrupa'da yaygın bir şekilde kullanılmaya başlanması 1100'leri buldu. Bu koşum, atın tüm gücünü kullanabilmesine imkân vermektedir –bu koşumda hayvan eski, anatomik açıdan uygun olmayan koşumlara göre üç kat daha fazla çekme gücü uygulayabilir– ve bu koşumla birlikte atların çektiği sabanlar ortaçağ tarımında gerçekleşen devrimde merkezi bir rol oynamıştır.

Hayvanların çekme gücü ile eskiden kalma araçları birleştirmek ortaya çok garip görüntülerin çıkmasına neden olacaktır. Artık çalışmayan bir arabanın ya da kamyonun çalışan arka aksı ve tekerlekleri, yanları ahşap bir yük arabası yapmakta kullanılabilir. Daha da kolayı, bir arabayı ortasından ikiye ayırmak, çalışmayan motorun olduğu ön kısmı atmak ve arka koltukların ve arka tekerleklerin olduğu kısmı kullanmaktır. Arabayı çekmesi için bir eşek ya da öküz, metal borular kullanılarak arabaya bağlanabilir. Mekanizasyon kaybedilirse bu tür eğreti arabalar yaygınlaşabilecektir.

Öte yandan, hayvan gücüne dönmek, tarımsal üretimin insanlardan çok hayvanları besleyecek şekilde yön değiştirmesi anlamına gelecektir. Britanya ve ABD'de hayvanların tarımsal amaçlarla en çok kullanıldığı dönem, şaşırtıcı bir şekilde yaklaşık 1915 gibi geç bir dönemdi (üstelik buharlı motorlar elli yıldır mevcuttu ve petrolle çalışan traktörler icat edilmişti) ve bu dönemde ekilebilir arazilerin üçte biri atların bakımına ayrılmıştı.*

Tarımsal araçlar ve kara ulaşımının yanı sıra, denizleri tekrar fethederek balıkçılığı ve deniz ticaretini tekrar başlatmak da önceliklerden biri olacak. Ama mekanizasyonu sürdüremiyorsanız, tek seçeneğiniz yelkenli gemiler olacak.

---

* Mekanizasyonun çöküşünü takiben teknolojik gerilemenin ve hayvanların çekme gücüne hızla geri dönülmesinin günümüzde yaşanmış bir örneği var. 1960'ların başında Castro'nun devriminin ve Küba'nın Sovyetler'in bir uydu devleti haline gelmesinin ardından, bu Karayip adasının tarımsal sistemi, Sovyetler Birliği ve Doğu Avrupa'dan gelen makineler ve ekipmanla bir dönüşüm geçirdi. Öte yandan 1989 yılında Sovyet Bloku'nun çöküşünü takiben komünist Küba'nın fosil yakıt ve ekipman arzı ansızın kesildi ve ulaşım, makineleşmiş tarım ve gübre ile tarım ilacı üretimi konusunda ülke çapında bir çöküş yaşandı. Ülke 40 bin traktörünün yerini alması için hızla önemli miktarda hayvan gücü geliştirmek zorunda kaldı ve bir acil yetiştirme ve eğitme programı başlatıldı. On yıldan kısa bir süre içerisinde Küba, tarlalarının ürün yetiştirmeye devam etmesi için sahip olduğu öküz sayısını 400 bine çıkardı ve atlarının sayısını artırdı.

Mekanizasyon kaybedilirse bunun gibi atların çektiği arabalar yaygınlaşacaktır.

Rüzgârlı bir havada bahçede bir ipe asılmış ve kabarıp dalgalanan çarşafları görmüş olan herkes, yelkenlerin en temel işleyiş şeklinin nasıl bir şey olduğunu sezgisel olarak biliyor demektir. Gemi direği olarak teknenizin ortasına bir direk dikin ve seren olarak tepesine, güverteye dik açıyla gelecek şekilde yatay olarak bir kiriş asın. Serenden geniş bir yelken bezi sarkıtın ve yelkeninizi iplerle zemine bağlayın. Böylece elinizde, tarih boyunca sayısız kültür tarafından birbirinden bağımsız şekilde icat edilmiş olan basit bir kare yelkenli tekneniz oldu. Yelken arkasından esen rüzgârı yakalar ve en ilkel tekneler bile rüzgârla ciddi mesafeler katedebilir. Öte yandan, bu tekneyle rüzgârın yönüne 60°'den daha yakın asla seyredemezsiniz, dolayısıyla esintinin insafına kalmışsınız demektir.

Biraz daha karmaşık bir yapı, sübye armalı yelkenliler. Bunlarda yelkenler tekneye dik olacak şekilde asılmak yerine, tekne gövdesi hattı boyunca yönlendirilir ve ana direğin bir ucuna bağlanmış eğimli bir serene ya da ipe çaprazlama asılır. Bu tür gemiler çok daha fazla manevra kabiliyetine sahiptir ve kare yelkenli teknelere nispetle rüzgâra çok daha yakın volta vurabilir (modern yatlar rüzgârı 20° gibi küçük bir açıyla kesebilir). Öte yandan büyük gemilerin çoğu bu iki sistemi bir arada kullanır. Sübye armalı tekneler Akdeniz'de seyreden Roma gemilerine kadar gider, ama asıl önemlerini 15. yüzyılda başlayan Keşifler Çağı'nda kazanmışlardır. Bu tür yelkenliler kullanan, başta Portekizliler ile İspanyollar olmak üzere, Avrupalıların yönetimindeki muazzam keşif gemileri dünya okyanuslarında yol almış ve keşfedilmemiş uzak diyarlara seyrederek yeni ticaret rotaları oluşturmuşlardır.

Sübye armalı bir yelkenliyi rüzgâra yandan verdiğinizde yeni bir etki devreye girer. Yelkeni dolduran rüzgâr onun dışarı doğru şişmesine ve bir kanat gibi davranmasına yol açar; başka bir deyişle eğimli yüzeye çarpan hava akımı yön değiştirir ve yelkenin ön tarafında alçak basınçlı bir alan yaratır. Kare yelkenlerde olduğu gibi rüzgârla itilmek yerine, sübye armalı yelkenliler bu aerodinamik güç tarafından ileri doğru çekilir. Ferdinand Macellan 1522 yılında, arkasında yatan fizik kanunlarını tam olarak bilmeden, uçak kanatları ve reaksiyon türbinlerinde de kullanılan bu aerodinamik güç sayesinde Dünya'nın çevresini gemiyle dolaşan ilk seferi gerçekleştirdi.

Öte yandan sübye armalı yelkenliyle karşıdan esen rüzgârı yakalamak bir denge sorunu yaratır ve tekne yan yatma, alabora olma tehlikesi altına girer. Çözüm, teknenin kendini düzeltmesi için gemiye safra yüklemek ve teknenin altına, yelkenlerin yana yatırma eğilimine direnmesi için, genellikle ters bir köpekbalığı yüzgeci şeklinde olan bir karina eklemektir. Öte yandan bu sorunlarla başa çıkabilir ve sübye armalarınızı ideal eğimlere gelecek şekilde ayarlayabilirseniz, bu tip yelkenlerin ardında yatan fiziğin öyle olağanüstü etkileri vardır ki, esen rüzgârdan daha hızlı yol almanızı sağlarlar.

İşe yarar bir gemi teknesi bulamazsanız kendiniz için bir tane yapmanız gerekecek. Geleneksel gemi yapımcılığında bir iskelete uzunlamasına kalaslar sabitlenir ve birleşme yerleri reçineyle kalafatlanmış bitki lifleriyle tıkanarak su geçirmez hale getirilir. Ayrıca yeterince işlenmiş demir ya da çelik plaka bulabilir veya eritebilirseniz, perçinleyerek bunları da kullanabilirsiniz. Yelkenler temel olarak geniş kumaş parçalarıdır ve Dördüncü Bölüm'de gördüğümüz dokuma teknolojileri kullanılarak üretilebilirler. Yelken yaparken düz dokuma kullanın ve kumaşların atkı yönünde gerildiklerinde daha güçlü olduklarını unutmayın, zira bu iplikler çözgülerden daha düzdür ve iplikleriniz çaprazlama gerildiklerinde zayıflar ve potansiyel olarak zarar görürler (bunu üzerinizdeki gömlekte deneyebilirsiniz). Aynı şekilde geminin her şeyini birbirine bağlayan halatlar, elyafların bükülerek ipliklere, ipliklerin bükülerek halat bükümlerine, halat bükümlerinin bükülerek halatlara dönüştürülmesiyle yapılır ve gerekiyorsa halatlar bükülerek kalın palamarlara dönüştürülebilir. Yelkenleri kontrol etmek için ihtiyacınız olan makara ve palangalar, inşaatlardaki iskelelerde ve vinçlerde ağır yükleri kaldırmakta kullanılanların aynılarıdır.

Toparlanmakta olan medeniyet, umarız, uzun süre geçmeden maden işçiliğinde ve üretim araçlarında tekrar ustalaşacaktır. Çalışan motorların olmadığı bir dünyada kişisel ulaşım için kullanılabilecek basit bir mekanik çözüm, bisiklet olacaktır. Pedalların güç sağladığı bisikletlerin çalışma mekanizmalarının merkezinde, bacaklarınızın yukarı aşağı hareketini tekerlekler için uygun olan dönme hareketine çeviren krank var. Öte yandan iş bununla bitmiyor, çözülmesi gereken önemli bir mühendislik sorunu daha var: Bu dönme hareketini üç tekerlekli bir çocuk bisikletinde olduğu gibi doğrudan tekerleğe bağlayamazsınız, zira bunu yaparsanız, işe yarar bir hıza ulaşmak için pedallara içinize şeytan girmiş gibi basmanız gerekir.

En basit çözüm ön tekerliği büyük tutmak, böylece büyük çembere gönderdiğiniz ufak bir dönme gücü bile kayda değer bir hız yaratacaktır; iki metre çapında devasa ön tekerleriyle oldukça komik görünen *penny-farthing*'lerin arkasındaki fikir de buydu. Bize bugün oldukça bariz görünen ama 1885 yılına kadar hiçbir bisiklet üreticisinin aklına gelmeyen çok daha iyi bir çözümse, tekerleklere bir zincirle bağlanan vitesler kullanmaktır. Çok eski bir mekanik sistem olan viteste, makaralı bir zincirle bağlanan farklı boylardaki iki dişli çark, vitese bağlı tekerleğin, pedal krankının yapabildiğinden çok daha yüksek hızlarla dönmesini sağlar (bu, Leonardo da Vinci'nin 16. yüzyılda taslağını çizdiği bir tasarımla oldukça benzerdir). Bisikletin bir başka önemli çalışma prensibi, göbekle gidonu birbirine bağlayan çatalın hafifçe arkaya doğru yatık olmasıdır; böylece bisiklet sağa ya da sola yattığında ön tekerlek de aynı yöne döner ve bisikletin dengede kalmasını sağlar.*

Motorlu Taşımayı Baştan İcat Etmek

Toparlanmakta olan medeniyet, bir noktada, motor yapmak için gerekli olan metalürji ve mühendislik düzeyine erişecektir. Peki insanlık, işini yük hayvanları ve yelkenlilerle görecek kadar gerilemesi halinde, varolan bir örneğe bakmaksızın içten yanmalı motorları nasıl baştan icat edecek? Araçlarımızın kaputlarının altında atan kalplerin anatomisi nasıl bir şey?

İçten yanmalı motorlar, karmaşık makinelerin temel mekanik parçaların bir araya gelmesinden başka bir şey olmadığının güzel bir örneğidir; sadece yapacakları işe göre farklı farklı şekillerde düzenlenirler. Bir aile arabasının metal derisini yüzebilseniz ve onu parçalarına ayırabilseniz, tıpkı insan vücudundaki organlar ve dokular gibi birbiriyle etkileşim içerisinde çalışan sayısız alt mekanizma bulursunuz.

Peki bir otomobilin ardındaki temel çalışma prensipleri nelerdir ve bunlardan birini baştan nasıl yaparsınız?

Sekizinci Bölüm'de "dıştan" yanmalı bir motorun çalışma prensibine bakmıştık; buharlı motorlar, yakılan yakıtın bir kazanı ısıtması ve çıkan buharın bir silindire gönderilmesiyle çalışır. Yakıtların içerisindeki kimyasal enerjiyi çok daha verimli kullanmanın yolu, aracıyı aradan çıkararak, yanmanın ortaya çıkardığı

---

* Genel inanışın aksine, bisikletin dengesinin, özellikle de düşük hızlarda, dönen tekerlerin yarattığı jiroskopik hareketle pek az ilgisi vardır.

sıcak gazın basıncını doğrudan mekanizmayı çalıştırmak için kullanmak. Çok az miktarda bir yakıt kapalı bir alana alındıktan sonra ateşlenirse, ortaya çıkan sıcak gazların patlayarak genişlemesi, pistonları harekete geçirip kullanımınıza sunar. Bunu saniyede birkaç kez tekrarlarsanız düzenli, güvenilir bir enerji kaynağı elde edersiniz. Silindiri bir sonraki patlama için ilk haline getirmek amacıyla bir delik açın ve pistonu geri iterek bir şırınga gibi egzoz gazı fışkırtmasını sağlayın; sonra ikinci bir valf aracılığıyla oksijenle dolu hava ve taze yakıt emmesi için tekrar çekin. Bu karışımı daha yoğun ve sıcak hale getirmek için sıkıştırın ve sonra tekrar ateşleyin. Bu dört zamanlı devir, gezegenimizdeki birçok içten yanmalı motorun hızla atan kalbini oluşturur.

Yakıt silindirin içerisindeyken yanmayı tetiklemek için iki seçenek mevcut ve günümüzün petrol ve dizel motorlarının arasındaki fark burada. Etanol (ya da benzin) gibi uçucu sıvılar, karbüratörün içerisinde havayla karıştırılarak buharlaştırılabilir ve sonra silindire verilerek elektrikli bir bujiyle ateşlenir. Dizel gibi daha ağır hidrokarbon moleküllerine sahip karışımlar, sıkıştırma (kompresyon) zamanının sonunda ince bir duman halinde silindire püskürtülür, böylece havanın maruz kaldığı olağanüstü basıncın sonucu olarak ortaya çıkan sıcak dalgasından dolayı aynı anda buharlaşır ve ateş alır (tekerleklerinizi şişirdikten sonra ayak pompasının ağzına dokunduysanız, hava basıncından dolayı ne kadar ısınabildiklerini biliyorsunuzdur). Ya da bu bölümün başında gördüğümüz gibi, motor yakıtınızı silindirlere doğrudan gaz göndererek sağlayabilirsiniz.

Bir aracı hareket ettirmek konusundaki bir sonraki mesele, pistonların sürekli ileri geri hareketini, tekerleklerin ya da bir pervanenin dönme hareketine çevirmek. Bisiklette de gördüğümüz üzere, bu hayati dönüşümü gerçekleştiren alete krank deniyor. Krank genellikle, ileri geri hareket eden parça ile dönen şaftı birbirine bağlayan bir kolla birlikte kullanılır (bisiklette bu kol, pedal krankına dik olarak gelen bacağınızdır). Bu mekanizmanın bilinen ilk örneği 3. yüzyıldan kalma bir Roma su değirmeninde bulunmuştu; burada nehrin sağladığı dönme gücünü, hızarhanedeki uzun ahşap testerelerin ileri geri hareketine çeviriyordu.

Birden çok ateşleme pistonu kullanan modern motorlarda krank mili denilen ufak bir fark vardır. Bu milin üzerinde, mil boyunca uzanan kapı kolu şeklinde çıkıntılar bulunur ve pistonların rotasyonlarını kontrol ederler. Silindirler düzenli bir sırayla ateşlese bile, mili döndüren patlama itkisi düzensizdir, bu yüzden de rotasyonu düzenleyen bir şeye ihtiyaç vardır. Bu seferki çözümümüz antik bir çömlek teknolojisi. Krank milinin sonuna takılan volan, çömlekçi çarkındaki ağır taş tablayla aynı şekilde çalışır; dönme kuvvetini depolar ve dönüşü yumuşatır.

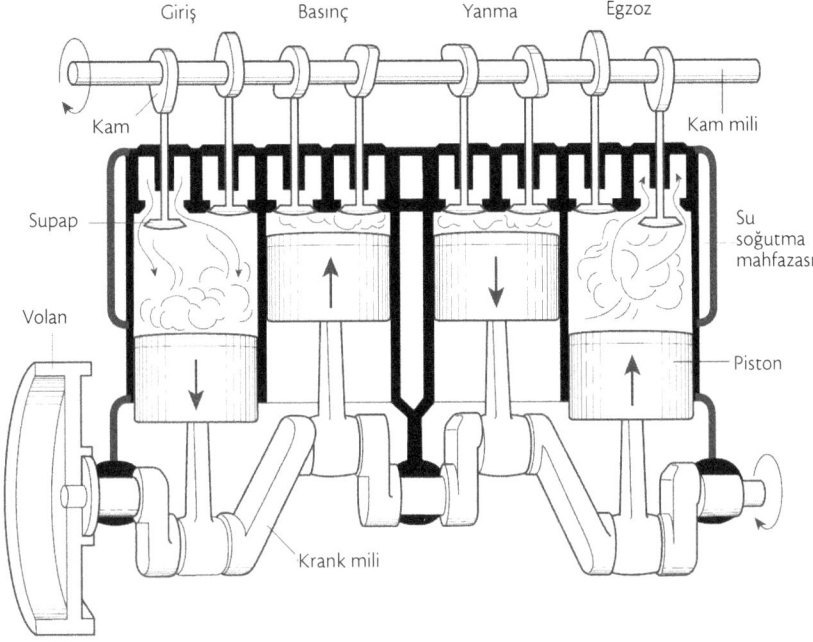

Dört zamanlı içten yanmalı motorlar; silindirler ve pistonlar, enerjiyi volana aktaran bir krank mili ve supapların açılıp kapanmasını koordine eden bir kam milinden oluşur.

Bir başka eski teknoloji mekanik bileşen de, devir sırasında yakıtın içeri girip egzoz gazının silindirlerden dışarı atılmasını sağlayan supapların açılıp kapanmasını düzenleyen parçadır. Kam denen bu parçanın şekli uzun ve yamuktur, böylece milin üzerinde dönerken düzenli bir şekilde bir kolu kaldırabilir ve bir "destekçi" kolu itebilir. Eskiden kamlar, su değirmenlerinin sağladığı enerjinin ağır bir çekici tekrar tekrar kaldırıp indirdiği sistemlerdeki şahmerdanlarda kullanılıyordu ve bu sistemlerde kam, şahmerdanı yakalayıp bırakmaya yarıyordu. Kam, Eski Yunanlar zamanında bile biliniyordu ve 14. yüzyılda, ortaçağ mekanik sistemlerinde tekrar ortaya çıktı. Günümüz patlamalı motorlarında krank milinin idare ettiği bir dizi kam, girdi ve çıktı supaplarının piston devirleriyle eşzamanlı bir şekilde çalışmalarını sağlar.

Motorunuzu bir teknenin pervanesini çevirmek yerine kara araçlarınızda kullanmayı düşünüyorsanız, çözmeniz gereken birkaç teknik sorun daha var. Motorun temel tasarımını hallettiğimize göre bir sonraki mekanik sorun, bu itici gücü tekerleklere göndermek. Bir otomobilin enerji santralindeki, sezgiyle anlamaya en uygun parçalardan biri şanzımandır; bu, hangi vites çarklarının bir arada çalışacağını belirlemenize yarayan bir kutudan fazlası değildir ve MÖ 3. yüzyıldan beri kullanılan çark zincirleriyle aynı ana ilkeye dayanır. İçten yanmalı motor çok yüksek bir hızda döner (ya da devir yapar); tekerlek aksına, motor şaftına olduğundan daha düşük bir vites takıldığında, yani araç düşük vitese alındığında devir hızı dönme hızıyla değiştirilir. Bu yüksek torka, özellikle hızlanırken ya da yokuş çıkarken ihtiyaç duyulur.

Vites değişimini sağlayan bir diğer parça debriyajdır. Birçok otomobilde debriyaj, volanla sıkı bir şekilde temas eden sertleştirilmiş bir disk vasıtasıyla (balata) motorun enerjisini ön aksa taşır; garip gelebilir ama motorun kusursuz çalışmasını sağlayan buradaki sürtünmedir. Disk ve volan daha sonra birbirinden ayrılır ve böylece motor ile ön aksın bağlantısı kesilir. Torna tezgâhı gibi eski ahşap işleme aletlerinde de, mekanizmanın güç kaynağından ayrılmasında benzer sistemler kullanılır.

İlk arabalar bisiklet teknolojisini kopyalamıştı ve arka aksı bir zincir ve dişli döndürüyordu. Motor gücünü aktarmanın daha etkili bir yolu, dönen bir kardan milidir (şaft), ama bu parça, sürüşün yarattığı sarsıntılardan dolayı kırılmaması için bir nebze esnek olmalıdır. Peki sağlam bir çubuğun, hem herhangi bir yönde eğilip bükülmesini hem de enerjiyi aktarmasını nasıl sağlayacaksınız? Çözüm, mil boyunca uzanan iki şaft mafsalı yerleştirmek. Bunların her biri, ilk kez 1545 yılında dile getirilen bir düşünce olan, birbirine bağlı bir çift mafsaldan oluşur.

Aracınızı bir kez yola koydunuz mu bir sonraki meseleniz, sürücü koltuğundan tekerleklerinizi rahatlıkla yönlendireceğiniz bir araç düşünmek. İlk arabalar, bir teknenin dümenini kontrol etmeye yarayan yekeyi kullanıyordu. Ama biraz daha zekâyla çok daha iyi bir çözüm bulundu; bu sefer MÖ 270 yıllarına tarihlenen su saatlerinin teknolojisinden esinlenilerek. Kremayer dişli, dişli bir çark ile onun dişlerine denk gelen tırnaklara sahip uzun bir çubuktan oluşur. Arabanın içerisindeki direksiyon bir şaftla dişli çarka bağlanır; o da çubuğu yanlara döndürerek ön tekerlerin sağa ya da sola dönmesini sağlar.

Aynı aksa iki tekerlek taktığınız için karşınıza son bir mühendislik sorunu daha çıkar. Bir araba bir köşeyi dönerken, dıştaki tekerleğin içtekinden biraz daha hızlı dönmesi gerekir. İki tekerlek birbirine bağlı olduğundan iki tekerlek de kayar ya da sürüklenir; aracın idaresi zorlaşır ve lastikler zarar görür. Diferansiyel denilen ve sadece dört dişliden oluşan bir sistem, her iki tekerleğin de, motordan güç almaya devam ederken farklı hızlarda dönebilmelerini sağlar. Bu dâhiyane araç, Avrupa'daki makinelerde 1720 yılından beri uygulanıyor ve Çin'de tarihi muhtemelen MÖ 1000'e kadar gidiyor.

Yani anlayacağınız, modern teknolojinin zirvesi olduğunu düşündüğünüz yeni bir spor arabanın kaplamasını sökseniz, tarihi çok eskilere giden, çömlekçi çarkı,

Roma hızarhaneleri, şahmerdanlar, ahşap tornaları ve su saatlerinin mekanizmalarından alınmış parçaların toplamından başka bir şey bulmazsınız.

İçten yanmalı motorlar, yakıtın içerisindeki durgun kimyasal enerjiyi sarsıntısız bir harekete çeviren mucizevi mekanizmalardır ve günümüzde ulaşımın (uçaklarda jet motorları ve büyük gemilerde buhar türbinlerinin yanı sıra) büyük kısmının temelini oluştururlar. Bu motorları beslemek için ihtiyacınız olan gazları ve sıvı yakıtları nasıl üreteceğinize baktık. Tam dolu bir yakıt deposu, tekrar doldurmanız gerekmeksizin uzak mesafelere seyahat edebilmeniz için o kadar muazzam yoğunlukta bir enerji barındırır ki, bunlarla çalışan motorların kıyametin ardından yeniden ayakları üzerinde doğrulmuş bir toplumda, uzun mesafeli kara ve deniz taşımacılığında bir kez daha önemli bir rol üstleneceklerine şüphe yok. Öte yandan sorun, ham petrole kolay bir şekilde erişemeyecek olan bizden sonraki medeniyetin yakıt kaynaklarının pekâlâ sınırlı olabileceği. Zira motorlu araçların 1920'lerden itibaren yaygınlaşma sebebi, petrol rafinelerinin sağladığı ucuz benzindi. Peki sıfırdan başlayan bir toplum ulaşım altyapısında başka nasıl bir yol izleyebilir?

Bitki üretip, bir kısmını biyoyakıt üretmekte kullanmak için preslemek ya da etanol elde etmek için fermente etmek yerine, tüm hasadı yakmak daha kolay bir çözüm olabilir. Buhar türbinlerini çalıştırmak için kazan yakıp elektrik üreterek, dallı darı (*switchgrass*) ve fil çimeni (*miscanthus*) gibi hızlı büyüyen biyokütle ekinlerinin ya da ormanların topladığı güneş enerjisinden çok daha verimli bir şekilde yararlanabilirsiniz. Biyoyakıtların yanı sıra rüzgâr ve su gibi sürdürülebilir kaynaklardan elde edilen elektrik, trenlere ve tramvaylara enerji sağlamak için asma kablolara aktarılabilir ya da daha küçük araçların bataryalarını şarj etmekte kullanılabilir. Elektrikli bir araba bir dönüm araziden elde edilen ürünle, bu üründen elde edilecek biyoyakıtla çalışan içten yanmalı bir motorun katettiğinden daha fazla yol katedebilir. Ayrıca, buhar türbinlerini çalıştıran kazanlar, biyoyakıt sentezi için gerekli olandan çok daha az miktarda bitkisel malzemeyle beslenebilir. Ve elektriği bileşik ısı ve güç santralleriyle (BIG) üretirseniz, artık ısıyı yakınlardaki binaları ısıtmakta kullanabilirsiniz. Elektrik açısından kısıtlı imkânlara sahip bir toplumun, yakıt tüketimindeki verim oranını azami düzeye çıkartmak için enine boyuna düşünmesi gerekecektir ve kıyamet sonrası medeniyetin şehir ulaşımı ağırlıklı olarak muhtemelen elektrikli olacak gibi görünüyor.

Aslına bakılırsa elektrikli vasıtalar bir zamanlar çok yaygındı. 20. yüzyılın ilk yıllarında, rekabet halinde birbirinden tamamen farklı üç otomobil teknolojisi vardı ve elektrikli arabalar, mekanik açıdan çok daha basit ve güvenilir olduklarından, ayrıca sessiz ve dumansız çalıştıklarından, buhar ve petrolle çalışanlarla rekabeti koruyabiliyordu. Chicago'da otomobil piyasasına hâkim bile olmuşlardı. Elektrikli araba üretiminin zirvede olduğu 1912 yılında, ABD yollarında 30 bin, Avrupa'da 4 bin tanesi arzıendam etmekteydi; 1918 yılı itibariyle Berlin'in motorlu taksilerinin beşte biri elektrikle çalışıyordu.

Elektriği üstlerinden geçen bir hattan alan trenlerin ve tramvayların tersine bataryaları üzerlerinde olan elektrikli arabaların sorunu, büyük, ağır bataryaların bile yeterince enerji depolayamaması ve batarya tükendiğinde şarj edilmelerinin çok uzun sürmesiydi. Bu dönemin elektrikli araçlarının azami menzili yaklaşık 150 kilometreydi.* Öte yandan bu rakam bir atın gidebileceğinden fazladır ve şehir içinde yeter de artar bile. Çözüm, baterinin şarj olmasını beklemek yerine bir istasyona çekip yenisiyle değiştirebilmeniz. Manhattan'da 1900 yılında bu şekilde başarıyla çalışan bir elektrikli taksi filosu vardı ve merkezi bir istasyonda bitmiş bataryalar yenileriyle değiştiriliyordu.

Yani biyoyakıtla çalışan içten yanmalı motorlar ile elektrikli araçları birlikte kullanan bir kıyamet sonrası toplumu, bizim gelişimimiz için ziyadesiyle faydalandığımız petrole erişimi olmasa bile, ulaşım için ihtiyacı olanları sağlayabilecektir. Şimdi gelin, insanların ve maddelerin taşınmasından, fikirlerin taşınmasına geçelim; bir sonraki bölümde iletişim teknolojilerini keşfedeceğiz.

---

* İlginçtir, günümüzün elektrikli araçlarının maksimum menzili de yaklaşık 150 kilometre; bataryaların depolama kapasitesindeki ve elektrikli motorlardaki teknolojik ilerlemelere rağmen, araçların boyutları ve ağırlıkları bunları dengeleyecek kadar arttı. Bugünün elektrikli araç kullanıcıları hâlâ bir "şarj endişesi"yle yaşıyor.

ONUNCU BÖLÜM

İletişim

> Kadim topraklardan bir gezgine rastladım,
> Şöyle dedi: Bir çift devasa, gövdesiz, taştan bacak
> Dikiliyor çölde. Yanlarında, yarısı kuma gömülü,
> Paramparça bir yüz duruyor. Çatık kaş,
> Kıvrık dudak ve kibirli soğuk duruşundan belli ki
> Heykel ustası mahirce yakalamış bu cansız
> Şeylere kazıdığı tutkuları, aşarak kendilerini
> Yansıtan eli ve besleyen kalbi bugüne ulaşan:
> Ve kaide üzerinde şu sözler yazılı:
> "Ben Ozymandias, Kralların Kralı,
> Seyret eserlerimi ve titre ey muktedir!"
> Başka hiçbir şey yok o devasa enkazın etrafında,
> Sadece sonsuz, çıplak, ıssız
> Ve dümdüz öylece uzanan kumlar.*
>
> *Ozymandias*, Percy Bysshe Shelley

Bugün internet, kablosuz ağlar ve akıllı telefonlarla birlikte iletişim dünyanın her yanında, her an elimizin altında. E-postalar, Skype ve Twitter'la mesajlaşıyoruz, web siteleri haber ve bilgi yayıyor ve avuçlarımızın içinde tuttuğumuz aletlerle zengin bir bilgi birikimine ulaşabiliyoruz. Ancak kıyamet sonrasının dünyasında daha geleneksel iletişim teknolojilerine dönmeniz gerekecek.

Yazı

Yazının icadından önce, bilgi bir insandan diğerine ancak ağızdan çıkan kelimelerle aktarılabiliyordu. Buna rağmen sözlü tarih inanılmaz miktarlarda bilgi barındırabilir ve tehlike, insanlar öldüğünde fikirlerin de sonsuza kadar kaybolmasıdır. Oysa dü-

---

* Şiirin çevirisi Nazmi Ağıl'a aittir.

şünceler fiziksel bir ortama aktarıldığında, güvenle korunabilir, yıllar sonra dönüp bunlara başvurulabilir ve bunlar zamanla birikir. Yazıyı geliştirmiş olan bir kültür, nüfusunun tümünün hafızasında saklı olan bilgiden çok daha fazlasını biriktirebilir.

Yazı, medeniyetin temel teknolojilerinden biridir ve ağızdan çıkan kelimelerin kavramsal olarak ifade edildiği, ardışık bir şekilde resmedilmiş şekiller halinde aktarılmasına dayanır. Bu şekiller İngilizcede olduğu gibi dildeki belirli sesleri temsil eden harfler de olabilir, Çincede olduğu gibi belirli nesneleri ya da kavramları temsil eden karakterler de. Temel düzeyde yazı, bir ticaret sözleşmesinin maddelerini, bir kira kontratını ya da kanun maddelerini kalıcı olarak kaydetmenize izin verir. Ama bir topluluğun kültürel, bilimsel ve teknolojik açıdan büyümesini sağlayan asıl şey, "bilgi"nin birikmesidir.

Günümüz dünyasında kalem ve kâğıt gibi medeniyetin temel taşlarını verili kabul ediyoruz ve ne kadar hayati bir önemi haiz olduklarını ancak arkasına alışveriş listesi karalamak için bir kâğıt parçası bulamadığımızda ya da elimizden daha iki dakika önce bıraktığımız tükenmez kalem akıl almaz bir biçimde kaybolduğunda anlıyoruz. Medeniyetimiz ardında bol miktarda kâğıt bırakacak olsa da, kâğıt kolaylıkla bozulan bir malzemedir ve terk edilmiş şehirleri saran yangınları besleyecek, nemden ve sellerden çürüyüp gidecektir. Peki geçmişte kullanılan papirüs ya da parşömen gibi üretmesi çok zaman alan diğer malzemeleri atlayıp kendi kâğıdınızı nasıl üreteceksiniz?

Kâğıt, Çinliler tarafından MS 100 civarında icat edildi ama Avrupa'ya ulaşması 1.000 yıldan fazla sürdü. Öte yandan ağaç hamurundan yapılan kâğıt şaşırtıcı derecede yeni bir icattır. 19. yüzyılın sonlarına kadar kâğıt büyük oranda keten parçalarının geri dönüştürülmesiyle üretiliyordu. Keten, kendir bitkisinin liflerinden üretilir (bkz. Dördüncü Bölüm) ve prensipte kenevir, ısırgan otu, saz ve diğer kalın otlar gibi tüm lifli bitkiler kâğıda dönüştürülebilir. Ama ileride göreceğimiz üzere, matbaaların gittikçe daha fazla kitap ve gazete basması yüzünden çığ gibi büyüyen talep sonucu başka lif kaynakları aranmaya başlandı. Ahşap, kâğıt yapımına uygun inanılmaz kalitede bir kaynaktır ama kalın, sert ağaç gövdesini parçalarına ayırıp, işlem sırasında beliniz bükülmeden nasıl kısa ipliklerden oluşan çorbamsı bir lapaya çevireceksiniz?

Kâğıdı çok hafif ama güçlü yapan lifler selülozdan oluşur. Kimyasal açıdan selüloz, tüm bitkilerde hücreleri ve özellikle de gövde ve yan sürgünlerdekileri birbirine bağlayan ana yapısal molekül olarak işlev gören uzun zincirli bir bileşiktir; mesela bir kereviz sapını çiğnerken dişlerinizin arasına sıkışanlar güçlü selüloz lifleridir. Öte yandan ağaçların ve çalıların sağlam gövdelerindeki selüloz lifleri, lignin denilen ve selüloz liflerini birbirine kilitleyerek odunu oluşturan bir başka yapısal molekül tarafından güçlendirilir. Bu molekül ağaca güçlü, ağırlık taşıyabilen bir ana gövde ve yapraklarını güneşe doğru eğecek dallanıp budaklanan kolları için ideal bir malzeme sağlar ama bizim selüloz liflerine ulaşabilmemizi esef edilecek derecede güçleştirir.

Geleneksel olarak, bitki lifleri ağaç gövdesinin ezilmesi ve havuzlanmasıyla – haftalarca durgun suda bekletilip mikroorganizmaların ağacın yapısını çözmesiyle– ayrıştırılır ve daha sonra yumuşamış lifler sert bir şekilde dövülür ve selüloz lifleri uygulanan bu kaba kuvvetle serbest kalır. İyi haber şu ki, bundan çok daha etkili bir yöntem kullanarak emekten ve zamandan büyük oranda tasarruf edebilirsiniz.

Ağaçlarda selüloz ve lignini birleştiren bağlar, hidroliz olarak bilinen kimyasal parçalama sürecine karşı dayanıksızdır. Bu, sabun yapımındaki sabunlaştırma sürecinde kullanılan moleküler işlemle aynıdır ve aynı araçları kullanarak gerçekleştirilebilir: Bazları işin içine dahil ederek. Ağacın kullanıma en uygun yerleri gövdesi ve dallarıdır; kökler ve yapraklarda ihtiyacınız olan selüloz liflerinden pek yoktur. Olabildiğince fazla alanın çözeltiye maruz kalması için odunları küçük parçalara ayırın ve daha sonra birkaç saat bir baz çözeltisi teknesinin içerisine yatırın. Bu, polimerleri bir arada tutan bağları kıracak, bitkinin yapısının yumuşayıp parçalanmasına neden olacaktır. Aşındırıcı çözeltiniz hem selüloza hem de lignine saldırır ama ligninin hidrolizi daha hızlı gerçekleşir, böylece kâğıt yapımında kullanılan değerli lifler zarar görmeden serbest kalırken lignin de çözünür ve erir. Serbest kalan kısa, beyaz selüloz lifleri, bulanık kahverengi, ligninli çorbanın üzerinde yüzmeye başlar.

Tarih boyunca, odun küllerini çözündürerek potas elde etmek oldukça zahmetli bir iş olduğu için daha çok sönmüş kireç (kalsiyum hidroksit) tercih edilmiş olsa da, Beşinci Bölüm'de gördüğümüz alkalilerin herhangi biri (potas, soda ve kireç) işinizi görecektir. Öte yandan sodayı suni olarak sentezlemeyi çözdüğünüzde (bunu On Birinci Bölüm'de göreceğiz) kâğıt hamuru yapmak için en iyi seçenek açık ara, çok güçlü bir şekilde hidroliz gerçekleştirebilen kostik sodadır (sodyum hidroksit). Bunu, doğrudan hamur teknesinin içerisinde, sönmüş kireç ve sodayı karıştırarak elde edebilirsiniz.

Elde ettiğiniz selüloz liflerini bir elekte toplayın ve bulanık lignin rengini atıp berraklaşana kadar birkaç kez durulayın. Üretimi tamamlanmış kâğıdın tonunu temiz bir beyaz olacak şekilde ağartmak için bu aşamada hamurunuzu çamaşır suyuna yatırabilirsiniz. Hem kalsiyum hipoklorit hem de sodyum hipoklorit etkili birer ağartıcıdır ve klor gazının (deniz suyunun elektroliziyle elde edilebilir, bkz. s. 191) sönmüş kireçle ya da kostik sodayla tepkimeye sokulmasıyla elde edilirler. Bu ağartma etkisinin ardındaki kimyasal neden oksitlenmedir; renkli bileşiklerdeki bağlar kırılarak molekülü yok eder ya da onu renksizleştirir. Ağartma sadece kâğıt yapımında değil, kumaş üretiminde de kullanılır, dolayısıyla yeniden başlama sürecinde kimya sanayisinin büyümesinde önemli bir işlev üstlenecektir.

Elinizdeki selüloz çamurunun bir kısmını, kenarlarından bir çerçeveye tutturulmuş ince bir tel ağa ya da kumaştan bir eleğe dökün, su süzüldükçe lifler arapsaçı gibi karman çorman bir tabaka oluşturacaktır. Kalan suyu süzmek ve düz, pürüzsüz bir kâğıt elde etmek için bunu presleyin ve kurumaya bırakın.

Eski medeniyetten kalan birkaç şeyi yağmalayabilirseniz ufak çapta üretim yapmak çok daha kolay olacaktır. Jeneratöre bağladığınız odun öğütücüsü ya da hatta büyükçe bir blender, odunu yoğun bir bitkisel çorbaya getirmek için parçalamanızı çok hafif bir iş haline getirecektir. Bu arada elde ettiğiniz malzemeyi dövmek için şahmerdan da kullanabilir, ihtiyacınız olan enerjiyi yel ya da su değirmenlerinden elde edebilirsiniz.

Öte yandan bembeyaz, pürüzsüz bir kâğıt üretmek yazı yazmanın ve kalıcı bilgi depoları yaratmanın sadece yarısıdır. Bütün tükenmez kalemler kuruduğunda ya da kaybolduğunda yapmanız gereken ikinci iş, kelimeleri kâğıda dökmek için kullanılabilir bir mürekkep üretmek.

Prensipte, kazara üzerinize döktüğünüzde pamuk gömleğinizi lekeleyip keyfinizi kaçıran her şey mürekkep olarak kullanılabilir. Söz gelimi bir avuç böğürtleni alıp, suyunu elde etmek için sıkıp, posasından kurtulmak için süzüp, bozulmasını engellemek için tuz ekleyip mürekkep elde edebilirsiniz. Bununla birlikte, bitki özütlerinden elde ettiğiniz mürekkeplerin büyük kısmının sorunu kalıcı olmamalarıdır. Kelimelerinizi ve toparlanmakta olan toplumunuzun yeni biriktirdiği bilgileri sonsuza kadar korumak için, kendiliğinden uçup gitmeyecek ya da güneş ışığında solmayacak bir mürekkebe ihtiyacınız var. Ortaçağ Avrupa'sında bu soruna buldukları çözüm demir mazı mürekkebiydi. Hatta aslına bakarsanız, Batı medeniyetinin tarihi bu mürekkeple yazıldı. Leonardo da Vinci notlarını onunla tuttu. Bach konçertolarını ve süitlerini onunla yazdı. Van Gogh ve Rembrandt eskizlerini onunla çizdi. Amerika Birleşik Devletleri Anayasası gelecek nesillere onun bıraktığı lekeler sayesinde kaldı. Dahası demir mazı mürekkebininkine çok yakın bir formül, bugün Britanya'da hâlâ yaygın olarak kullanılıyor: "Sicil memuru mürekkebi" denilen ve doğum, ölüm ve evlilik cüzdanı gibi resmi belgelerde kullanılmak zorunda olan bu mürekkepte, ortaçağda kullanılanla tamamen aynı kimya kullanılıyor.

İsminden de anlaşılacağı üzere, demir mazı mürekkebinin içerisinde, demir ve bitki mazısı özü olmak üzere iki temel bileşen mevcut. Bitki mazıları meşe gibi ağaçların dallarında bulunur ve parazit yaban arıları yumurtalarını yaprak filizlerine bıraktığında, ağaçların rahatsız olarak bu yumurtaların etrafını örmesiyle oluşur. Gallik ve tannik asit açısından zengindirler ve bu asitler (demirin sülfürik asit içerisinde çözülmesiyle elde edilen) demir sülfatla tepkimeye girerler. Demir mazı mürekkebi ilk karıştırıldığında renksizdir ve dolayısıyla içerisine başka bir bitki boyası eklemediğiniz sürece ne yazdığınızı göremezsiniz. Ama mürekkep havaya maruz bırakıldığında içerisindeki demir oksitlenir ve mürekkebi koyu, kalıcı bir siyah renge dönüştürür.

Yine geleneksel bir yöntem kullanarak bir de kalem yapabilirsiniz. Bir kuşun (tarihte tercih edilenler kaz ve ördeklerdi) tüyünü sıcak suya batırın ve içerisindeki maddeyi çekin. Ucunun her iki tarafını tıraşlayarak sivriltin ve sonra altını keserek kalemlerin ucunda olduğu gibi yuvarlak, yazmaya uygun bir kavis verin. Sivri uçtan içeri doğru hafifçe deldiğinizde kalemizin ucu, yazmanıza yetecek kadar az bir miktar mürekkebi içerisine alacaktır. Size kalan, kaleminizi bu mürekkep bittikçe hokkaya daldırmak.

Basım

Fikirlerin kalıcı olarak depolanması ve biriktirilmesi için gerekli olan gelişme yazıyken, onların hızlı bir şekilde çoğaltılması ve dağıtılması için gerekli olan makine matbaadır. Günümüzde gelişmiş dünyada neredeyse herkes okuma yazma biliyor ve günde tahminen 45 trilyon sayfalık kitap, gazete, dergi ve broşür basılıyor.

Matbaanız olmazsa bir belgeyi çoğaltmak için bir kâtipler ordusunun haftalarca yazı yazması gerekir. Böyle bir işi ancak güçlü ve zengin olanlar finanse edebilir, bu da sadece onların uygun bulduğu metinlerin çoğaltılabileceği anlamına gelir. Ama matbaa makinelerinin geliştirilmesiyle, bilgi demokratikleşir. Bu gelişmenin sonucu olarak eğitim, toplumdaki herkesin hakkı olmakla kalmaz, aynı zamanda yeni bilimsel teorilerden radikal siyasi ideolojilere kadar, herkesi kendi fikirlerini hızla yayma olanağına kavuşturarak, bir tartışma ortamını teşvik eder ve değişimin önünü açar.

Basımın temel prensibi, dikdörtgen bir çerçevenin içerisine dizilmiş matbaa harfleriyle –her birinin üstteki yüzünde bir harfin olduğu küp kalıplarla– bir sayfa yazının yeniden yaratılmasıdır. Bu matbaa harfleri mürekkebe bulanır ve sonra bir sayfanın üzerine basılır. Çerçeve bir kez dizildiğinde aynı sayfa tekrar tekrar ve çok hızlı bir şekilde çoğaltılabilir ve işlem bittiğinde başka bir metin basmak üzere harfler tekrar dizilir. İlkel bir matbaa makinesi bile, bir belgeyi bir kâtibin yapabildiğinden yüzlerce kat daha hızlı üretebilir.

Johannes Gutenberg'in 15. yüzyılda Almanya'da icat ettiği hareketli matbaa harflerini kullanan matbaa makinesini* tekrar hayata geçirmek için üstesinden gelmeniz gereken üç büyük zorluk mevcut. Bir kere boyutları kesin olarak birbirinin aynı olan çok sayıda harf yapmanın kolay bir yolunu bulmak zorundasınız. Ayrıca baskıyı yapmak için eşit ve sert bir basınç uygulayacak bir mekanizma geliştirmeniz gerekiyor. Üçüncü olarak da, kalemde olduğu gibi akmak yerine, girift metal ayrıntılara iyice yapışacak yeni bir tür mürekkebe ihtiyacınız var.

İlk meseleniz harfleri yapmak için nasıl bir malzeme kullanacağınız. Ahşabı oymak kolaydır ama –büyük harfler, küçük harfler, rakamlar, noktalama işaretleri ve diğer yaygın kullanılan semboller derken neredeyse seksen parçayı– mahir bir ustanın elde teker teker oyması gerekir, sonra da her birinin kopyalarını yapması. Üstelik bu ağır işin tamamı tek bir font büyüklüğü ve tek bir yazı tipinde bir set oluşturmak için.

Dolayısıyla seri üretim kitap basabilmek için önce matbaa malzemelerinizi seri üretmeniz gerekiyor. Bunu, erimiş metalden birbirinin aynı harf kalıpları dökerek yapabilirsiniz. Gutenberg'in de keşfettiği üzere, aralarında boşluk kalmayacak şekilde dizebileceğiniz, pürüzsüz yüzlere ve kusursuz dik kenarlara sahip harfler dökebilmenin yolu, harfleri içerisinde küp şeklinde boşluklar olan metal bir kalıba dökmektir. Belli bir harfin net bir temizlikteki formu harf kalıbının yüzeyinde, kalıbın altına değiştirilebilir bir matrisin yerleştirilmesiyle oluşturulabilir. Bu matrisler bakır gibi yumuşak bir metalden yapılabilir ve harfin sert çelikten bir kalıbıyla, her birinin üzerine harflerin şekilleri kolayca basılabilir. Artık yapmanız gereken sadece her harf, rakam ve sembol için sadece bir kez farklı çelik kalıplar oymak, sonrasında aynı harften sonsuz sayıda yapabilirsiniz.

Batı yazı sistemindeki harflerin yapılarından kaynaklanan son bir sorununuz, ufak tefek "i"den ince uzun "l"ye, yuvarlak "O"dan kıvrak "S"ye Latin alfabesindeki harflerin birbirinden çok farklı olmasıdır. Kolayca okunabilmeleri için harfler, ince harf ve rakamların çevresinde boşluk kalmayacak şekilde çok yakın bir şekilde yan yana getirilmeli. Kısacası hepsi tam olarak aynı yükseklikte, küp şeklinde harfler

---

* Peki Çinliler kâğıdı Avrupa'ya gelişinden en az 1.000 yıl önce icat etmelerine ve ahşap kalıp baskılarla basım yapmalarına rağmen neden Gutenberg'in attığı adımı atıp hareketli harfli matbaaya geçemediler? Bunun nedeni, muhtemelen Avrupa yazı sistemi ile Doğu yazı sistemleri arasındaki temel farktan kaynaklanıyor. Batı yazı sistemi, farklı sesleri ifade etmek için düzenlenen küçük harf dizelerinden oluşur. Yazılı Çincese, her biri belirli bir nesneyi ya da kavramı simgeleyen inanılmaz fazla sayıda karmaşık bileşik karakter içerir. Batı harfleri basitlikleri dolayısıyla hareketli harfli matbaa makineleri için uygundur.

dökmelisiniz, böylece farklı genişliklere sahip olmalarına rağmen sayfa üzerinde düzgün bir şekilde görünebilirler.

Çözüm, Gutenberg'in matbaanın temel taşları olan harfleri seri üretmek için geliştirdiği zarif sistemin düzenlenmesinde: Ayna görüntüsünde yarım kalıplar oluşturmak; böylece, birbirlerini tamamlayan L şeklinde iki parçanın arasında küp şeklinde bir boşluk kalır. Bu boşluğun cidarları, derinlik ya da yükseklikte herhangi bir değişim olmadan kalıbın genişliği değiştirilerek birbirlerine yaklaştırılabilir ya da uzaklaştırılabilir (bu dâhiyane sistemin nasıl çalıştığını başparmaklarınız ve işaret parmaklarınızla deneyerek görebilirsiniz). Artık mükemmel bir biçime sahip harfler basmak için uygun harf matrisini baskı kalıbının tabanına yerleştirmeniz, genişliği ayarlamanız, eriyik metali dökmeniz ve sonra, tamamlanmış parça hazır olduktan sonra L şekilli parçaları yeniden ayırarak çıkarmanız yeterli.

Bir sayfa metni dizildikten sonra harflerin yüzü mürekkeplenir ve tüm o karmaşık ve ayrıntılı yazılar boş sayfaya basılır. Sayfanın basılması için gerekli gücü uygulayacak bir dizi mekanik araç mevcut. Bunlardan basit kaldıraç ve makara sistemleri, tarih boyunca kâğıt üretiminde fazla nemi atmak için kullanıldı. Gutenberg, Almanya'nın şarap üretimi yapılan bir bölgesinde büyümüştü ve dolayısıyla çığır

Harflerin dizildiği metal kalıp (klişe). Matris, harfin üzerine basıldığı dişi kalıp, ortadaki boşluğun altında durur.

açan icadı için bir başka antik araçtan esinlendi. Vidalı pres, MS 1. yüzyıldan kalma bir Roma İmparatorluğu teknolojisidir ve üzüm ile zeytin sıkmakta kullanılır. Bu, iki levhaya sıkı ama eşit bir baskı uygulamak, mürekkeplenmiş harfleri sayfaya basmak için ideal bir mekanizmadır. Matbaa makinesinin bu önemli bileşeni, İngilizcede tüm gazeteleri ve gazetecileri tanımlamak için kullanılan kelime olan "press"te (basın) yaşamaya devam ediyor.*

Matbaa makinenizi kullanabilmek için illa kâğıda sahip olmanıza gerek yok, zira aynı teknikle dana derisinden yapılan parşömene de baskı yapabilirsiniz (ama kolayca parçalanan papirüs yapraklarını kullanamazsınız). Öte yandan kâğıdı seri üretmedikçe herkesin erişebileceği ucuz kitaplar basmanız mümkün olmayacak ve halkınızın devrimci potansiyeli hiçbir zaman ortaya çıkmayacaktır. Şu an elinizde tuttuğunuz kitap, Gutenberg'in İncil'iyle aynı formatta parşömene basılsaydı, her bir kopyası için yaklaşık 48 dananın derisinin kullanılması gerekecekti.

Bu arada başarılı bir şekilde basım yapabilmeniz için bir de güvenilir bir mürekkebe ihtiyacınız var. Demir mazı mürekkebi gibi su bazlı, akışkan mürekkepler kalemle yazmak için üretilmiştir ve basım için kesinlikle uygun değildir. Temiz bir baskı alabilmek için ihtiyacınız olan akışkan ve harflerin üzerine iyi yapışacak, sonra da sayfanın üzerine leke yapmadan, akmadan ve silikleşmeden geçecek bir mürekkep. Gutenberg bu meseleyi Rönesans sanatçıları tarafından yeni yeni kullanılmaya başlanmış bir modayı ödünç alarak çözdü: Yağlı boya kullanmak.

Hem Eski Mısırlılar hem de Çinliler, aşağı yukarı aynı zamanlarda, yaklaşık 4.500 yıl önce is bazlı bir siyah mürekkep geliştirmişlerdi. İsin minik karbon parçacıkları, su ve ağaç reçinesi ya da jelatin gibi (hayvansal jelatin için bkz. Beşinci Bölüm) bir kıvam vericiyle karıştırıldığında mükemmel bir koyu renk boya işlevi görüyordu. Bugün ressamlar tarafından hâlâ kullanılan, İngilizcede Hint mürekkebi denen mürekkep [Türkçede çini mürekkebi], adı böyle olmasına rağmen ilk olarak Çin'de geliştirilmiş, ticaret yoluyla Hindistan'a geçmiştir. Karbon siyahı pigmentinin bir karışımı da günümüzün fotokopi ve lazer yazıcı tonerlerinde kullanılmaktadır. İs parçacıkları yanan petrolden çıkan alevlerden (gaz lambalarındaki isi düşünün) ve odun, kemik ya da katran gibi organik maddeler yakılarak elde edilebilir.

---

* İleride aynı metni tekrar basma ihtimaliniz olduğunu, mesela önemli bir broşürün ikinci baskısını yapabileceğinizi düşünüyorsanız, sayfa düzenini yedekleyerek binlerce harften oluşan dizginizi baştan yapma zahmetinden kurtulabilirsiniz. Harfleriniz olduğu gibi bir çerçevenin içerisinde bırakmak için fazla değerlidir, ama sayfalarınızı alçıya basıp bunu daha sonra tüm sayfanın metal bir levha kalıbını yapmak için kullanabilirsiniz. Stereotip kelimesi buradan gelmektedir. Stereotip levhasına, herhalde döküm sırasında çıkan sesten ötürü klişe denir ve klişe kullanmak, bir blok yazılı metni aynı şekilde tekrar basmak demektir.

Karbon siyahı pigmentler yüzyıllardır kullanılıyor olsa da, tutkal ya da reçineyle kıvam verilmiş çini mürekkebi matbaa makineleri için uygun değildir; farklı bir akışkanlığa ve kuruma özelliğine sahip bir mürekkebe ihtiyacınız var. Bu noktada Gutenberg, Rönesans yağlı boya resim geleneğinin ilk dönemlerinden bir tekniği ödünç aldı. Keten ya da ceviz yağıyla karıştırılan is güzel kuruyordu ve metal harflere su bazlı akışkan mürekkepten çok daha iyi yapışıyordu (keten yağı kullanılmadan önce işlenmeye ihtiyaç duymaz ama yine de kaynatıp üste çıkan ağır yapışkan ağdayı ayırabilirsiniz). Mürekkebin akışkanlığını iki maddeyle daha ayarlayabilirsiniz: Terebentin ve reçine. Terebentin yağ bazlı boyaları inceltmek için kullanılan bir çözücüdür ve çamlar ile diğer iğne yapraklılardan damlayan reçinenin damıtılmasıyla elde edilir (bkz. s. 107). Damıtma sırasında ayrılan uçucu bileşiklerden sonra geride kalan sert ve katılaşmış reçineyse, çözeltiye kıvam katmak için kullanılır. Bu iki karşıt bileşenin dengesiyle oynayarak mürekkebinizin akışkanlığını mükemmelleştirebilir, ceviz ve keten yağlarının oranlarıyla oynayarak kuruma özelliğini değiştirebilirsiniz.

Basım yoluyla bilgileri hızla çoğaltabilir ve toparlanmakta olan toplumunuzda yayabilirsiniz. Uzun mesafeli iletişimi de yazılı mesajlar göndererek çözebilirsiniz. Peki bir mesajı uzak mesafelere elden götürmenin fiziksel zahmetinden kurtulmak için elektriği nasıl kullanacaksınız?

Elektrikle İletişim

Elektrik muhteşem bir şeydir, kendisi için döşenmiş bir kablonun içerisinde inanılmaz bir hızla ilerler ve kendisini çalıştıran anahtardan uzakta –mesela başka bir odada bir ampulü yakmak gibi– gözle görünür bir etki yaratır. Ancak binalar, şehirler hatta kıtalar arasında iletişim kurmak için ampulünüze elektrik taşıyan devreyi uzatıp, ampulü yakıp söndürerek birbirinize mesaj göndermeniz pek mümkün değil. Bu noktada temel sorununuz, anlamlı bir mesafedeki bir ampule enerji sağlamak için yeterli miktarda voltaja sahip olmayacağınızdan, enerji düşmanı rezistans olacak. Öte yandan nasıl yapılacağını Sekizinci Bölüm'de gördüğümüz iyi bir elektromıknatıs, zayıf bir akımdan bile kayda değer bir manyetik alan yaratabilir. Sonuna hafifçe dengelenmiş metal bir manivela yerleştirdiğinizde inanılmaz hassas bir anahtar elde edersiniz; elektromıknatısa her enerji verildiğinde anahtar kapanır ve zil sesi gelir. Uzun telgraf hattınızın iki ucuna da ileti duyarlı zillerden koyarsanız, bir operatör bir mesaj gönderdiğinde diğeri mesaj geldiğini duyar.

Mesajlar, her bir harfi temsil eden uzun ve kısa akımların –noktalar ve tirelerden– bir kombinasyonu olarak, her defasında bir harf şekilde gönderilebilir. İlk yapmanız gereken telgraf hattının diğer ucundaki kişi ile alfabenin hangi harfini hangi kombinasyonla temsil edeceğiniz konusunda anlaşmanız, sonrasında ilk kıyamet sonrası e-postanızı gönderebilirsiniz. Kombinasyonlarınızı ne şekilde düzenleyeceğinizin bir önemi yok ama biraz durup, hem hızlı hem de işe yarar bir kod sistemini nasıl yapacağınız üzerine düşündüğünüzde, muhtemelen aşağı yukarı mors alfabesine benzeyen bir şey icat edeceksinizdir. Bu sistemde İngiliz alfabesinde en çok kullanılan harfler en basit şekilde ifade edilir: "E" tek bir noktayla, "T" tek bir tireyle, "A" bir nokta bir tireyle ve "I" nokta-noktayla.

Akımı bir sonraki telgraf şubesine aktarmak için düzenli aralıklarla ara istasyonlar inşa edebilir, böylece tüm dünyayı saran bir telgraf iletişim ağı kurabilirsiniz. Öte yandan kıtalar arasına ve okyanus tabanlarına kablo döşemek ve bunların bakımlarını yapmak zordur. Peki daha iyi bir seçenek var mı? Elektrik kullanarak ama akımı kabloların taşımadığı bir iletişim kurmanızın bir yolu var mı?

Gelin elektrik ile manyetizma arasındaki yin-yang ilişkisine biraz daha yakından bakalım. Değişen bir elektriksel alan manyetik bir alan yaratabiliyorsa ve değişen manyetik alan da elektriksel bir alan yaratıyorsa, bu durumda birbirini karşılıklı olarak destekleyen bir dalgalanma yaratabilmeniz gerekir. Gerçekten de bu tür elektromanyetik dalgalar, ses ve su dalgalarının tersine, bir vakum aracılığıyla (akımı bozacak bir madde olmadığı sürece) yayılır. Elektrik ve manyetizma birleşerek bir hayalet gibi evreni dolaşır.

Aslına bakarsanız şu an evimin penceresinden içeri giren güneş ışığı, elektriksel ve manyetik alanların kaynaşmasından başka bir şey değil. Röntgen aletlerinden ultraviyole solaryum makinelerine, kızılötesi gece görüş gözlüklerine, mikrodalga fırınlara, radarlara, radyolara, televizyon yayınlarına, dizüstü bilgisayarımla sokağın ortasında bağlandığım –modern yaşamın son icatları– kablosuz Wi-Fi erişim alanlarına kadar her şey ışığın bir biçimi. Elektromanyetik spektrum, elektriksel ve manyetik alanların faklı titreşim frekanslarına sahip dalgalarıdır ve tehlikeli bir şekilde güçlü gama ışınımından uzun dalga radyoya uzanır; ama hepsi ışık hızında yayılır.

Ancak bizi burada asıl ilgilendiren radyo dalgaları. Bu dalgaları üretmek ve almak hem nispeten kolaydır hem de bilgilerinizi çok uzak mesafelere taşıyabilirler. Bu yüzden de uzun mesafe iletişimi için yeniden keşfetmeniz gereken teknoloji radyo vericileri ve alıcılarıdır.

Gelin biraz daha basit bir iş olan radyo alıcısı yapmakla başlayalım. Bir ağaçtan uzun bir parça kablo sarkıtın, alt kısmının yalıtımını soyun ve toprağa gömün. Bu sizin anteniniz ve havadan geçen radyo dalgalarının hızla dalgalanan elektromanyetik alanları, kablonun içerisindeki metalin elektronlarının yukarı aşağı hareket etmesini sağlayacak, yani yapay bir alternatif akım yaratacaktır. Öte yandan kulaklığın iletken çiftinden ses gelmesi için, dalganın ya negatif ya da pozitif kısmını tutup diğerinden kurtulmanın bir yolunu bulmanız gerek.

Elektriğin sadece bir yöne akmasını sağlayıp diğer tarafa akmasını engelleyen, böylece alternatif akımı doğru akımın düzenli kalp atışları şeklindeki dalgalara çeviren herhangi bir malzeme bu işi görecektir. Şansınıza birçok kristal çeşidi bu inanılmaz işe yarar özelliği sergileyebiliyor. Görünüşünden ötürü "aptal altını" olarak da bilinen demir disülfat işinizi görecektir ve bulunması kolaydır. Galen (kurşun sülfat) denilen bir diğer mineral de kristal radyo devrelerinde sık kullanılır. Kurşunun ana cevheri olan galen, dünyanın her yanında büyük yataklar halinde bulunur ve tarih boyunca boru, kilise çatısı, misket kurşunu ve şarj edilebilir kurşun asitli piller yapmak için çıkarılmıştır.

Kristali metal bir kaba yerleştirip anten-kulaklık devrenize bağlayın ve "kedi bıyığı" olarak bilinen ince kablolardan kullanarak ikinci bir bağlantı yapın. Alternatif akımın doğru akıma dönmesi kristal ile bağlantı noktası arasında gerçekleşir ama yakalanması zordur ve deneme yanılmayla doğru noktayı bulmak sabır gerektirir. Ama sonuç olarak bu ilkel düzenek, başka insanlar yayın yapmasa bile yıldırımlar gibi doğal kaynaklardan gelen radyo yayılımlarını yakalamanıza yardım eder. Aslına bakarsanız ilkel radyo vericileri (kıvılcım atlama aralığı üreticiler) seri suni yıldırımlar yaratarak çalışırlar.

Kıvılcım atlama aralığı üreticiler, yüksek voltajlı elektrik devresinde küçük bir boşluk bırakır, böylece bir kıvılcım sürekli olarak bu boşluktan atlar. Her kıvılcım, anten boyunca bir elektron dalgası bırakır ve kısa bir radyo dalgası patlaması yayar. Verici devresi saniyede 1.000 kez kıvılcım saçarken hızlı radyo titreşimleri salar ve alıcı aygıtın kulaklıklarından vızıltı sesi gelir. Devreye ne zaman enerji verileceğini ve radyo dalgaları yayılacağını kontrol etmek için kıvılcım atlamasına enerji sağlayan transformatörün düşük voltaj kısmına bir anahtar koyun ve yine mesajınızı noktalar ve tireler şeklinde kodlayın.

Tercihen, radyo dalgalarıyla ses iletebilmek isteyeceksiniz; böylece mesela telsizlerinin başında oturan iki insan sohbet edebilir ya da geniş bir dinleyici kitlesine haber yayını yapılabilir. Mors kodlarını göndermek için radyo dalgalarını açıp kapamak gibi basit bir işlem yeterlidir; öte yandan sesi aktarmak için taşıyıcı dalga modülasyonu denilen daha incelikli bir işlem gerekir. En basit sisteme genlik modülasyonu (AM) denir ve bu sistemde taşıyıcı dalganın şiddeti bu iki uç arasında yumuşak bir şekilde gidip gelir; ses dalgalarının nazik hatları, radyo dalgalarının şiddetli dalgalanmalarının üzerine yazılır. Şükürler olsun ki, kedi bıyığı kristal detektör de alıcıya ulaşan sinyali inanılmaz bir şekilde "çözer". Kristal eklemin tek yönlü hareketi, kapasitörün pürüzleri giderici özelliğiyle birleşir ve bu parça yüksek frekanslı taşıyıcı dalgayı atarak geriye yayıncının sesini ya da müziği bırakır.

Çevrenizde sadece tek bir güçlü verici yoksa, bu temel radyo alıcısıyla farklı istasyonlardan aldığınız sinyaller birbirine girecektir. Anten, farklı frekanslardaki taşıyıcı dalga yayınlarını yakalar ve hepsini kulaklıklarınıza iletir. Elektronik cihazınıza eklediğiniz birkaç ekstra bileşenle radyo kanallarını ayarlayabilirsiniz. Kanalları ayarlamak, yayım enerjisini daha dar bir radyo frekansına sıkıştırarak radyo vericisini daha etkili bir hale getirir ve bir kanala ayarlı bir alıcı, sayısız kanal içerisinden sadece sizin istediğiniz frekanstaki radyo yayınını alır.

Daha önce gördüğümüz üzere bir radyo dalgası temelde bir salınımdır ve kendisini oluşturan manyetik ve elektriksel alanlar, tıpkı bir saatin pandülü gibi belirli bir ritim ya da frekansla salınırlar. Dolayısıyla bir radyo vericisini ayarlamak için elektrik gücüyle ve belirli bir ritimle titreşen ve diğer yakın frekanslara direnen bir devreye ihtiyacınız var. Bu noktada rezonansın gücünden faydalanabilirsiniz.

Şöyle düşünün: Salıncaktaki bir çocuk, aynı pandül gibi belirli bir frekansla ileri geri salınır. Doğru anlarda hafif hafif itmeniz halinde çocuk gittikçe daha yükseğe salınacaktır. Ama bu salınım frekansının dışında bir ritimle ittiğinizde elinize hiçbir şey geçmez.

Düzenli bir ritimle atan temel bir osilatör devresi yapmak için bir kapasitör ile bir endüktörü olabildiğince doğru bir şekilde birleştirmeniz gerekiyor. Kapasitörler birbirine bakan ve aralarında bir kat yalıtım olan iki metal plakadan oluşur. Aletin içerisinden bir akım geçtiğinde elektronları plakalardan birinde toplar, ta ki olabileceği kadar negatif yüklü hale gelip daha fazla doldurulmaya izin vermeyene kadar. Kapasitör bir elektrik yükü rezervuarı işlevi görür ve içerisindeki elektriği bir fotoğraf makinesinin flaşında olduğu gibi ani bir akımla boşaltır. Endüktör bobini temelde bir elektromıknatıstır ama madeni şeyleri kendisine çekmekten çok daha fazlasını yapabilir. Rezistans akımın ilerlemesine engel olurken, endüktans akımda herhangi bir değişimin gerçekleşmesine engel olur. Dolayısıyla kapasitör, birbirine bakan metal plakalar arasındaki elektrik alanı olarak, endüktörse bobini çevreleyen manyetik bir alan olarak tekrar doldurulabilir bir elektrik enerjisi deposu görevi görür. Bu iki bileşeni birbirine ters olacak şekilde bağladığınızda, ortaya basit ama mucizelere kadir bir kapalı devre çıkar.

Elektrik yüklü kapasitör plakaları yüklerini boşaltırken devre boyunca ilerleyen ve endüktörün içerisinden geçen bir akıma neden olarak bir manyetik alan yaratır ve sonra eşit hale gelir. Daha sonra endüktörün çevresindeki manyetik alan çökmeye başlar ama bu olurken küçülen alanın sınırları bobinin üzerinden geçerek kabloya bir akım verir (jeneratör etkisi) ve diğer kapasitör plakasına elektron pompalamaya devam eder; inanılmaz bir şekilde çökmekte olan manyetik alan, en başta yaratılan elektrik akımını geçici olarak devam ettirebilir. Endüktör alanı sıfıra indiğinde diğer kapasitör plakası tamamıyla şarj olmuş olur ve akımı ters yönde iterek tekrar bobinin içerisinden geçmesini sağlar.

Enerji, kapasitör ile endüktör arasında bu şekilde ileri geri giderken, saniyede binlerce kez ileri geri salınan bir sarkaç gibi, radyo frekansları üzerinde bir elektriksel ve manyetik alana dönüşür.

Bu inanılmaz basit salınımlı devrenin güzelliği, sadece kendi doğal frekansında gerçekleşmesi ve diğer frekanslara direnmesidir. Bu devrenin salınım frekansını değiştirebilir ve iki bileşeninizden birinin özelliklerini değiştirerek alıcınızı ya da vericinizi tekrar ayarlayabilirsiniz. Kapasitörü ayarlamak daha kolaydır. D şeklindeki metal plakaları birbirini geçecek şekilde döndürmek kesişimlerini değiştirir ve böylece yük depolanabilir. Eski radyolardaki kanal ayarı düğmesi bu yüzden genellikle salınım devresindeki değiştirilebilir bir kapasitöre bağlıdır. Günümüz alıcıları ve vericileri o kadar hassas bir şekilde ayarlanabilir ki, radyo spektrumu, tıpkı bir şarküteride incecik dilimlere ayrılmış jambon gibi dilimlere ayrılmış ve ticari radyolar ile TV kanalları, GPS sinyalleri, acil hizmet iletişimi, hava trafik kontrolü, cep telefonları, kısa mesafeli Wi-Fi ve bluetooth, telsiz kontrollü oyuncaklar ve diğerleri arasında paylaştırılmış haldedir. O kadar ki, kıvılcım atlama aralığı vericileri rafine edilmemiş kaynaklar olduğu, radyo spektrumuna emisyon vererek lekelediği ve çevredeki radyo bantlarını *spam*'lediği için bugün yasa dışıdır.

Radyo yayını için gerekli diğer önemli aletler, tabii ki ses dalgalarını verici devresinde voltaj farklılıklarına çevirecek bir mikrofon ve alınan elektrik sinyallerini tekrar sese çevirecek kulaklıklar ya da hoparlörlerdir. Aslına bakarsanız mikrofonlar ile kulaklıklar temelde aynı şeydir. Her ikisi de ses dalgalarını yaratmak ya da ses dalgalarına cevap vermek için bir bobine bağlanan ve bir mıknatısın etrafında dönerek titreşen bir diyaframa sahiptir. Dolayısıyla her ikisi de, motorlar ve jeneratörlerde de kullanılan, etkisi tersine çevrilebilen mıknatısları kullanır.

Daha hassas bir versiyonunu, büküldüğünde bir elektrik voltajı oluşturmak gibi ilginç bir özelliği olan piezoelektrik bir kristal kullanarak yapabilirsiniz. Kedi bıyığı radyo detektörlerinden yayılan hızla zayıflayan yayımları duyabilmek için bunun gibi hassas bir kristal kulaklığa ihtiyacınız var. Potasyum sodyum tartarat (ya da onu ilk yapan 17. yüzyıl eczacısının memleketinin adıyla "Rochelle tuzu") bu bağlamda işinizi görecektir. Bu tuz, sıcak sodyum karbonat ve şarap fermantasyon fıçılarının içerisinde kristaller şeklinde oluşan potasyum bitartarat (genellikle beyaz tartar olarak bilinir) çözeltilerinin karıştırılmasıyla elde edilir.

Yeniden başlamakta olan bir medeniyetin, karmaşık elektromanyetik denklemler üretme ya da hassas elektronik bileşenler imal etme becerisine sahip olmasalar da, en temelden başlayarak radyo-telsiz iletişimine hızla yeniden kavuşacağına güvenebiliriz, zira bu, tarihte daha önce yapıldı.

II. Dünya Savaşı sırasında hem cephe hattında sıkışan askerler hem de kamplardaki savaş esirleri, müzik ya da savaşa dair haberleri dinlemek için eğreti radyolar yapmışlardı. Bu dâhiyane aletler, çalışan bir radyoyu ne kadar farklı malzemeyi bir araya getirerek yapabileceğinizin birer göstergesi. Anten kablolarını ağaçların üzerine asmış ya da çamaşır ipi gibi gererek gizlemişlerdi. Hatta bu iş için dikenli tel örgüleri bile kullandıkları olmuştu. Devrenin topraklanması için onu kamp kabinlerindeki soğuk su borularına bağlıyorlardı. Karton tuvalet kâğıdı rulolarına tel sararak yaptıkları bobinlerle endüktör yapmış ve çıplak kabloları mumla kaplayarak yalıtmış ya da bu iş için, Japon esir kamplarında olduğu gibi, palmiye yağı ile unu karıştırmışlardı. Ayar kapasitörü için folyo ya da sigara paketlerindeki kâğıtları kullanmış, aralarına yalıtım için gazete kâğıdı koymuşlardı. Geniş, düz alet daha sonra rulo pasta gibi içeri doğru sarılıyor ve daha kullanışlı bir hale getiriliyordu.

Kulaklık, yapılması biraz daha zor bir işti ve bu yüzden genellikle hurdaya çıkmış araçlardan alınıyordu. İlkel bir alternatifi, demir çivilerin etrafına tel sarıp bir tarafına bir mıknatıs yapıştırarak ve sinyal aldığında hafifçe titreyip ses çıkarması için üzerine teneke bir konserve kutusu yerleştirilerek yapılıyordu.

Öte yandan, muhtemelen en dâhiyane doğaçlamayı, taşıyıcı dalgadan ses sinyallerini çözmek için çok önemli olan doğrultucuyu üretirken yapmışlardı. Demir piriti ya da galen gibi mineral kristallerini savaş alanında bulmak imkânsızdı ama paslanmış jiletler ya da korozyona uğramış bakır metelikler de aynı işi görüyordu. Jiletler, yukarı doğru bükülmüş bir çengelli iğneyle birlikte bir parça oduna sabitleniyordu. Sivri bir kurşun kalem ucu (grafit) çengelli iğnenin ucuna, genellikle kullanılmayan bir telin çevresine sıkıca sarılmasıyla bağlanıyordu. İğnenin kolunun yaylanma özelliği kedi bıyığı işini gayet başarılı bir şekilde görüyor, grafitin metal oksit yüzeyde, çalışan bir doğrultucu bağlantı bulunana kadar hafif hafif oynatılmasına olanak tanıyordu.

Kristal radyoların (ve aynı zamanda pas-kurşun kalem detektörlerinin) basitlikleri büyüleyicidir ve çalışmak için ihtiyaç duydukları enerjiyi yakaladıkları radyo dalgalarından aldıkları için bir elektrik kaynağına ihtiyaç duymazlar. Ancak kedi bıyığı doğrultucuları güvenilmezdir ve kristal radyolar sadece çok düşük düzeyde ses verir. Bu ve benzeri gelişmiş birçok alet için ihtiyacınız olan çözüm, günümüz medeniyetinin bir başka özelliği olan ampullerle yakın akraba olan vakum tüpleri yapmak.

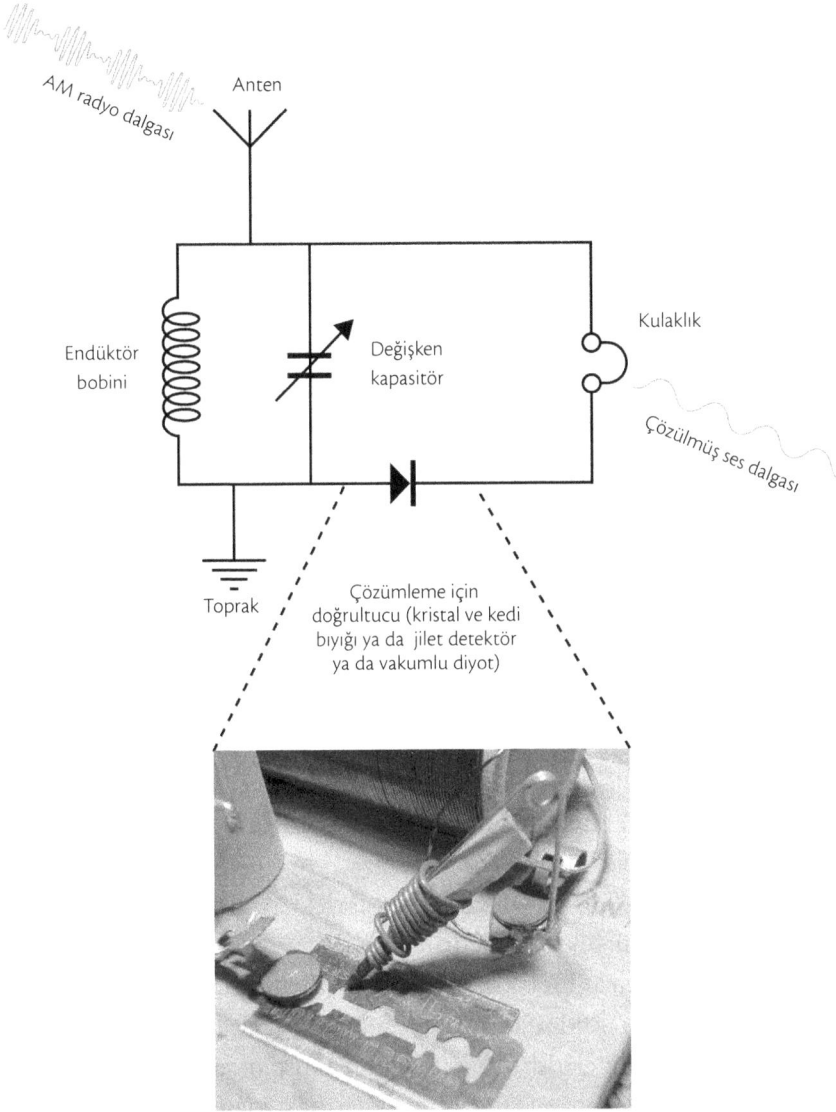

AM radyo dalgası

Anten

Endüktör
bobini

Değişken
kapasitör

Kulaklık

Çözülmüş ses dalgası

Toprak

Çözümleme için
doğrultucu (kristal ve kedi
bıyığı ya da jilet detektör
ya da vakumlu diyot)

Basit bir radyo alıcısının (üstte) bağlantı şeması ve esir kamplarında yaygın olan radyolarda kullanılan, jiletten yapılma doğrultucu (altta).

Tıpkı ampul gibi, bir vakumlu tüp de cam bir balonun içerisindeki sıcak bir ince metal telden oluşur ama telin çevresinde bir de metal plaka vardır ve içerideki hava boşaltılarak basınç çok düşük seviyeye çekilmiştir. Tel akkor hale gelene kadar ısıtıldığında elektronlar metalden kopar ve kablonun çevresinde yüklü bir bulut oluşturur. Bu olay termoiyonik emisyon olarak bilinir ve röntgen makinelerinin, floresan ışıkların ve eski tip televizyonlar ile bilgisayar monitörlerinin çalışma prensibinde kullanılır. Plaka, tele göre daha pozitif yükle yüklenirse bu serbest elektronlar plakaya çekilir ve aletin içerisinde bir akım dolaşmaya başlar. Ama akım, metal plaka ısıtılıp elektronları bırakmadığı için hiçbir zaman diğer yöne akamaz, dolayısıyla böyle bir (iki metal bağlantıya ya da elektroda sahip) diyot, akımın sadece bir yöne doğru ilerlemesini sağlayarak bir supap işlevi görür. Çok farklı fizik kuralları kullansa da termoiyonik supap bu yüzden kristal detektörlere benzer bir işlev görür ve doğrultucu olarak kullanılmak üzere radyo alıcılarına eklenebilir. Öte yandan bambaşka şeyler yapma kapasitesine sahip daha önemli bir icat, diyota basit bir şey ekleyerek ortaya çıkar.

Standart bir vakum diyotu alıp, akkor teli ile metal plakalar arasına spiral ya da örgü şeklinde bir tel eklerseniz inanılmaz bir şey başarırsınız. Bu üç unsurlu alete triyot (elektron tüpü) denir ve tel örgüye uyguladığınız voltajla oynayarak tüpün içerisinden geçen akımı etkileyebilirsiniz. Kontrol ızgarasına hafifçe negatif bir voltaj uyguladığınızda teldeki elektronlar kopar ve metal tabakaya doğru akmaya başlar; negatif yükü artırdığınızda akım daha da kısıtlanır; bunu bir pipetin içerisinden ne kadar sıvı geçeceğini belirlemek için onu sıkmaya benzetebilirsiniz. Daha önemlisi triyot size bir voltajı kullanarak diğerini kontrol etme imkânı tanır. Ama bu aracın en dâhiyane özelliği, kontrol ızgarasındaki küçük voltajın, çıkış voltajında büyük değişimlere neden olmasıdır. Böylece giriş sinyalini büyütebilirsiniz.

Bu işlevi kristallerle elde etmek mümkün değildir ve bu amfileri kullanarak, aldığınız zayıf sinyalleri büyütüp odanızı sesle doldurabilirsiniz. Bu şekilde ayrıca dar bantlı taşıyıcı dalgalar için mükemmel derecede uygun olan ve taşıyıcı dalgaları ses modülasyonlarıyla damgalayan saf frekanslı elektrik salınımlar üretebilirsiniz. Bunların hepsi günümüzün telsiz iletişiminde kullanılan önemli uygulamalardır ama vakumlu tüplerin en az bir o kadar önemli bir özelliği, mekanik bir anahtardan çok çok daha hızlı bir şekilde çalışmalarından dolayı, elektriğin yönünü kontrol etmek için kullanılabilmeleridir. Çok sayıda vakumlu tüpü birbirine bağlayıp anahtarların birbirlerini kontrol etmelerini sağlayarak, matematiksel hesaplamalar ve hatta programlanabilir elektronik bilgisayarlar yapabilirsiniz.*

---

* Günümüz elektroniği çok fazla enerjiye ihtiyaç duyan vakumlu tüplerin ötesine geçti ve artık yarı iletken maddelerin özelliklerini kullanıyor. Termoiyonik supap doğrultucuların yerine katı hal diyotları geçti ve triyotların voltaj kontrol edebilme özelliğini silikon transistörler yerine getiriyor. Cebimdeki akıllı telefon bile, her biri ışığıyla insanın içini ısıtan vakumlu tüplerle aynı işi gören trilyonlarca transistör kullanıyor.

İleri Kimya

> Tüketim kültürü bir gecede yerle yeksan olsa umurumda olmaz çünkü sonrasında hepimiz aynı gemide oluruz ve hayat hiç de fena olmaz, tavuklarla, feodalizmle falan yuvarlanıp gideriz. Ama diyelim hepimiz sırtımıza bir çuval geçirdik ve boş dükkânlarda domuz besliyoruz, kafamı bir kaldırıyorum ve tepemden bir jet geçiyor... İşte o zaman deliye dönerim. Karanlık Çağlar'a ya hep beraber döneceğiz ya da hiçbirimiz.
>
> *Shampoo Planet* [Şampuan Gezegen], Douglas Coupland

Bu kitap boyunca bir maddeyi başka bir maddeye çevirmenin birkaç basit yolunu gördük. Bambaşka görünümlere sahip maddeler arasındaki bu dönüşümler, başta sihir gibi gelse de, biraz çabayla çeşitli kimyasalların davranışlarını anlayabilir, birbirleriyle nasıl ilişkiye girdiklerine dair örüntüler tespit edebilir, bir reaksiyon sırasında ne olacağını tahmin edebilir hale gelebilir ve son olarak, bu bilgilerin gücünü kullanarak karmaşık bir reaksiyon sırasında ne olacağını denetleyebilir ve istediğiniz sonuçları elde edebilirsiniz.

Bu bölümde, kıyametten nesiller sonra artık güvenli temeller kurmuş daha gelişmiş bir medeniyetin, ihtiyaçlarını sağlamak için daha karmaşık, endüstriyel süreçleri nasıl kullanabileceğine bakacağız; daha önce soda üretimi konusunda gördüğümüz ilkel yöntemler sizi ancak buraya kadar getirebilir. Ama gelin önce toparlanmakta olan medeniyetin bir dizi önemli maddeyi çıkarmak ve kimyasal dünyanın altında yatan ürkütücü düzeni keşfetmek için elektriği nasıl kullanabileceğine bir bakalım.

Elektroliz ve Periyodik Tablo

Elektrik üretimi ve dağıtımında ustalaşmanın toparlanmakta olan bir medeniyetin çeşitli işlevleri için nasıl inanılmaz bir güç kaynağı olduğunu ve çok uzak mesafeler arasında iletişimi nasıl mümkün kıldığını görmüştük. Ama tarihimizde elektriğin ilk gerçek uygulaması ve yeniden başlatma sürecinin erken aşamalarında da paha biçilmez bulacağınız bir uygulama, elektriği kimyasal bileşikleri bileşenlerine ayırmak için kullanmaktır: Elektroliz.

Örneğin bir tuzlu su çözeltisinin (sodyum klorit) içerisinden bir akım geçirdiğinizde su molekülleri ayrışır ve negatif elektrottan fokurdayarak çıkan hidrojen gazını ve pozitif elektrottan da kloru toplayabilirsiniz. Hidrojeni hava gemilerini doldurmakta kullanabilirsiniz ve bu gaz aynı zamanda bu bölümün ilerleyen kısımlarında göreceğimiz Haber-Bosch işleminin hammaddelerinden biridir. Klorsa, Dördüncü Bölüm'de gördüğümüz üzere, kâğıt ve kumaş yapımında kullanılan ağartıcılar için gereklidir. Bu düzeneği biraz geliştirirseniz elektroliz sıvısında biriken sodyum hidroksiti de (kostik soda) toplayabilirsiniz, ki bu madde daha önce gördüğümüz üzere inanılmaz kullanışlı bir alkalidir. Saf suyun elektroliziyse (elektriği daha iyi iletmesi için çok az sodyum hidroksit ekleyebilirsiniz) oksijen ve hidrojen verir.

Alüminyum da taşlı cevherinden elektrolizle ayrılabilir; kömür ya da kok kullanılarak eritilmeye karşı çok reaktiftir. Dünyanın kabuğundaki en bol metaldir ve insanlık tarafından kullanılan en eski malzemelerden biri olan kilin ana bileşenidir. Ama 1880'lerin sonunda cevherini eritmek ve elektrolize etmek için etkili bir yöntem geliştirilene kadar el yakacak derecede pahalıydı.*

Şansınıza, toparlanmakta olan bir toplum bu madeni ilk başlarda saflaştırmak zorunda değil. Alüminyum çürümeye karşı o kadar dayanıklı ki, yüzlerce yıl boyunca sağlam bir şekilde kalacaktır ve sayfa 121'de gördüğümüz ilkel maden eritme ocaklarında, görece düşük bir sıcaklık olan 660°C'de geri dönüştürülerek kullanılabilir.

Elektroliz kullanarak medeniyet için gerekli çeşitli maddeleri sentezleyebilir, yüzyıllar boyunca kullanılan daha az etkili kimyasal yöntemlere mahkûm olmaktan kurtulabilirsiniz. Dahası elektroliz bileşikleri çözerek, tüm maddelerin temel yapıtaşları olan elementlere ayırır ve böylece size dünyaya dair bilimsel keşifler yapmanızda da yardımcı olur. Örneğin, 1800'de suyun kesinlikle bir element olmadığını, hidrojen ve oksijenden oluşan bir bileşik olduğunu ispatlayan elektroliz olmuştu. Sekiz sene içerisinde yedi başka element daha elektroliz yoluyla izole edildi: potasyum, sodyum, kalsiyum, bor, baryum, stronsiyum ve magnezyum. Bunların ilk üçü –sırasıyla potas, kostik soda ve sönmemiş kireç– bu kitapta sık sık karşımıza çıkan yaygın bileşiklerin elektrik kullanılarak parçalanmasıyla keşfedilmişti. Dahası elektroliz sadece daha önce bilinmeyen elementlerin izole edilmesinde kullanılan

---

* 19. yüzyılın ikinci yarısında, Fransız İmparatoru III. Napolyon'un ev sahipliği yaptığı bir ziyafette, davete katılan seçkin misafirleri etkilemek için gümüş yerine alüminyum yemek takımları kullanılmıştı. İlginç bir şekilde alüminyum o dönemde dünyadaki hem en bol hem de en değerli madendi. Ama seri üretimi için uygun bir eritkenin geliştirilmesi ve elektrolizin kullanılmaya başlanmasıyla, alüminyum kraliyet sofralarından her gün milyonlarcası çöpe atılan içecek kutularına hızlı bir geçiş yaptı.

önemli bir yöntem değildir, işlem ayrıca, atomları bir arada tutan bağların doğaları gereği de elektromanyetik olduğunu ortaya koyar.

Farklı elementlerin aralarındaki ilişkilere, birbirleriyle girdikleri reaksiyonlarda nasıl davrandıklarına –"kişilikleri"– baktığınızda, etkileyici temel bir gerçeği fark edersiniz: Elementler yalnız değillerdir, benzer tavırlar gösteren başka elementlerle bir aileymiş gibi kümelenirler. Tıpkı canlı organizmaların aralarındaki morfolojik benzerliklerin ve dolayısıyla akrabalıkların fark edilmesinin, biyolojik dünyanın bir düzeni olduğunun anlaşılmasına yol açması gibi, bu örüntünün keşfedilmesi de kimyasal dünyanın bir doğasının olduğunun görülmesini sağlar. Örneğin sodyum ve potasyum olağanüstü reaktif metallerdir ve kostik soda ile potas gibi, elektroliz yoluyla ayrıştırılabilecekleri alkali bileşikler oluştururlar ya da klor, bromür ve iyot gibi metallerle reaksiyona girerek çeşitli tuzlar teşkil ederler. Şimdi, bildiğiniz elementleri bir sıraya koyar, benzer özellikler gösterenleri bu tekrarlayan örüntüleri gösterecek şekilde aynı sütuna dizerseniz, ortaya çıkan şey elementlerin periyodik tablosu olacaktır.

Günümüzde kullandığımız periyodik tablo insanlığın başardıklarının muazzam bir anıtıdır ve piramitler ya da dünyanın herhangi bir başka harikası kadar etkileyicidir. Bu tablo kimyagerlerin yıllar boyunca tanımladıkları elementlerin kapsamlı bir listesinden çok daha fazlasıdır. Bilgiyi düzenlemenin bir yoludur ve böylece size henüz bulamadığınız elementlerin özelliklerini tahmin etme imkânı verir. Örneğin Rus kimyager Dmitri Mendeleev, ilk olarak 1869 yılında, o zaman bilinen 60 küsur elementle bir periyodik tablo oluşturduğunda boşluklar keşfetti ve bilinmeyen maddelerin olduğu yerleri işaretledi. Ama tablosunun dâhiyane özelliği, buralara denk düşen hipotetik elementlerin tam olarak nasıl olabileceğini tahmin etmesine olanak sağladı; mesela tabloda alüminyumun tam altına düşen boşluğa gelecek elementi eka-alüminyum olarak adlandırmıştı. Her ne kadar bu hipotetik element hiçbir zaman görülmemiş ya da ona dokunulmamış olsa da, sadece dizideki sırasına bakılarak belirli bir yoğunluğa sahip parlak, yumuşak bir metal olduğu ve oda sıcaklığında katıyken, metaller için olağanüstü düşük bir sıcaklıkta eriyeceği tahmin edilmişti. Birkaç yıl sonra bir Fransız, bir cevherin içerisinde yeni bir element keşfetti ve ona memleketinin eski isminden esinlenerek galyum adını verdi. Kısa bir süre sonra bunun Mendeleev'in tahmin ettiği kayıp eka-alüminyum elementi olduğu anlaşıldı. Rus kimyagerin metalin erime noktasıyla ilgili tahmini de tam isabet olmuştu, galyum, 30°C sıcaklıkta sıvılaşıyordu; bu metal resmen insanın elinde eriyordu. *

---

* 1930'lardan beri sürekli bir adım ilerliyor ve periyodik tablonun altındaki boşlukları doğal olarak var olmayan ama teknolojiyle yaratılabilen elementlerle dolduruyoruz. Bunların atomlarının çekirdekleri proton ve nötronlarla o kadar dolu ki, oldukça kararsızlar ve bir

Elementlerin taşıdığı özelliklere dair örüntülerle ilgili bildikleriniz, maddelerin doğasıyla ilgili kendi araştırmalarınızı oluşturmanıza ve doğal maddelerin farklı özelliklerini en iyi nasıl kullanabileceğinizi bulmanıza yardımcı olacaktır. Şimdi gelin Beşinci ve Altıncı Bölümlerde öğrendiklerimizin üzerine yenilerini eklemeye devam edelim ve biraz daha karmaşık bir kimyanın iki önemli kullanım alanına bakalım: Patlayıcılar ve fotoğrafçılık.

Patlayıcılar

Patlayıcıların, yeni bir başlangıç yapmakta olan bir medeniyetin, olabildiğince uzun bir süre boyunca barışçıl bir şekilde birlikte yaşamak için tam da eski dünyada bırakması gereken türden bir teknoloji olduğunu düşünebilirsiniz. Patlayıcıların savaşa (ya da savunmaya) sürükleyen sonuçları olabileceği şüphe götürmez ve tarihsel olarak kimyasal yapıları, güvenli bir şekilde taşınabilmeleri ve toplar ve ateşli silahlarla atılabilmeleri için metalürjiyle kol kola gelişti. Öte yandan patlayıcıların barışçıl kullanımları yeni bir başlangıç yapmakta olan bir medeniyet için muhtemelen çok daha önemli: Patlayıcılar tüfeklerde kullanılıp avlanmak, taş ve maden çıkarmak için kayaları parçalamak ve tüneller ile kanallar açmak için son derece faydalıdır. Kıyamet sonrası dünyada belki de en önemlisi, harap ve tehlikeli yüksek binaları, yapısal bileşenlerini almak için yıkmak ve çok uzun süreler önce terk edilmiş alanlara doğru genişleyen medeniyet için yeni alanlar açmak olacaktır. Her halükârda bilimsel bilgi tarafsızdır: İyi ya da kötü olan, hangi amaçla kullanıldığıdır.

Bir patlama –kulakları patlatan, kayaları parçalayan ya da binaları yıkan, hızla genişleyen titreşimler– oluşturmak için, küçük bir alanda ve anlık olarak çok yüksek bir hava basıncı balonu yaratmalısınız. Ve bunu başarmanın en iyi yolu, katı maddeleri sıcak gazlara çeviren kimyasal reaksiyonların coşkun sağanağından faydalanmak. Sıcak gazlar katı maddelerden çok daha geniş alanlar kaplar ve reaksiyonun gerçekleştiği noktadan dışarı doğru hızla yayılırlar. Örneğin günümüzdeki tüfekler, mermilerin arkasındaki kısımda, aşağı yukarı bir küp şeker boyutunda barut taşır ama bu barut mermi ateşlendiğinde, göz açıp kapayıncaya kadar kısa bir süre içerisinde kendi kendisiyle reaksiyona girerek, bir balon büyüklüğünde bir gaz topu oluşturur. Tüfeğin daracık namlusunun içerisinde hızla genişlemeye çalışırken de, mermiyi ses hızı civarında bir hızla savuracak kadar bir güç yaratır.

---

radyoaktivite dalgası içerisinde neredeyse anında tekrar çözülüyorlar. Tarihimiz boyunca sadece yeni malzemeler, çelik alaşımlar gibi metal karışımları ve cam gibi seramikler ya da organik plastik polimerleri gibi yeni moleküller yaratmakla kalmadık, elementleri nasıl dönüştüreceğimizi de öğrenip, simyacıların rüyalarını gerçeğe dönüştürdük. Ve biraz adanmışlıkla, bizim adımlarımızı takip eden sonraki bir medeniyet de aynısını başarabilir.

Katı yakıtları, havanın yanmayı hızlandıracak çok daha büyük bir alana erişmesini sağlamak için ince bir toz halinde öğüterek, patlamaya hazır bir hale getirebilirsiniz; mesela kömür tozu unla karıştırıldığında inanılmaz güçlü bir şekilde yanar (hatta bu yüzden muhallebi fabrikalarında patlamalar yaşanır). Daha iyi bir çözüm, havadan oksijen alma ihtiyacını ortadan kaldırmak ve bunun yerine, daha hızlı bir yanma için bolca oksijen atomunu yakıta yakın hale getirmektir. Bol bol oksijen atomu sağlayan ya da daha genel anlamda diğer kimyasallardan elektron kabul etmek konusunda aç olan kimyasallara oksitleyici madde ya da oksidan deniyor.

İronik bir şekilde, tarihte geliştirilen ilk patlayıcı olan kara barut, 9. yüzyılda Çinli simyacılar tarafından ölümsüzlük için bir iksir aranırken formüle edilmişti. Barut, –yakıt ya da indirgeyici olarak– kömür ve –oksidan olarak da– güherçile tozunun (bugün potasyum nitrat olarak adlandırılıyor) karıştırılmasından oluşur. Karışıma sarı bir element olan kükürtten biraz serperseniz reaksiyonun sonucu değişir ve çok daha fazla enerji açığa çıkarak patlamanın şiddetini artırır. En iyi barutu elde etmek için birer ölçü güherçile ve kükürtle, altı ölçü kömürü karıştırarak patlamaya hazır bir kimyasal kokteyl hazırlayabilirsiniz.

Baruta eklenecek nitrat biraz daha alengirli bir kimyasal işlem gerektirir. Tarih boyunca patlayıcılarda ve gübre olarak kullanılan nitratın kaynağı oldukça mütevazıdır: Yeterince uzun bir süre boyunca olgunlaştırılmış hayvan gübresi çok büyük miktarlarda bakteri barındırır ve bunlar nitrojen içeren molekülleri nitrata çevirir. Bu nitratı, benzer bileşiklerin suda çözünme özelliklerinin farklı olduğu prensibini kullanarak özütleyebilirsiniz. Tüm nitrat tuzlarının suda kolaylıkla çözünmesi kimyasal bir olgudur ve hidroksit tuzlar genellikle çözünmez. Dolayısıyla bir gübre yığınının üzerine birkaç kova kireç suyu (kalsiyum hidroksit: bkz. Beşinci Bölüm) dökün; çoğu çözünmez hidroksitler olduğundan mineraller içeride kalırken, nitrat iyonlarını kalsiyum toplayacaktır. Bu sıvıyı alın ve içerisine biraz potas karıştırın. Potasyum ve kalsiyum eş değiştirip kalsiyum karbonat ve potasyum nitrat oluşturacaklardır. Kalsiyum karbonat suda çözünmez (bu, kireçtaşı ve tebeşiri oluşturan bileşiktir, Dover'ın o ünlü beyaz kayalıkları bu yüzden her çarpan dalgada bir parça eriyip gitmez) ama potasyum nitrat çözünür. Dolayısıyla tebeşirimsi beyaz çökeltiyi atıp suyu buharlaştırdığınızda, elinizde güherçile kristalleri kalacaktır. Özütleme işleminizin başarılı olup olmadığını anlamanın iyi bir yolu var: Bir parça kâğıdı çözeltiye batırın ve sonra kurutun: İçerisinde potasyum nitrat varsa parlak, kıvılcım saçan bir alevle yanacaktır.

Güherçileyi özütlemek için kullanılan kimya gayet basittir; sorun, toparlanmakta olan toplumunuzun talebi arttıkça, süreç için yetecek miktarlarda nitrat kaynağı bulmaktır. Uygun mineral yatakları ancak Güney Amerika'daki Atacama Çölü gibi oldukça çorak yerlerde bulunabiliyor (çünkü güherçile kolayca çözünür ve suyla akıp gider) ve bir de kuş gübresi nitrat açısından oldukça zengindir. Nitratlar hem tarımsal gübre olarak hem de patlayıcılarda kullanıldığından, 19. yüzyılın sonunda önemli bir ticari meta haline gelmiş ve üzerlerindeki kuş boku yüzünden küçücük, üzerinde hiçbir şey olmayan adalar için savaşlar yapılmıştı. Bu bölümün ilerleyen kısımlarında, ilerlemekte olan medeniyetinizi nitrojen açlığından nasıl kurtaracağınıza tekrar döneceğiz.

Barut, yakıt ve oksidan tozlarının karışımıyla her ne kadar hızlı bir yanmaya yol açıyorsa da, daha şiddetli bir reaksiyon ve dolayısıyla daha güçlü bir patlama sağlamanın daha iyi bir yolu var: Yakıt ve oksidanı aynı molekülde birleştirmek. Organik molekülleri nitrik ve sülfürik asit karışımlarıyla (bkz. Beşinci Bölüm) tepkimeye sokmak oksidan işlevi görür ve nitrat gruplarını yakıt molekülüne ekler. Mesela oksidan kâğıt ya da pamuk (her ikisi de bitkisel selüloz lifi tabakasıdır) nitrik asitle birleştiğinde, aşırı derecede yanıcı nitroselülozlar olan "parlayan kâğıt" ve "pamuk barutu" oluşturur.

Baruttan daha güçlü bir başka patlayıcı nitrogliserindir. Bu berrak, yağlı patlayıcı, Beşinci Bölüm'de gördüğümüz yağ yapımının bir yan ürünü olan gliserinin nitrasyonuyla elde edilir ama felaket denebilecek derecede kararsızdır ve en ufak bir hatada suratınıza patlayabilir. Alfred Nobel'in bu maddenin bu yıkıcı etkisini stabilize etmek için bulduğu çözüm, sarsılmalara tepki veren nitrogliserini talaş ya da kil gibi emici maddelere emdirmekti. (Nobel bu icadından elde ettiği serveti bilim, edebiyat ve barış alanlarında insanlığa hizmet edenlere verilen ünlü ödüllerini finanse etmekte kullanmıştı.)

Kısacası güçlü patlayıcılar için güçlü bir oksidasyon elemanı olarak nitrik aside ihtiyacınız var ve bu asit, gümüş kimyasını kullanarak ışığı hapsetmek için fotoğrafçılıkta da gerekli.

Fotoğrafçılık

Bir görüntüyü kaydetmek için ışığı kullanmanın, zamanda bir anı yakalayarak onu sonsuza kadar saklamanın bir yolu olan fotoğrafçılık muhteşem bir tekniktir. Bir tatil resmi onlarca yıl sonra bile canlı hatıralar uyandırabilir ve dünyayı hafızalarımızdan çok daha büyük bir sadakatle kaydeder. Ama sarhoş parti resimleri, aile portreleri ve nefes kesici manzaraların ötesinde, geçtiğimiz iki yüzyıl içerisinde fotoğrafçılığın karşılaştırılamaz değeri gözün göremediğini ortaya koymasıydı. Bilimin sayısız alanında önemli bir teknoloji oldu ve yeniden başlama sürecinin hızlandırılmasında da hayati bir önem teşkil edecektir. Fotoğraf, araştırmacıların seçilmesi zor ya da çok hızlı veya çok yavaş gerçekleşen ve bu yüzden bizim için gözle algılanması zor olan ya da bizim göremediğimiz dalga boylarında gerçekleşen olayları ve süreçleri kaydetmesini sağlar. Örneğin fotoğrafçılık uzun pozlandırma süreleri kullanarak insan gözünün yapabildiğinden çok daha uzun süreler boyunca zayıf ışıkları yakalar ve böylece astronomların sayısız zayıf ışıklı yıldızı gözleyebilmelerini ve birer leke gibi görünen uzak galaksi ve nebulaları ayrıntılı bir şekilde görebilmelerini olanaklı kılar.* Fotoğrafik emülsiyon ayrıca X-ışınlarına da duyarlıdır ve dolayısıyla insan vücudunun içinin incelenebilmesi için tıbbi görüntüler elde etmenize imkân sağlar.

Fotoğrafçılığın arkasındaki temel kimya gayet basittir: Belirli gümüş bileşenleri güneş ışığında kararıyor ve böylece siyah-beyaz bir görüntü kaydetmek için kullanılabiliyor. Mesele, gümüşün ince bir tabaka üzerinde eşit bir şekilde yayılacak çözülebilir bir formunu yaratmak ve daha sonra bunu, fotoğraf ortamınızın dış yüzeyine yapışacak ve bir daha çıkmayacak çözünmez bir tuza dönüştürmek.

Öncelikle bir kâğıt tabakasını bir miktar çözülmemiş tuz içeren yumurta beyazıyla (albümin) kaplayın ve kurutun. Sonra biraz gümüşü nitrik asit içerisinde çözün, bu, metali okside edip çözünebilir gümüş nitrata çevirecektir,† daha sonra da çözeltinizi hazırladığınız kâğıdın üzerine yayın. Sodyum klorit reaksiyona girip hem ışığa duyarlı hem de çözünmez gümüş klorit oluşturacak, yumurta albümini de fotoğrafik emülsiyonun kâğıt lifleri tarafından emilmesini engelleyecektir.

---

*   Bir fotoğraf makinesini, üzerinden sonsuz bir zaman geçtikten sonra bile, önceki, teknolojik olarak gelişmiş medeniyetimizin varlığını göstermek üzere de kullanabilirsiniz. Gök ekvatoru [yer ekvatorunun gök küresi üzerindeki uzantısı] (kutuplardan 90°; bkz. On İkinci Bölüm) civarındaki gece göğünün bir iki dakikalık bir pozlamayla çekilmiş bir fotoğrafı, Dünya döndüğü için tüm yıldızları eğimli çizgiler gibi gösterecektir. Ama ara ara oldukça garip bir şey fark edeceksiniz: Çizgiler yerine noktasal ışıklar. Gökyüzünde sabitmiş gibi görünen bu nesneler, işe bakın ki bizim gezegenimizle aynı hızla dönerler; bunlar Dünya'nın çevresinde tam olmaları istenilen yere bilerek yerleştirilmiş yapay şeylerdir. Bu sabit uydular, yörünge periyotları tam bir gün olacak bir uzaklıkta ekvatorun üzerinde dönerler; Dünya'nın yüzeyinin üzerinde sabit bir noktada kalırlar ve böylece komünikasyon yayını iyi bir şekilde yapmaya devam edebilirler. Yörüngeleri de sabittir ve şehirlerimiz ve insan yapımı diğer şeyler toza toprağa karıştıktan çok uzun zaman sonra bile, teknolojik medeniyetimizin birer anıtı olarak uzayın bakir ortamında kalmaya devam edecekler. Nasıl yapacağınızı biliyorsanız tespit edilmeleri kolaydır.

†   Hazır gümüş kimyasından bahsediyorken bir başka önemli kabiliyetinden söz açmaya değer: Ayna yapımı. Tuvalet masalarınızın vazgeçilmezi olmasının ötesinde, bu icat güçlü teleskopların ve seyrüsefer için kullanılan sekstantın en önemli bileşenidir. Alkali amonyak çözeltisi (bkz. Beşinci Bölüm) gümüş nitrat ve biraz şekerle karıştırılıp temiz bir parça camın arkasına dökülür. Şeker, gümüşü tekrar saf metale indirger ve böylece cam yüzeyin üzerinde ince, parlak bir tabaka kalır.

Gümüşten bir çay kaşığı, 1.500 fotoğraf baskısı yapmaya yetecek kadar saf gümüş elementi içerir.

Işık bu duyarlılaştırılmış kâğıda çarptığında, taneciklerin içerisindeki elektronların serbest kalmasına yetecek bir enerji sağlar ve gümüş kloriti gümüş metaline indirger. Büyük parçalar halinde gümüş, mesela cilalı gümüş bir tepsi, oldukça parlak görünür ama minik metalik kristaller halindeki gümüş ışığı dağıtır ve karanlık görünür. Diğer yandan, kâğıt yüzeyinin ışığa maruz kalmayan duyarlılaştırılmış bölgeleri kâğıdın arkasında beyaz kalacaktır. Işık uygulandıktan sonraki temel adım fotokimyasal tepkimeyi bitirmek ve böylece elde edilen gölgeleri stabil hale getirmek. Günümüzde hâlâ sabitleyici eleman olarak sodyum tiyosülfat kullanılıyor ve hazırlaması görece kolay. Kükürt dioksit gazını bir soda ya da kostik soda çözeltisinin içerisinde fokurdatın, sonra toz kükürtle birlikte kaynatın, kuruttuğunuzda "hipo" kristalleri elde edeceksiniz.

Işık geçirmeyen bir kutunun içerisinde bir mercek kullanarak, bir görüntüyü arka duvardaki duyarlılaştırılmış kâğıdın üzerine yansıttığınızda bir fotoğraf makinesi elde etmiş olursunuz ama bu ilkel gümüş kimyasının parlak güneş ışığında bile bir fotoğraf çekmesi saatler sürebilir. Şansınıza, ışığa kısmen maruz kalan parçacıkların dönüşümünü tamamlayarak onları tamamen gümüş metaline indirgeyen bir kimyasal işlem kullanarak, fotoğraf makinenizin duyarlılığını inanılmaz derecede artırabilirsiniz. Demir sülfat bu işi gayet iyi görür ve bu madde demirin sülfürik asit içerisinde çözünmesiyle kolay bir şekilde sentezlenebilir. Kıyamet sonrası toplumunun kimya bilgisi geliştikçe, klor tuzunu onun atomik kardeşleri olan iyot ya da bromürle değiştirebilirsiniz, bunlar, ışığa çok daha duyarlı fotoğrafik emülsiyonlar oluşturur.

Öte yandan çekilen sahnedeki gölgeler soluk renkli kalırken, ışığa maruz kalmanın ışığa duyarlı gümüş metali taneciklerini siyaha çevirmesi, çıkan fotoğrafın imge koyuluğu açısından ters olacağı anlamına geliyor, yani elinizdeki bir "negatif" olacak. Kalıcı olarak pozitif bir görüntü oluşturan, hızlı hareket eden bir kimyasal reaksiyon yok (başka bir deyişle, başta siyah olup gün ışığıyla birlikte hızla beyazlayan bir siyah madde yok) ve dolayısıyla, fotoğrafçılığın sırtındaki bu negatif sonuç yükü baki. Bu ters, negatif görüntü fotoğraf makinesinde, şeffaf bir ortamda yaratıldığına göre, tek ihtiyacınız olan negatifi bir duyarlılaştırılmış kâğıdın üzerinde maske olarak kullanarak ikinci bir tabetme süreci uygulamak ve böylece görüntüler ile gölgelerin tekrar normale dönmesini sağlamak. Islak kolodyon sürecinde bir eter ve etanol çözeltisi içerisinde çözünmüş pamuk barutu kullanılarak (bu maddelerin hepsiyle bu kitapta daha önce karşılaştık) şerbetimsi, şeffaf bir sıvı oluşturulur. Bu sıvı, cam bir tabakayı fotokimyasallarla kaplamak, daha sonra sıvı kuruyup sert, su geçirmez bir filme dönüşmeden önce görüntüyü oluşturmak için mükemmeldir. Ve yerine jelatin (Beşinci Bölüm'de gördüğümüz üzere, kaynatılmış hayvan kemiklerinden elde edilir) kullanırsanız, ışığa çok daha duyarlı ve aynı zamanda uzun pozlama zamanlarına izin veren bir kuru tabaka yaratabilirsiniz.

Fotoğrafçılık, daha önceden bilinen birkaç teknolojinin birleştirilerek yepyeni bir uygulama için kullanılmasının mükemmel bir örneğidir ve görece oldukça basit malzemeler ve maddeler kullanır. Silis kumunu ya da kuvarsı soda külü eriyiğiyle karıştırıp, ateş tuğlası kiliyle kaplanmış bir fırında eriterek kendi camınızı üretin. Bir parçasını alıp düzelterek bir merceğe, bir başka parçasını da negatif plaka yapmak için düzleştirerek dikdörtgen bir cam tabakaya dönüştürün ve pürüzsüz fotoğraflar elde etmek için kâğıt yapma becerilerinizi kullanın. Fotoğrafçılığın temelini oluşturan kimya, bu kitapta defalarca karşımıza çıkan aynı asitler ile çözücüleri kullanır ve gümüş bir kaşık, bir yığın hayvan gübresi ve bildiğimiz tuzu kullanarak ilkel bir fotoğraf çekebilirsiniz. Zamanda bir sıçramayla 1500'lere dönseniz, ilkel bir fotoğraf makinesi yapmak için ihtiyacınız olan tüm kimyasalları ve optik bileşenleri kolayca sağlayabilir, Holbein'e Kral VIII. Henry'nin bir yağlı boya portresini yapmak yerine bir fotoğrafını nasıl çekebileceğini gösterebilirdiniz.

Elementlerin periyodik tablosunu doldurmak, patlayıcılardan istifade etmek ve yeniden keşifler için fotoğrafı bir araç olarak kullanmak, kıyametten sonra yeni bir başlangıç yapmakta olan bir medeniyet için önemli faaliyetler olacaktır. Ama bu toplum kendine geldiğinde ve ilerlemeye başladığında, bu kitapta bahsettiğimiz temel malzemelere gittikçe daha fazla miktarlarda ihtiyaç duyacak ve bu talepleri karşılamak için de sanayi kimyasının daha gelişmiş süreçlerini kullanmaya ihtiyacı olacaktır.

Sanayi Kimyası

İlerlemenin hızını çok büyük oranda artıran ve 18. yüzyıl toplumunu değiştirip dönüştüren Sanayi Devrimi ve insanlığın hayatını kolaylaştıran dâhiyane mekanik aletler hakkında sık sık bir şeyler duyuyoruz. Ama daha gelişmiş bir medeniyete dönüşmek, aynı zamanda en az bir o kadar kimyasal süreçlerin icat edilmesiyle de ilgili. Gerekli asitlerin, alkalilerin, çözücülerin ve toplumun işleyebilmesi için önem arz eden diğer maddelerin geniş ölçekte sentezlenebilmesi, en az otomatik eğirme ve dokuma ya da kükreyen buhar makineleri üretmek kadar önemli.

Bu kitapta ele aldığımız hayati öneme sahip gerekliliklerin çoğu, doğal ortamdan toplanan hammaddeleri istenen mallara ya da ürünlere çevirmek için aynı reaktifleri kullanıyor. Ve toparlanma sürecinin üzerinden nesiller geçip nüfus büyüdüğünde, bu önemli maddelere olan talebi şu ana kadar gördüğümüz ilkel yöntemleri kullanarak karşılamanız pek mümkün olmayacak ve ilerlemeniz bir duraklama tehdidiyle karşılaşacaktır.

Burada, gelişmiş Batı'nın tarihinde büyük engeller teşkil eden iki maddenin nasıl üretileceğine bakacağız: 1700'lerde soda ve 1800'lerin sonunda nitrat. Bu maddelerin her ikisinden de uygun miktarlarda üretmek, kıyamet sonrası toplumu için bir olmazsa olmaz olacaktır. Peki toparlanmakta olan bir medeniyet, soda için küle ve nitrat için gübreye olan bağımlılığından nasıl kurtulabilir? Önce tarihimizde sanayi kimyasının başlangıcını oluşturan, sodanın büyük miktarlarda sentezlenmesinin nasıl gerçekleştirileceğinden başlayalım.

Daha önce gördüğümüz üzere, soda külü (sodyum karbonat) insanların birçok faaliyetinde büyük miktarlarda kullanılan hayati öneme sahip bir bileşik. Cam üretmek üzere kumun eritilmesi için vazgeçilmez bir eriyik (günümüzde dünya üzerinde üretilen sodyum karbonatın yarısından fazlası cam yapımında kullanılıyor) ve kostik sodaya dönüştürüldüğünde (sodyum hidroksit) sabun üretmek ve kâğıt yapımı için bitkisel lifleri ayrıştırmak gibi asli kimyasal reaksiyonları gerçekleştirmek için en iyi madde. Cam, sabun ve kâğıt medeniyetin temel direkleri ve ortaçağdan beri bütün bunlar için sürekli, ucuz bir alkali kaynağına ihtiyacımız oldu.

Eskiden beri, alkali olarak yanmış odundan elde edilen potas kullanıldı ve 18. yüzyıla gelindiğinde Avrupa'nın büyük kısmı ormansız kaldığı için, potas Kuzey Amerika, Rusya ve İskandinavya'dan ithal edilmeye başlandı. Öte yandan, birçok uygulaması için soda külü (bundan elde edilen kostik soda, kostik potastan çok daha güçlü bir hidroliz maddesidir) tercih ediliyordu ve bu madde, İspanya'da oraya has bir tür çalının yakılmasıyla ve İskoçya ile İrlanda'da fırtınaların kıyılara taşıdığı bir tür su yosunundan elde ediliyordu. Sodyum karbonat ayrıca Mısır'da, kurumuş göl yataklarındaki natron minerali çökeltilerinden sağlanıyordu. Ama 18. yüzyılın ikinci yarısına gelindiğinde, Batı'nın nüfusu ve ekonomisi büyüdüğünden soda talebi bu doğal kaynaklardan elde edilen arzı aşmaya başladı ve aynı şey kıyamet sonrası toplumu için de geçerli olacaktır. Bildiğimiz deniz tuzu ve soda külü kimyasal açıdan kuzendir,* peki bu sınırsız kaynağı ekonomik açıdan önem arz eden bir maddeye çevirebilir misiniz?

18. yüzyılda, Fransız kimyager Nicolas Leblanc tarafından geliştirilen iki adımlı basit bir işlem var; tuzu sülfürik asitle tepkimeye sokmak ve sonra ortaya çıkan ürünü

---

* Günümüzün terimleriyle söylersek, sıradan deniz tuzunun (sodyum klorit) ve soda külünün (sodyum karbonat) her ikisi de, aynı temele sahip (geleneksel olarak kostik soda diye bilinen sodyum hidroksit) kimyasal tuzlardır.

öğütülmüş kireçtaşı ve odunkömürüyle ya da kömürle bir fırında, 1.000°C civarında bir sıcaklıkta pişirip, siyah küllü bir madde elde etmek. Sizin ilgilendiğiniz madde olan sodyum karbonat suda çözünür, dolayısıyla yosun küllerinden elde ederken kullandığınız tekniği kullanarak suya batırabilirsiniz. Öte yandan bu Leblanc süreci, sizi bitkileri yakmaktan ya da madencilikten kurtardığı için tuzu sodaya dönüştürmenin kolay bir yolu olsa da, oldukça verimsizdir ve zehirli yan ürünler çıkarır.* Dolayısıyla, yeniden başlamakta olan bir toplum tercihen, kolay ama çok atık üreten Leblanc sürecini atlamak ve doğrudan daha etkili bir sisteme geçmek isteyecektir.

Solvay süreci biraz daha çapraşıktır ama döngüyü tamamlamak için dâhiyane bir şekilde amonyak kullanır: Kullandığı reaktifler sistemin içerisinde geri dönüştürülür ve böylece atık yan ürünler, dolayısıyla da kirlilik minimize edilir. Solvay sürecinin merkezindeki kimyasal reaksiyon şöyledir: Amonyum bikarbonat olarak bilinen bir bileşik güçlü bir tuzlu suya eklendiğinde, bikarbonat iyonu sodyuma geçerek sodyum bikarbonat oluşturur (hamur işi yaparken kullanılan kabartıcının aynısı), bu da basitçe ısıtılarak soda külüne dönüştürülebilir. Bunu yapmanın ilk adımı, güçlü tuzlu suyu; tuzlu suyun içerisinde çözülmeleri ve çok önemli amonyum bikarbonatı oluşturmak üzere birleşmeleri için, ilkinde amonyak gazıyla ve sonra karbondioksit gazıyla iki kuleden geçirmek. Tuzla birlikte bir değişim reaksiyonu gerçekleşir ve ortaya suda çözünmeyen, dolayısıyla da çökeldiğinde toplayabileceğiniz sodyum bikarbonat çıkar. Bu aşamanın temel bileşeni tuzlu suyu alkali olarak tutan ve dolayısıyla iki tuzu birbirinden güzelce ayrı tutarak sodanın bikarbonatının çözünmemesini sağlayan amonyaktır.

Bu ilk adım için gerekli olan karbondioksit, bir fırında kireçtaşı yakılarak elde edilebilir (Beşinci Bölüm'de gördüğümüz, kirecin harç ve beton üretimi için yakılmasıyla tamamen aynı şekilde). Bu işlemin sonucu olarak ortaya çıkan sönmemiş kireç, soda hasat edildikten sonra tuzlu su çözeltisine eklenirse, başta içerisinden geçirilen amonyak tekrar üretilir ve yine kullanılabilir. Dolayısıyla, bir bütün olarak Solvay süreci, sadece sodyum klorit tuzu ile kireçtaşı kullanır ve değerli sodanın yanı sıra yan ürün olarak sadece kalsiyum klorit üretir ve bu da, kışın yolların buzunu çözmek için kullanılabilir. Son derece zarif bir biçimde kendi kendisine yeten bu sistem, süreç içerisinde önemli amonyak bileşenini geri dönüştürür ve sadece görece, oldukça iptidai kimyasal adımlar kullanılarak inşa edilebilir. Günümüzde dünya çapında temel soda kaynağı hâlâ budur (1930'larda Wyoming'de, büyük bir sodyum karbonat minerali olan trona yatağının keşfedildiği ABD dışında). Ve yeni bir başlangıç yapmakta olan bir medeniyet için Solvay süreci, büyük önem arz

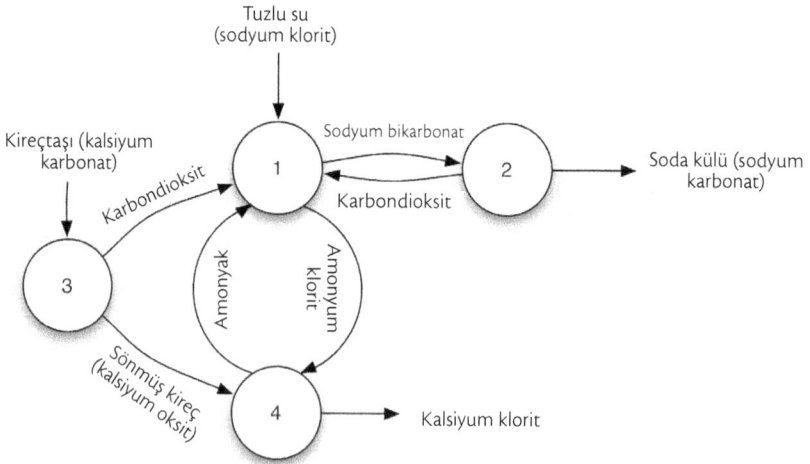

19. yüzyılın sonunda New York'ta, Solvay Process Co.'ya ait bir soda tesisi (üstte). Sodayı yapay bir şekilde sentezlemekte kullanılan Solvay sürecinin dört aşaması (altta). Amonyağın geri dönüşümünün bu kimyasal sürecin merkezinde yattığı görülebilir.

eden sodayı üretmek konusunda, daha az etkili ve çevre kirletici alternatiflerine başvurmamak için inanılmaz iyi bir fırsat.

Solvay süreci, bol bir sodyum elementi kaynağını (sofra tuzu) önemli bir alkali bileşiği olan sodaya dönüştürür. Ama çok uzun zaman geçmeden, gelişmekte olan medeniyet bir başka önemli maddenin arzında sorunlar yaşamaya başlayacaktır. Bugün yaşayan herkes için en temel kimyasal süreçlerden biri, nirtojen elementini ve bir başka sıradan maddenin çok önemli bir şeye dönüşmesini içeriyor.

Her gün doğrudan etkilediği insan sayısı bakımından 20. yüzyılın en büyük teknolojik gelişmesi, uçakların, antibiyotiklerin, elektronik bilgisayarların ya da nükleer gücün icadı değil, mütevazı, kötü kokan bir kimyasalın sentezlenmesi: Amonyak. Bu kitap boyunca gördüğümüz üzere, amonyak ve ilgili (ve dolayısıyla kimyasal olarak karşılıklı dönüştürülebilen) nitrojen bileşikleri olan nitrik asit ve nitratlar, medeniyetimizi ayakta tutan kimyanın temel taşları. Nitratlar hem gübre hem de patlayıcı yapımı için birer olmazsa olmaz. Ama 19. yüzyılın sonuna gelindiğinde sanayileşmiş dünya tükenmek üzereydi. Talep arzı geçmeye başlamıştı ve Amerika ile Avrupa ülkeleri, sadece ordularına mühimmat sağlamak konusunda değil, daha temel olarak vatandaşlarını canlı tutmaya yetecek miktarda yiyecek temin etmek konusunda bile endişelenmeye başlamıştı.

Binyıllar boyunca büyüyen nüfusa verdiğimiz cevap, basitçe daha fazla tarım alanı açmak oldu. Ama mevcut topraklar konusunda sınıra ulaştığımızda, sayıları artan boğazları beslemenin tek yolu, aynı tarımsal alandan alınan ürünün verimini artırmak oldu ve Üçüncü Bölüm'de gördüğümüz üzere, hayvansal gübreyi toprağa geri döndürmek ve baklagil ekmek bunun etkili yolları. Ama nüfus belirli bir sınıra ulaştığında (isterseniz buna "kapasite sınırı" diyebilirsiniz) medeniyet kaçınılmaz bir engele takıldı. Bu noktada hayvanlardan daha fazla gübre üretemezsiniz çünkü hayvanların da tarlalarda yetişen bitkilerle beslenmesi gerekiyor ve daha fazla baklagil de ekemezsiniz çünkü bu da tahıllar için gerekli tarım alanını azaltıyor. Organik tarımın taşıma kapasitesi sınırına gelmiş bulunuyorsunuz.

Başvurulacak tek yol, tarımsal döngünün dışından bir azot kaynağı eklemek. 19. yüzyıl boyunca Batı tarımı büyük oranda ithal kuş gübresi ve Şili çöllerinden çıkarılan güherçileye bel bağlamıştı. Ama bu kaynaklar hızla tükendi ve Britanya Bilimsel İlerleme Kurumu (İngiliz Bilim Derneği) Başkanı Sir William Crookes 1898 yılında, "Dünya'nın sermayesinden yiyoruz ve bunu sonsuza kadar yapmamız mümkün değil," uyarısını yaptı (medeniyetimizin ham petrol ve diğer doğal kaynaklar konusundaki sonu gelmez iştahının bu sermayeyi tüketme noktasına getirdiği şu günlerde uymamızın akıllıca olacağı bir uyarı). Arkamızda bıraktığımız dünya bu doğal nitrat kaynaklarından halihazırda arındırılmış durumda ve büyümekte olan bir kıyamet sonrası medeniyetinin o duvara kısa süre içerisinde çarpacağına şüphe yok.

Gezegenimizin atmosferi azot gazı açısından zengindir (aldığınız her nefesin %80'i ondan oluşuyor) ama bu gaz aynı zamanda oldukça tepkisizdir. Azotu oluşturan iki atom birbirine üçlü bir bağla sıkı bir şekilde bağlı. Hatta aslını isterseniz azot gazı bilinen en az reaktif iki atomlu madde. Bu onun ulaşılabilir formlara dönüştürülmesini, "yoğunlaştırılmasını" oldukça zor bir hale getiriyor. 19. yüzyılın sonuna gelindiğinde, azotun nasıl yoğunlaştırılacağının bulunmasının, medeniyetin gelişmeye devam edebilmesi için çok önemli olduğu belli olmuştu. Kimya, insanlığın yardımına yetişmeliydi.

1909'da keşfedilen ve bugün hâlâ kullanılan yöntem Haber-Bosch süreci olarak biliniyor. Görünüşte süreç aldatıcı bir şekilde basit görünüyor. Dünya'nın atmosferindeki en yaygın gaz olan azot ve tüm evrende en yaygın element olan hidrojen tek hammadde. Bunlar bire üç oranında bir formülle bir reaktörün içerisinde karıştırılıyor ve birleşerek NH_3'ü, yani amonyağı oluşturuyor. Azot basitçe havadan çekilebiliyor ve günümüzde hidrojen metandan elde ediliyor ama suyun elektrolizinden de elde edilebilir. Azotu işbirliği yapmaya ikna etmek için ikiz atomları birbirine bağlayan inatçı bağları kırmak gerekiyor ve bunun için de bir katalizöre ihtiyacınız var. Bu reaksiyonu tetiklemek için demirin gözenekli bir formu ile etkinliğini artırmak için bir yükseltici olarak potasyum hidroksit (s. 102-3'te gördüğümüz kostik potas) gayet iyi iş görüyor. Reaksiyon asla sonlanmıyor, dolayısıyla gazlar, istenen ürünü elde etmek için soğutulup amonyak yağmuru olarak yoğunlaştırılıyor ve bu da süzülüp depolanıyor. Henüz tepkimeye girmemiş gazlarsa, reaktörün içerisinde her şey başarılı bir şekilde dönüşene kadar tekrar tekrar geri dönüşmeye devam ediyor. Ama birçok şeyde olduğu gibi burada da şeytan ayrıntıda gizli ve aslını isterseniz, Haber-Bosch süreci kıvırması oldukça zor bir iş.

Birçok kimyasal reaksiyon özünde tek yönlüdür; tepkiyenler sadece bir yöne doğru ilerleyerek, birleşip yeni şeyler oluşturur. Örneğin bir mumu yaktığınızda, mumlaşmış hidrokarbon molekülleri yanma süreciyle okside olur ve su ile karbondioksite dönüşür ama tersi bir dönüşüm asla gerçekleşmez. Öte yandan, geri döndürülebilir reaksiyonlar gerçekleştiren kimyasal süreçler de vardır ve iki zıt dönüşüm aynı anda birbirinin tersi yöne ilerleyebilir. "Tepkiyenler" "ürünlere" dönüşür ama bunlar aynı zamanda tekrar geri dönüşmüş olurlar. Bir azot-hidrojen karışımı ile amonyak arasındaki dönüşüm bu tersine döndürülebilir süreçlerden biridir ve istediğiniz ürünü elde etmek için reaktörün içerisindeki şartları dikkatli bir şekilde ayarlamalısınız. Amonyak üretmek söz konusu olduğunda, bu süreci yüksek bir ısıda (450°C civarı) ve çok yüksek bir basınç altında (200 atmosfer civarı) sürdürmek demek. Haber-Bosch sürecini yürütmenin bu kadar zahmetli olmasının sebebi işte bu aşırı koşullar. Azotun yoğunlaştırılmasını kotarmak, bir fırının sıcaklığını gerektiren baktığımız tüm diğer önemli süreçlerden (cam yapımı ya da metalleri eritmek gibi) çok daha büyük bir mühendislik becerisi gerektiriyor. Kıyamet sonrası toplumunuz eski dünyadan uygun bir reaktör teknesi bulamıyorsa, nasıl endüstriyel bir basınçlı pişirici yapacağınızı öğrenmeniz gerekiyor.

Azot gazını hidrojenle birleşip amonyak oluşturmaya ikna etmek ilk adım. Azot yoğunlaştırıldıktan sonra, onu genel olarak daha kullanışlı bir kimyasal olan nitrik aside dönüştürmeniz gerekiyor. Amonyak yüksek ısılı bir dönüştürücüde oksidize edilir; işlemde sadece bir fırın yerine bir tekne kullanılır, bir platin-rodyum katalizörü kullanılarak amonyum gazının kendisi bir yakıt olarak yakılır. Bu, hava kirliliği emisyonlarını azaltmak için arabaların egzoz borularına eklenen katalitik dönüştürücüde kullanılanla aynı alaşımdır, dolayısıyla eski dünyadan temin etmesi görece kolay olmalı. Ortaya çıkan azot dioksit daha sonra suya yedirilir ve nitrik asit elde edilir.

Bu ürünlerin (amonyak ve nitrik asit) ikisi de, ürünlerinin verimini artırması için bir çiftçinin tarlasına doğrudan dökülemez; ilki fazla alkali, ikincisi fazla asidiktir. Ama ikisi karıştırıldığında nötralize olurlar ve amonyum nitrat tuzu oluştururlar, bu madde de, bitkilerin erişebildiği azot miktarını ikiye katladığı için mükemmel bir gübredir. Yedinci Bölüm'de gördüğümüz üzere, amonyum nitrat, çözündüğünde anestezik azot oksit saldığından tıpta da kullanılır. Ayrıca güçlü bir oksidandır ve dolayısıyla patlayıcı yapımında kullanılabilir.* Kısacası Haber-Bosch süreci, endüstriyel bir medeniyet olma yolunda ilerleyen kıyamet sonrası toplumunuzu, nitrat gibi önemli bir ürün için hayvan ve kuş gübresi toplamak, odun küllerini işlemek ya da güherçile madenleri kazmaktan kurtaracak ve bunun yerine, fiilen sınırsız bir kaynak olan atmosferdeki azotu işlemenize olanak sağlayacaktır.

Günümüzde Haber-Bosch süreciyle yılda 100 milyon ton civarında sentetik amonyak üretiliyor ve bundan elde edilen gübre dünya nüfusunun yaklaşık üçte birini besliyor; yaklaşık 2,3 milyar aç boğazı bu kimyasal reaksiyon doyuruyor. Ve yediğimiz yiyeceklerdeki hammaddeler hücrelerimiz tarafından özümsendiğinden, vücutlarımızdaki proteinin yarısı, türümüzün teknolojik becerileriyle yoğunlaştırdığı azottan yapılmış durumda. Dolayısıyla bir bakıma hepimiz sanayi üretimiyiz.

---

* Oklahoma City saldırısında Timothy McVeigh, bir kamyonetin arkasına yüklediği iki tonun üzerinde amonyum nitrat gübresi kullanmıştı. Ayrıca 1947 yılında Texas City limanında, 2.000 tonun üzerinde amonyum nitrat taşıyan bir gemide çıkan bir yangın geminin infilak etmesine neden olmuştu ve bu dünya tarihinin, nükleer patlamalar dışındaki en büyük patlamalarından biridir.

Zaman ve Mekân

> Kuşaklar gelir, kuşaklar geçer,
> Ama dünya sonsuza dek kalır.
>
> Vaiz, 1:4

> Harabelerin bende uyandırdığı düşünceler çok yoğun. Her şey yok oluyor, her şey helak oluyor, her şey geçiyor, sadece dünya kalıyor, sadece zaman devam ediyor.
>
> *Salon of 1767* [1767 Salonu], Denis Diderot

Önceki bölümde, kıyametten nesiller sonraki toplumun ihtiyaçlarına uygun olan ve sanayide kullanılan oldukça karmaşık ileri kimyaya baktık. Şimdi en başa geri dönmek istiyorum. Hayatta kalanlar şu iki temel soruya yanıt vermek için tam anlamıyla sıfırdan nelere çözüm üretebilir: "Saat kaç?" ve "Neredeyim?" Bunlar öylesine keyif için beyin jimnastiği yapmanın çok ötesinde sorulardır: İçinde yol aldığınız zamanı ve mekânı belirleyebilmek çok önemlidir. Zamanı belirlemek size gün boyunca zamanın ilerlemesini ölçme ve günlerle mevsimleri takip etme olanağı sağlar, ki bu başarılı bir şekilde tarım yapabilmek için elzemdir. Bu bağlamda, şaşırtıcı derecede doğru bir takvim yapabilmeniz ve hatta bilmediğiniz bir gelecekte hangi yılda olduğunuzu (her zamanda yolculuk filminde ana karakterin ağzından dökülen klasik sorudur) söyleyebilmeniz için ne gibi gözlemler yapabileceğinize bakacağız. Mekânı belirlemekse, tanıdığınız anıtsal yapıların yokluğunda dünya üzerindeki konumunuzu bilmek için önemli. Olmak istediğiniz yere gidebilmek için, önce olduğunuz yeri bilmelisiniz. Bu ayrıca size ticaret ve keşif için seyrüsefer yapabilme imkânı tanır.

Zamanı Bilmek

Mevsimleri takip edebilmek her medeniyet için bir olmazsa olmazdır, zira ekim ve hasat yapmak için en iyi zamanın hangisi olduğunu ancak bu şekilde bilebilir, karakışa ya da kurak mevsimlere ancak bu şekilde hazırlanabilirsiniz. Dahası, toplumunuz geliştikçe ve rutinleri daha sağlam bir şekilde oturdukça, gün içerisinde hangi saatte olduğunuzu bilmek gittikçe daha önemli bir hale gelecektir. Saatler çeşitli faaliyetlerin sürelerini düzenlemek ve şehir yaşamını senkronize etmek için vazgeçilmez araçlardır. Tüccarların çalışma saatlerinden pazarların açılış ve kapanış saatlerine, oradan dini topluluklarda ibadet için toplanma zamanlarına kadar, her şey saatin tik taklarıyla belirlenir.

Prensipte zamanı kararlı bir ritimde gerçekleşen herhangi bir işleyişten faydalanarak ölçebilirsiniz. Tarih boyunca bu iş için sayısız yöntem kullanıldı ve kıyameti hiçbir saatin atlatamaması halinde yeniden başlamanın ilk aşamalarında bunlar faydalı olabilir. Bu yöntemler arasında, zamanın bir kaptan bir başka kaba damlayan sularla ölçüldüğü ve saatin kaç olduğunu söylemek için iki kaptan birine bakıldığı su saatini; küçük bir delikten geçen kumlar ya da başka bir granül malzemeyle ölçmeyi; bir yağ lambasında kalan yağla ya da bir mumun üzerine çizilen çizgilerle ölçmeyi sayabiliriz.

Su saati ve kum saati yerçekimine bağlı olarak benzer bir prensiple çalışır, ama su saatinde su damlalarının akmasına neden olan basıncın tersine, kum saatinde akışın hızı yukarıda kalan miktardan bağımsızdır, bu yüzden daha üstün olan bu zaman ölçer 14. yüzyıldan itibaren yaygınlaşmıştır. Öte yandan, her ne kadar kum saati süre ölçebilse de, tek başına gün içerisinde hangi saatte olduğunuzu belirtemez (şafaktan itibaren kum saatlerini sürekli ters çevirdiğiniz sıkı bir sistem kurmadıysanız). Peki ilk prensipten başlayarak saatin kaç olduğunu nasıl bilebilirsiniz?

Günümüzde koşuşturma içinde geçen yaşamların şeklini, duvar saatleri ve iş planları belirliyor ama bunlar, üzerinde yaşadığımız gezegenin başlangıçtan beri varolan ritimlerinin resmiyete dökülmesinden başka bir şey değil. Gündelik deneyimimizin zaman skalasında, Dünya'nın doğal ritmi çoğumuz için gündüz ve gecenin düzenli salınımlarından ya da biraz daha kademeli gerçekleşen mevsim dönümlerinden fazlasını idrak etmek için fazla yavaş. Gelin güneşin saatini değiştirebildiğimizi ve çevremizde zamanın geçişini, gezegenlerin periyodik dönüşleri daha belirgin hale gelecek kadar hızlandırabildiğimizi düşünelim. (Aşağıdaki tanımlamalar kuzey yarımküre için yapılmıştır ama güney yarımküredeyseniz bilin ki ilkeler aynıdır.)

Güneş'in ufukta daha hızlı kaymasıyla, gölgeler kendilerini yaratan nesnelerin etrafında hızla ilerliyor. Güneş batıya doğru hızla ilerleyip son derece kısa bir günbatımının ardından gözden kaybolurken, gökyüzü laciverde dönüyor ve gecenin koyu karanlığı üzerimize çöküyor. Gökyüzüne saçılmış sayısız yıldız alışık olduğunuz gibi durağan birer nokta değil, gök kubbede ışıktan ince birer çizgi halinde dönüyorlar. Hiçbir hareketin olmadığı kuzey gökkutbunda, tam ortada, eşmerkezli halkalar çiziyorlar. Tekrar şafak sökmeden önce, bu görüntünün tam ortasında, tüm yıldızların onun etrafında büyük bir hızla dönüyor gibi göründüğü bir yıldız, Polaris (Demirkazık) yani Kutup Yıldızı duruyor;

Sonra Güneş'in gökyüzünde çizdiği ateşten yörüngenin hiç de düzgün olmadığını fark ediyorsunuz: Hafifçe ileri ve geri salınan bir yay çiziyor. Yazları Güneş yayı en yüksek noktasına çıkıyor ve uzun, sıcak günler getiriyor ama kışın neredeyse kestirmeden gidiyor ve tekrar gözden kaybolmadan önce yüzünü zar zor gösteriyor. Bu salınımın, Güneş'in çizdiği yayın, bir noktada yavaşladığı ve durduğu, sonra ters yöne doğru tekrar harekete geçtiği en yüksek ve en düşük noktalarına gündönümü denir (kelimenin İngilizcesi olan *solstice*, Latince "duran güneş" demektir). Kış gündönümü (güney yarımkürede yaz gündönümüyle çakışır) yılın en kısa günüdür ve Güneş ufukta en güney noktadan yükselir. İngiltere'deki Stonehenge gibi antik astronomi alanlarında, Güneş'in bu özel günlerde gökyüzünde yükseldiği noktalara göre yerleştirilmiş anıtlar mevcuttur. *

Peki bu doğal ritimleri ve döngüleri zamanı ölçmek için nasıl kullanacaksınız?

En temel düzeyde, Dünya döndükçe† Güneş gökyüzünün bir ucundan diğerine ilerler ve gölgeler buna bağlı olarak yer değiştirerek günün hangi anında olduğumuzu gösterir. Bir ağacın ya da sahilde bir şemsiyenin gölgesinde durmuş olan herkes neden bahsettiğimizi bilecektir. Dolayısıyla yere dik gelecek şekilde bir çubuk diktiğinizde, gölgesi zamanın geçişini gösterecektir. Bu, tahmin ettiğiniz üzere, güneş saatinin çalışma prensibi. Gölgenin en kısa olduğu zaman gün ortası yani öğle vaktidir. En iyi sonucu almak için çubuğa dosdoğru, sayfa 208'de gördüğümüz Kutup Yıldızı'nın gösterdiği yöne, gökkutbuna bakacak şekilde açı verilmeli.

Derme çatma bir güneş saati yapmak için yarıküre şeklinde bir zemin ya da dairesel bir yay şeklinde bir şey kullanabilirsiniz. Çubuğu bu dairenin ortasına

---

* Manhattan'ın ızgara biçimli paralel caddeleri kuzey gökkutbuna 30° doğu yönünde hizalanmıştır ve yılda iki kez (mayısın sonunda ve haziranın ortasında) Manhattan şehir büyüklüğünde bir Stonehenge gibi olur ve Güneş kanyon gibi görünen caddelerin tam ortasından batar.

† İkna olmaya ihtiyacınız varsa Güneş'in gökyüzündeki hareketinin ve geceleri gökyüzünü kaplayan yıldızların dönüşlerinin, onların değil bizim hareket etmemizden kaynaklandığını ispatlayabilirsiniz. Uzun bir ipten ağır bir çekül sallandırın ve rüzgârın etkisine maruz kalmadığından ve yanlara kaymadığından emin olarak ileri geri sallandırmaya başlayın. Bu "Foucault Sarkacı"nın salınımları günün akışı boyunca, zeminin etrafında dönüyor gibi görünecektir. Ama sarkaç açık havada sallandırılıyor, bu nedenle gün içerisinde dönmesine neden olacak bir güç söz konusu olamaz. Hatta aslına bakarsanız sarkaç hep aynı yönler arasında gidip gelmektedir ama altındaki Dünya dönmektedir.

yerleştirin ve dairenin çevresine düzenli aralıklarla saat çizgilerini işaretleyin. Düz bir dairesel güneş saati yapmak çok daha kolaydır ama saatlerin yerlerini işaretlemek daha zor olacaktır, çünkü gölgeler öğle saatinde akşam ve sabah olduğundan daha yavaş ilerler. Günü istediğiniz kadar saate bölebilirsiniz. Günü on iki saatlik iki yarıya bölmemiz Babillilerle başladı (ve muhtemelen Zodyak'taki 12 burçla, yani Güneş'in ve gezegenlerin gökyüzünde yörüngesinde dönüyor gözüktüğü takımyıldız gruplarıyla ilgiliydi).

Tarihimizde zamanı ölçmekle ilgili asıl devrim ve dolayısıyla yeniden toparlanma sürecinde hedeflenmesi gereken teknolojiyse mekanik "kurmalı" saatlerdir.* Bunlar kalp atışları gibi belirli bir ritimde tik taklarla işleyen mucizevi aletlerdir. Bu işleyişin gerçekleşmesi için dört bileşene ihtiyacınız var: Bir güç kaynağı, bir salıngaç, bir kurma kolu ve dişli saat çarkları.

Herhangi bir mekanizmanın en önemli parçası bir enerji kaynağıdır ve bunu sağlamanın en kolay yolu, bir milin etrafına doladığınız bir ipten sarkıtacağınız bir ağırlık; ağırlık yerçekimiyle aşağı doğru çekildikçe mil dönecektir. Temel problem, ağırlığın yere düşmek yerine, saat mekanizmasının çarklarını yavaşça döndürmek üzere depoladığı enerjiyi yavaş yavaş salmasını nasıl düzenleyeceğiniz. Bu işlevi yerine getiren alete saat maşası denir ve kendisine az sonra döneceğiz.

Mekanik saatlerin atan kalbine, yani düzenli zamanlama sinyallerini sağlayan parçasına salıngaç adı verilir. En ideal düşük teknolojili çözüm bir sarkaç, yani sabit bir çubuğun ucunda sallanan bir kütle. Burada kullandığınız fizik ilkesi olan sarkaç periyodu –sarkacın küçük bir açı çizerek salınması ve sonra ilk pozisyonuna geri dönmesi– sarkacın uzunluğuna bağlıdır. Sarkaç, sürtünme ve hava akımları kademeli olarak salınımların genliğini düşürse de hep aynı tempoyla salınır ve saat için onu bu kadar faydalı bir parça haline getiren de bu düzenli ritimleridir. Üçüncü unsur olan kurma kolu, salıngaçtan gelen zamanlama sinyalini kullanarak enerji kaynağını düzenlemek gibi hayati bir işlevi yerine getirir. Sarkaç maşası çentikli dişlere sahip bir çarktır ve sarkaç salınımıyla birlikte sallanan iki kollu bir manivelayı tekrar tekrar kilitler ve bırakır. Her salınımın başında, serbest kalan maşa, hareket ettirici ağırlığın çekişiyle bir tırnak döner ve belirli bir açıyla duran dişi, küçük bir darbeyle sarkacın hareket etmeye devam etmesini sağlar. Yani bu

---

* Bunlar ilk kez 13. yüzyılın sonunda manastırlarda ortaya çıktı ve vuruşları keşişlere dua zamanlarını haber veriyordu. Saat kadranlarının ortaya çıkışından önce, yüz seneden uzun bir süre boyunca (yelkovanların ortaya çıkışı da bir üç yüz sene daha sürecekti) erken dönem saatleri zamanı göstermeye değil çan çalmaya yarayan dâhiyane otomatik sistemlerdi (duvar saati kelimesinin İngilizcesi olan "*clock*" da Kelt dilindeki "çan" kelimesinden türetilmişti).

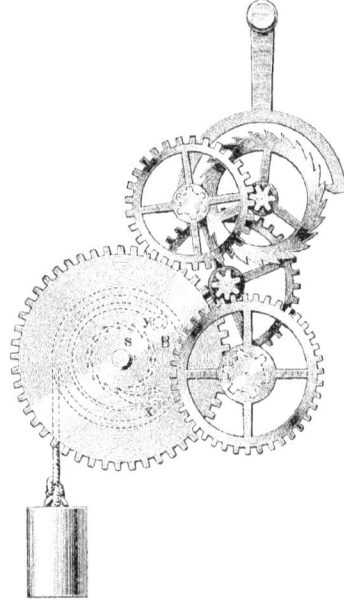

Mekanik saatin temel bileşenleri. Denge ağırlığının (sol alt) aşağı çekilmesi çark zincirini çevirir ve ağırlık ileri geri salınırken maşa (üstte) kilitli çarkı bırakır ve çark her seferinde bir diş döner.

dâhiyane düzenek sallanan ağırlığın düzenli itişlerini alır ve onu, her seferinde bir tık olmak üzere depolanmış enerjiyi açığa çıkartmak için kullanır. Birçok saatte uzun bir sarkaç ile ucuna takılan bir denge ağırlığı kullanılır, dolayısıyla temelde büyükbabalarımızın o uzun duvar saatleri gibi görünürler.

Bundan sonra, temel olarak maşanın tahrik çarkını, onun da tam on iki saatlik bir süre zarfında saatin kolunu çevireceği matematiksel bir denklem oluşturan bir çark sistemini tasarlamak görece kolay bir iş, buna bir de 60:1 hızla dönen bir dakika kolu ekleyeceksiniz. Bir saati 60 dakikaya (kelimenin İngilizcesi olan *"minute"*, Latince *partes minutiae primae*, yani "ilk küçük parça" ifadesinden gelmektedir) ve dakikaları da 60'ar saniyeye (Latince *partes minutiae secondae*, ikinci küçük parça) bölmemiz bir başka Babil mirası. Sarkaçlı saatler ayrıca doğal süreçleri ve deneyleri tam olarak ölçmeye de yarar ve bu gelişme Sanayi Devrimi boyunca araştırmacıların önemli bir aleti olarak tarihimize katkı sunmuştur.[*]

Bir güneş saatinin gölgelerinin gösterdiği saatlerin uzunlukları yıl boyunca değişir; kış saatleri yaz saatlerinden daha kısadır. Senede sadece iki gün güneş saatleri eşittir: Ekinokslarda (kelime *"equal night"* yani "eşit gece" deyiminden

---

[*] Tüm saatler temelde düzenli bir sürecin salınımlarını sayan ve sonucu gösteren araçlardır. Modern saatler de ilkesel olarak aynı şekilde çalışır ama daha hızlı ve daha kesin tık taklara sahip farklı fiziksel olguları kullanırlar: Ya dijital saatlerde olduğu gibi kuvars kristalinin elektronik salınımlarını sayarlar ya da atomik saatlerde olduğu gibi bir sezyum bulutunun mikrodalga salınımlarını.

gelmektedir çünkü bu günlerde günler ve geceler 12 saat uzunluğundadır).* Bu özel günler ilkbaharda ve sonbaharda gerçekleşir ve bu günlerde öğleyin ekvator çizgisinde durursanız Güneş tam tepenizden geçer ve gölgeniz ayaklarınız altında yok olur. Her iki ekinoksun sabahını da Dünya'nın herhangi bir yerinde tespit etmek kolaydır çünkü Güneş tam doğudan yükselir (gökkutbuna tam 90°'lik bir açıyla). Mekanik saatler bu standart ekvator saatidir (karşılaştırmak istiyorsanız bir güneş saatinin tuttuğu saati kum saatininkiyle ölçebilirsiniz).

Güneş saatleri gerçek güneş zamanı olarak bilinen saati gösterir ve bu saat, sabit ekvator saatlerini sayan mekanik saatlerin tuttuğu ortalama güneş saatinden 16 dakika kadar sapabilir. Öte yanda, mekanik saatlerin yaygınlaşmasıyla birlikte, bir kafa karışıklığı ortaya çıkmıştı. Kastedilen hangi zaman sistemiydi? Makinelerin tuttuğu standart saat mi, yoksa gün doğumundan itibaren geçen saatleri sayan sistem mi? Bu yüzden 14. yüzyıldan itibaren İngilizcede saat söylenirken, örneğin *"three o'clock"* ("saatin üçü") gibi, "saatin" bir saati olarak bir zaman ölçümünün belirtilmesi gerekir oldu.

Günümüzde duvarınızda asılı duran saatlerin kadranları ile antik güneş saati teknolojisi arasında düşündüğünüzden daha derin bir tarihsel bağ mevcut. Zamanı saatlerle gösteren ve bir kadran etrafında dönen mekanik saatler, güneş saatlerinde gölge okumaya alışkın insanların sezgisel olarak anlayacakları şekilde tasarlanmışlardı. İlk kez ortaçağ Avrupa şehirlerinde ortaya çıkmışlardı ve kuzey yarımkürede güneş saatleri hep aynı yöne doğru hareket ediyordu; akrepler bu yüzden "saat yönünde" hareket etmek üzere tasarlandı. Yeniden başlama sürecinde saati yeniden icat eden güney yarımküreden bir medeniyet olursa, saat kollarının saat yönünün tersine dönmemesi için bir neden yok.

Gün içerisinde zamanı nasıl ölçeceğiniz konusu bu kadar. Peki en temelden başlayarak zamanın daha uzun döngülerini takip etmek ve mevsimlerin nabzını hissetmek için takvimleri nasıl yeniden yapacaksınız?

Takvim Yapmak

Yerdeki çubuğumuza geri dönelim. Gün içerisinde gölgesinin uzamasını ve kısalmasını kullanarak tam öğle vaktini nasıl tespit edebileceğinizi gördük. Birbirini takip eden günlerde, öğle vakitlerinde gölgelerin uzunluklarını not ederseniz temel olarak Güneş'in azami yükselme açısını ölçmüş olursunuz; Dünya Güneş'in etrafında dönüp mevsimler geçtikçe, bir dönemselliğin mevcut olduğunu keşfedeceksiniz.†

---

* Ama aslında gündüzler çok az daha uzundur, çünkü güneş ışınları Dünya'nın atmosferinde kırılır, böylece sabahları ve akşamları bir alacakaranlık dönemine neden olur.

† Peki Güneş'in Dünya'nın değil de Dünya'nın Güneş'in etrafında döndüğünü nasıl ispat edeceksiniz (bu arada tabii ki Güneş sisteminin merkezinde olmak gibi bir ayrıcalığa sahip

Biraz daha geç saatlere kadar oturur ve Güneş'in hareketlerini değil de gece göğünü gözlemlerseniz, yılı bölmek ve mevsimsel döngülerin izini sürmek için çok daha fazla işareti kullanma olanağınız olur. Dünya üzerindeki herhangi bir noktadan görünen takımyıldızların çoğunun yeri yıl içerisinde değişir. Örneğin çoğumuzun tanıdığı Orion (Avcı) Takımyıldızı gök ekvatoru kuşağında uzanır ve bu yüzden kuzey yarımkürede sadece kış aylarında görünür. Daha açık söylemek gerekirse, belirli yıldızlar belirli tarihlerde görünür ve daha sonra görünmez hale gelir (böylece size yılın 365 gününü doğru bir şekilde sayma olanağı tanırlar). Yıldızlarla ilgili bu olaylar ile yıl içerisindeki belirli özel günler arasında bağ kurabilir (gündönümleri ve ekinokslar) ve böylece yıl içerisinde hangi dönemde olduğunuzu takip edebilir ve mevsimlerin geçişini tahmin edebilirsiniz. Mesela Eski Mısırlılar, Nil'in taşma zamanlarını ve toprakların ne zaman suyla besleneceğini (bizim takvimimizle 28 Haziran civarına denk geliyor), gökyüzündeki en parlak yıldız olan Sirius'u gözlemleyerek öngörebiliyordu.

Böylece, temel bazı gözlemlerinizi not ederek 365 günlük* takvimi baştan yaratabilir ve yıl içerisinde düzenli aralıklarla dağılmış dört dönüm noktası olarak ekinoksları ve gündönümlerini kaydedebilirsiniz; bunlar mevsim geçişlerinin sınırlarını belirler ve tarım faaliyetlerinizi düzenlemenize yardım ederler. Sonbahar ve ilkbahardaki ekinokslar (aynı zamanda mekanik saatinizi belirlemenize nasıl yardım ettiklerini de gördük) kuzey yarımkürede sırasıyla yaklaşık 22 Eylül ve 20 Mart tarihlerine denk gelirken, gündönümleri 21 Aralık ve 21 Haziran'da gerçekleşir. Dolayısıyla, hayatta kalanlar tarihin ucunu hiç kimsenin kayıt tutamadığı bir dönem boyunca kaçıracak kadar gerilese bile, gözlerinizi bir süre gökyüzü üzerinde

---

olmadığımızı)? Tek ihtiyacınız olan doğru bir saat. Birkaç gece içerisinde, her yıldızın geceleri gökyüzünde tam dört dakika kadar geç yükseldiğini fark edeceksiniz. Dönen sadece kendi ekseni çevresinde Dünya olsaydı, yıldızlar her gece tam aynı anda görüş alanımıza girerlerdi. Ama Dünya'nın konumu hafif hafif değişmektedir ve bir önceki akşamla aynı konuma geri gelmesi belirli bir süre almaktadır. Dört dakika, 24 saatin 365'te biridir: Dünya Güneş'in çevresindeki bir yıllık yolculuğunda bir gün ilerlemiştir.

* Aslına bakarsanız yeniden başlama sürecinin ilk birkaç on yılında tuttuğunuz kayıtlara baktığınızda, 365 günlük takvimde gökyüzündeki yıldızların konumlarının yıldan yıla düzenli olarak kaydığını göreceksiniz. Bu da size bir yılın tamı tamına 365 gün değil, çok az daha uzun olduğunu söyler (aslında bir düşünürseniz, gezegenimizin Güneş'in etrafındaki dönüşünün, kendi ekseni etrafındaki dönüşünün tam katı olmasını beklememiz için bir neden yok). 1460 sene sonra gökyüzündeki imleriniz en baştaki noktaya geri dönecektir. Başka bir deyişle her 1460 yılda bir Dünya 365 gün fazla döner. Dolayısıyla her yıl için hesaba katmanız gereken bir çeyrek gün daha vardır, aksi takdirde takviminiz zaman içerisinde mevsimden mevsime utanç verecek kadar kayar. Bu nedenle MÖ 46 yılında Jul Sezar, tarihin düzeltilmesi ve mevsimler ile takvimin doğru devam etmesi için artık yılın uygulanması talimatını vermiştir.

tutarak içerisinde olduğunuz tarihi bulabilirsiniz. İsterseniz ocaktan aralığa bildik 12 aylık sistemiyle Gregoryen takvimi canlandırabilir ve kaydetmiş olduğunuz özel günlere bakarak eşleştirme yapabilirsiniz.

Peki kimsenin tarih tutmamasının üzerinden diyelim nesiller geçtikten sonra hangi yılda olduğunuzu hesaplamanız mümkün mü? Medeniyetimizin bir felaket sonucu çöküşünün ardından ne kadar karanlık zaman geçti? Bunu bulmanın iyi bir yolu, geceleyin gökyüzüne saçılan yıldızlar hakkında inanılmaz bir şeyi keşfetmekten geçiyor.

Gece boyunca yıldızlar, başınızın üzerindeki iğne delikleriyle dolu devasa bir kubbeye benzeyen gökyüzünde döner ve her ışık noktası diğerleriyle bağlantılı şekiller oluşturur: Takımyıldızlarının örüntüsü. Öte yandan, insanın aklını başından alan gerçek, insanın ömrünü kat kat aşan bir zaman içerisinde tüm yıldızların hareket ederek birbirlerinin yanından geçiyor olmasıdır. Zamanı (bu sefer Dünya'nın dönüşünün etkisini yok edecek şekilde) tekrar ileri alsanız, yıldızların karanlık bir okyanusun içerisinde birer köpük tanesi gibi dönerek birbirlerini geçtiklerini izleyebilirdiniz. Buna özdevinim denir ve galaktik merkezlerin etrafında dönen diğer yıldızların her birinin kendi yörüngelerine sahip olmasından kaynaklanır.

Yakın gelecekte bilmediğiniz bir zamandan yola çıkarak hangi yılda olduğunuza karar verebilmeniz için en uygun hedefiniz Barnard Yıldızı. Bu, Dünya'ya en yakın yıldızlardan biridir ama yaşlı, acınası derecede zayıf, kırmızı bir ışık saçan küçücük bir güneştir ve bu yüzden yakın çevresi çıplak gözle görülemez. Öte yandan Barnard Yıldızı, mütevazı bir teleskopla ya da gözünüzden birkaç santim uzakta tutacağınız bir mercek ya da aynayla kolayca bulunabilir. Bu yıldızı gözlemesi çok kolay olmasa da, kendisi gökyüzündeki doğal bir zaman imleci görevi görebilir. Yakınlığından dolayı, gökyüzünde bilinen yıldızlar içinde en hızlı özdevinime sahip yıldızdır. Yılda neredeyse 3.000 derece yol kateder. Bu fazla değilmiş gibi gelebilir ama çevredeki diğer yıldızlarla karşılaştırıldığında inanılmaz bir hızdır ve bir insanın ömrü kadar bir sürede, neredeyse bir dolunayın çapının yarısı kadar yol kateder. Dolayısıyla ayağa kalkmaya çalışan bir medeniyetin gelecekte tarihi belirleyebilmek için tek yapması gereken, gökyüzünün, aşağıda resminin yer aldığı kısmını gözlemlemek; Barnard Yıldızı'nın şu anki konumuna bakın ve zaman çizelgesinden içinde bulunduğunuz yılı bulun.

Çok daha uzun bir zaman ölçeğindeyse Dünya'nın ekseninin devinim (*precession*) hareketinden faydalanabilirsiniz. Tıpkı dönen bir topaç gibi, gezegenimizin dönme ekseni de zaman içerisinde yavaş yavaş bir yana devrilir. Kutup Yıldızı, şansımıza, Dünya'nın şu anki dönme ekseniyle aynı doğrultudadır ve bu yüzden

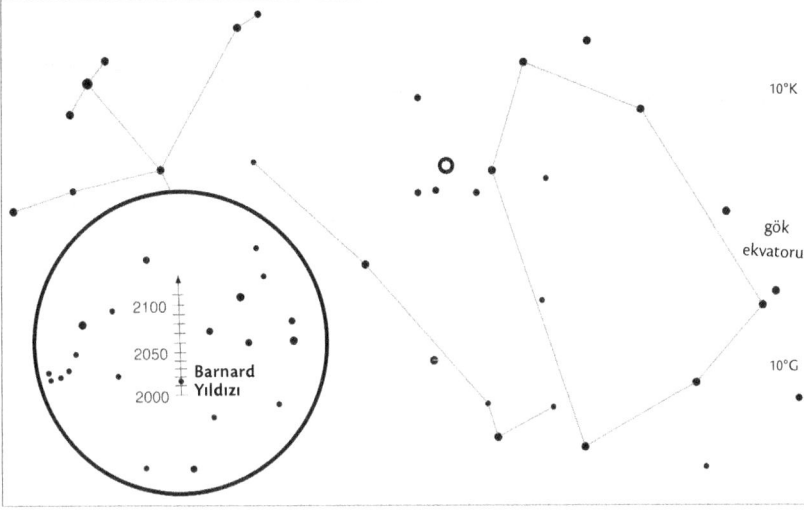

Barnard Yıldızı gökyüzündeki en hızlı özdevinime sahip yıldızdır ve gözlemler, tarihsel kayıtlardaki bir kopma durumunda, içerisinde olunan yılı tespit etmek için kullanılabilir.

gökyüzünde dönmüyormuş gibi görünen tek noktadır. Şu an için güney yarımküreden görünen ve ona denk gelen bir "Güney Yıldızı" yok, zira Dünya'nın ekseni halihazırda güney göğünde görece boş bir bölgeden geçiyor. Binyıl içerisinde Kuzey Yıldızı boş bir gökyüzünde ilerleyerek başka yıldızların yakınından geçecek ve MS 25700 yılı itibariyle İsa'nın doğduğu yıldaki konumuna dönecek. (Bu dönüşün bir başka sonucu Güneş'in yörüngesinin gök ekvatorunu kestiği noktalar, yani ilkbahar ve sonbahar ekinokslarının kayması; buna ekinoks salınımı adı veriliyor). Gökkutbunun, içerisinde bulunduğunuz zamanda nerede olduğunu görmek görece kolay bir iş, özellikle de temel fotoğrafçılığı yeniden geliştirdiyseniz ve yıldızların Dünya'nın dönüşüyle gökyüzünde bıraktığı izleri görüntüleyebiliyorsanız (bunu yaklaşık çeyrek saatlik bir pozlamayla yapabilirsiniz). Bunu önceki sayfadaki resimde görülen yıldız haritası zaman çizelgesiyle karşılaştırın ve içerisinde bulunduğunuz binyılı okuyun.

Dünya'nın farklı hareketlerini kayıt etmek, günün hangi saatinde olduğunuzu bilmenize ve tarımda kullanmak üzere mevsimlerin değişimini tahmin etmek için takvimi yeniden yapabilmenize olanak sağlar. Peki Dünya'nın tam olarak neresinde olduğunuzu nasıl bileceksiniz ve iki nokta arasında etkin bir biçimde gidip gelmek için seyrüsefer yapmayı nasıl öğreneceksiniz?

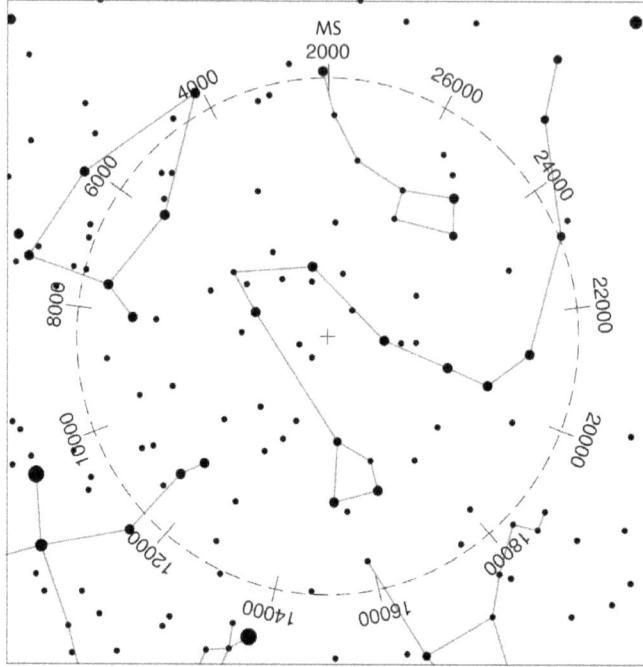

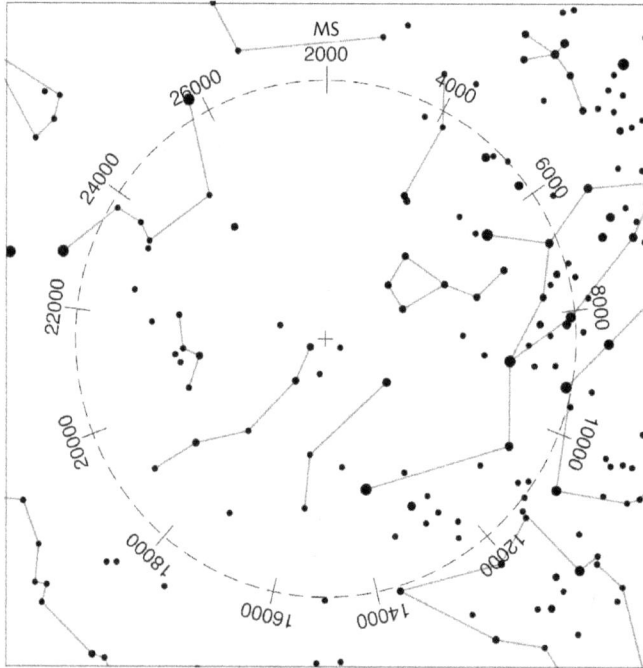

Önümüzdeki 26.000 yıl sürecince Dünya'nın dönüş ekseni devinimine göre kuzey ve güney kutupları dairesi.

Neredeyim?

Tanıdık yapıların olduğu yerler arasında ya da bir kıyı boyunca bir tekneyle dolaşmak kolaydır. Ama insanı rahatlatan bu rehberler olmadan, mesela hiçbir işaretin olmadığı geniş okyanusları geçerken, doğru yöne gittiğinizden emin olmak için ne yapabilirsiniz? Çinli denizciler, doğal mıknatıs taşlarının inanılmaz yön gösterme özelliğinden (Orta İngilizcede *"leading stone"* yani "yön taşı") ilk kez 11. yüzyılda yararlandılar ve sonraları demir iğneleri manyetize ettiler. Bu pusula iğneleri, Dünya'nın manyetik alan çizgilerine kendiliklerinden paralel hale gelir, dolayısıyla kuzey güney kutupları doğrultusuna hizalanırlar: İğnenin ucu kuzey noktasının belirlenmesini sağlar. Bir pusula sadece başka dış kaynakların olmadığı hallerde sürekli belirli bir yönü göstermekle kalmaz; görüş alanınız içerisinde iki (ya da daha fazla) yeryüzü şekli ya da yapının olduğu bir durumda, bir pusulayı kullanarak nirengi alabilir ve bir harita ya da plan üzerinde nerede olduğunuzu tam olarak tespit edebilirsiniz. Açık bir gökyüzü olması halinde gece kuzeyi ya da güneyi kolayca bulabilecek olsanız bile, kapalı havalarda pusula şahane bir seyrüsefer aletidir. Öte yandan, dünyanın dönüşünden kaynaklanan gökkutbuyla, demir zengini çekirdeğinden kaynaklanan manyetik kutbunun her zaman mükemmel bir şekilde eşleşmediğini unutmayın. Aradaki fark ekvatorda sadece birkaç derecedir ama kutuplardan herhangi birine doğru gittikçe pusulanın gösterdiği kuzey şaşar.

Sıfırdan başlamak zorunda kaldıysanız ve hiç mıknatıs bulamazsanız, her zaman elektrik kullanarak geçici bir manyetik alan yaratabilirsiniz. Sekizinci Bölüm'de iki farklı metal parçasından nasıl ilkel bir pil yapabileceğinizi gördük; akım, bir tele sarılmış ve bobine dönüştürülmüş bir bakır parçası boyunca ilerler ve bir elektromıknatıs oluşturur. Enerji verildiğinde bu elektromıknatıs demir nesneleri sürekli olarak manyetize etmekte kullanılabilir ve bu şekilde manyetize, ince bir pusula iğnesi yapabilirsiniz (tamamen sıfırdan başlıyorsanız metallerin nasıl eritileceğiyle ilgili olarak Altıncı Bölüm'e bakabilirsiniz).

Pusula size bir yönü gösterir ve hazır bir harita ve yer şekilleriyle birlikte kullanıldığında yerinizi bulmanıza yardımcı olur. Peki Dünya üzerinde herhangi bir noktadaki konumunuzu bulmak için daha genel bir sistem var mı? Bu bölümde daha önce incelediğimiz iki temel sorun (saat kaç ve neredeyim), sandığınızdan daha derin bir ilişki içerisinde.

Yerinizi bulmak konusunda çözülmesi gereken ilk mesele, Dünya'nın her noktası için kullanabileceğiniz benzersiz bir sistem geliştirmek. Bir gölü tarif ederken güneybatı yönünde, kasabanın 5 kilometre kadar dışında olduğunu söylemek kolay ama, yeni keşfedilmiş bir adanın konumunu ya da çevrede referans alabileceğiniz hiçbir işaretin olmadığı bir okyanusun ortasında konumunuzu nasıl belirleyeceksiniz? Mesele, tüm Dünya'nın kendisi için bir doğal koordinat sistemi bulmakta.

New York gibi ızgara sistemi kullanılarak kurulmuş bir şehirde yolunuzu bulmak görece kolaydır. Bulvarlar kuzey-doğu yönünde uzanır, caddeler onları dik olarak keser ve sokakların büyük kısmı birbirini takip eden numaralara sahiptir. Manhattan'da bir yerden bir yere gitmek işten değildir; gitmek istediğiniz caddeye gelene kadar bir bulvar boyunca yürürsünüz ve sonra gideceğiniz yere varana kadar caddede ilerlersiniz. Manhattan şehir merkezinde bir yerin adresi, üzerinde olduğu kavşağı yazmak kadar kolaydır: Mesela 23. Cadde ve Yedinci Bulvar. Hatta herkesin cadde numarasının bulvardan önce söylenmesi konusunda anlaştığı noktada, tek ihtiyacınız olan bir numara: (23, 7) ya da (4, Broadway). Burada bir adres, bir etiketten daha fazlasını ifade ediyor; bunlar şehirde bir noktanın yerini tam olarak söyleyen birer koordinat. Ve bu ızgara sistemi içerisinde nerede olduğunuzu anlamak için, bir kavşakta tabelalara baktığınızda hangi sokaklardan hangi yöne doğru gitmeniz gerektiğini hemen anlayabiliyorsunuz.

Benzer bir koordinat sistemi tüm gezegen için de aynı şekilde işe yarar. Dünya neredeyse mükemmel bir küredir ve dönüş ekseni bir kuzey ve bir güney kutbu olmasını gerektirirken, ekvator onu tam ortasından boydan boya keser. Küresel geometrisinden ötürü Dünya'yı şehir ızgara sisteminde olduğu gibi aralarında düzenli mesafeler olan değil, mesafeleri belirli açılarla değişen çizgilere bölmek daha mantıklı. Şimdi Kuzey Kutbu'nda durduğunuzu ve güneye doğru tüm gezegeni geçerek Güney Kutbu'na varacak bir çizgi çektiğinizi düşünün. Sonra 10° dönerek ikinci bir tane daha çekin ve 360° dönüp tüm çemberi tamamlayana kadar buna devam edin. Aynı şekilde, iki kutbun tam ortasında bir noktada, Dünya'nın çevresini dolaştığını kabul ettiğimiz ekvatordan başlayarak, kuzeye ve güneye doğru 90° boyunca, yine her 10°'de bir gittikçe küçülen çemberler çizin.

Kutuplar arasında kuzey-güney yönünde uzanan bu çizgilere boylam (meridyen) ve ekvatorun kuzeyi ile güneyinde Dünya'yı doğu-batı yönünde saran çemberlere enlem (paralel) adı verilir. Enlem çizgileri birbirlerine paralel uzanır ve boylamlar onları dik açılarla keser. Dolayısıyla Dünya'nın ekvator kuşağı kısmı civarında, enlem-boylam koordinatları, düz bir yüzeye sahip Manhattan'ın cadde-bulvar sistemine yakındır; Dünya'nın küresel geometrisinden ötürü kutuplara doğru yaklaştıkça, kesişme noktalarının oluşturduğu karelerin şekilleri giderek bozulur. Manhattan sokaklarında olduğu gibi, numaralı koordinatlarınızın denk düşeceği bir başlama noktası belirlemelisiniz. Enlem çizgileri için 0 derece tabii ki ekvatordur ama boylamlar için doğal bir başlama noktası yoktur. Tamamen tarihi bir anlaşmayla "ilk meridyen" olarak Londra'daki Greenwich'i benimseriz.

Gezegenin hangi noktasında olduğunuzu belirtmek üzere bu evrensel adres sistemini kullanmak için tek yapmanız gereken, ekvatorun kaç derece kuzeyi ya da güneyinde olduğunuzu (enleminiz) ve ilk meridyenin kaç derece doğusu ya da batısında olduğunuzu (boylamınız) söylemek. Şu an, akıllı telefonum, 51.56°K ve 0.09°B'de olduğumu söylüyor (Kuzey Londra'da, Greenwich'ten pek uzak olmayan bir yerdeyim).

Şimdi, başta kendimiz için sorduğumuz soru (Dünya'da bilinen noktalar arasında nasıl seyrüsefer yapacağım?) tam olarak iki ayrı soruya bölünmüş durumda: Enlemimi nasıl bulacağım? Boylamımı nasıl bulacağım?

Enlemleri bulmak oldukça kolaydır, yıldızlarla bezeli gökyüzü size istediğinizden çok daha fazla bilgi sunar. Dönüp duran yıldızların ortasında hareketsiz duran Kutup Yıldızı, Kuzey Kutbu'nun tam üzerinde bir noktadadır ve dolayısıyla, sizin ekvatora olan açısal mesafeniz ile bu kutup ve ufuk arasındaki açı aynıdır. Başka bir deyişle, Dünya üzerinde hangi enlemde olduğunuzu belirlemek doğrudan yıldızların yüksekliğini ölçmekten geçer.

Bunun için en basitinden, kenarlarına işaretler koyduğunuz bir seyrüsefer kadranı yapabilirsiniz. Çeyrek daire şeklindeki bir karton ya da ince bir ahşabın eğri dış kenarını 0°'den 90°'ye kadar işaretleyin. Düz kenarların birinin başına ve sonuna birer çentik koyun, böylece hedeflediğiniz noktayı bunun üzerinde görebileceksiniz ve köşesine bir ip bağlayın, böylece aşağı doğru sarktığında ölçeğe bağlı olarak yükselme açısını gösterecektir. Pek karmaşık olmamasına rağmen bu basit alet Kutup Yıldızı'nı görmenizi ve böylece Dünya üzerindeki enleminizi keşfetmenizi sağlayacaktır. Birkaç derecelik bir sapma olması mümkün ama bu kadarı, birkaç yüz kilometre farkla ekvatorun ne kadar kuzeyinde olduğunuzu bulmanız için yeterli.

1750'lerde çok daha zarif ve hassas bir alet geliştirildi ve bugün, elektrik kesilmesi ve GPS'in kullanılamaması gibi durumlar için yedek seyrüsefer aleti olarak yaygın bir şekilde kullanılmaya devam ediyor. Tam bir çemberin altıda birlik bir kısmını esas alan sekstant (ismi İngilizcedeki "*six*", yani altı kelimesinden gelmektedir; tıpkı yukarıda gördüğümüz kadranın İngilizcesi olan "*quadrant*"ın çeyrek anlamına gelen "*quarter*" ve "oktant"ın sekizde bir anlamına gelen "*octant*"tan geldiği gibi), herhangi iki nesne arasındaki açıyı ölçmeye yarar. Seyrüsefer için son derece kullanışlı bir alet olan sekstant, Güneş'in ya da Kutup Yıldızı'nın ve hatta herhangi bir yıldızın ufukta yükselme açısını size tam olarak verebilir. Fevkalade kullanışlı bu aletin tasarımını, bakarak taklit etmek de gayet kolaydır ve toparlanmakta olan medeniyetiniz temel yeteneklerini metalleri şekillendirecek, mercekleri parlatacak

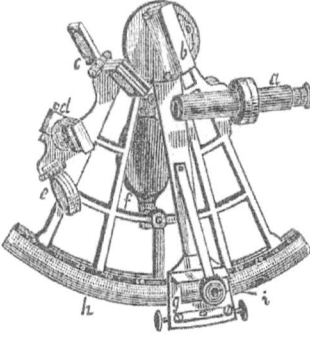

Teleskobu (a), yarım sırlı aynası (d)
ve yay kısmıyla sekstant.

ve aynaları sırlayacak kadar geri kazandığında, sekstant için gerekli ön teknolojileri hallettiniz demektir.

Sekstantın iskeleti bir çemberin 60°'lik bir kesitidir; bir dilim pizza gibi düşünebilirsiniz ama ucu yukarı bakar. Bu tepe noktasına bağlanan hareketli bir kol [gösterge kolu], yay kısmının kenarı üzerinde hareket ederek bir açı ölçüsünü işaret edecek şekilde aşağı doğru sallanır. Sekstantın en önemli bileşeni, ön uç kısma yerleştirilmiş yarı sırlı bir aynadır, böylece kullanan kişi arka tarafını görebilir. Gösterge kolu üzerine yerleştirilmiş açılı bir ayna, göstermek üzere çevrildiği şeyin görüntüsünü yarım sırlı aynaya aktarır ve kullanıcı için iki görüntüyü üst üste bindirir.

Sekstantınızı kullanmak için küçük teleskobunuzdan bakın ve aleti yarım sırlı aynadan ufku görecek şekilde yatırın. Şimdi Güneş'in ya da hedeflediğiniz yıldızın yansıyan görüntüsü aşağı inene ve tam ufukta görünene kadar gösterge kolunu döndürün (parlamayı azaltmak için iki ayna arasına koyultmuş cam parçaları yerleştirebilirsiniz). Sallanan gösterge kolu yükseklik açısını alttaki ölçü skalasında gösterecektir.

Gök kubbenin biçimsel düzenini yeniden öğrendikten ve farklı tarih ve zamanlar için en parlak yıldızların konum tablolarını kaydettikten sonra, Kutup Yıldızı'nın görünmediği hallerde bile bu yıldızlardan herhangi birinin görüntüsünü kullanarak enleminizi belirleyebilirsiniz. Dahası farklı tarihler ve yerler için Güneş'in öğle vaktindeki yüksekliğini çizelgeledikten sonra, sekstantı ve takvimi kullanarak gündüz vakti hareket halindeyken de enleminizi bulabilirsiniz. Bir kere okumayı öğrendikten sonra, gökyüzü hem pusula hem de saat olarak muazzam bir alettir.

Nerede olduğunuzu tam olarak belirlemek için gereken koordinatlarınızın ikinci yarısını, boylamı, bulmak ne yazık ki pek de öyle kolay değil. İlk meridyenin ne kadar doğusunda olduğunuzu belirlemek için gökyüzünü kullanmak zor, zira Dünya döndüğü için sürekli o yöne doğru gidiyoruz. New York benzetmesini kullanmaya devam edersek, 17. yüzyılda denizciler kolayca hangi caddede olduklarını söyleyebilirlerdi ama hangi bulvarda olduklarını bilemezlerdi. Tek yapabildikleri, yönlerini ve tahmini hızlarını hesaba katarak ve bilmedikleri akıntılar tarafından rotadan çok fazla saptırılmadıklarını umarak, hedefledikleri noktayı ıskalamayacaklarından yeterince emin oldukları bir yerden doğru enleme doğru parakete hesabıyla, yani kaba tahminle hareket etmek ve enlemi tutturduktan sonra da, doğuya ya da batıya doğru hareket ederek hedeflerini bulmaya çalışmaktı.

Dünya kendi ekseni etrafında doğuya doğru döner, bu da Güneş'in gökyüzündeki görünür devinimine ve geceleri yıldızların hareket etmesine neden olur. Güneş'in konumuna bakarak günün hangi anında olduğumuzu bulabiliyoruz (daha önce güneş saatlerinde gördüğümüz temel şeyler) ve dolayısıyla boylamınızı, yani referans aldığınız noktadan ne kadar uzak olduğunuzu tespit etmek, o anda olduğunuz noktadaki saat ile referans aldığınız nokta arasındaki saat farkını tespit etmekle aynı şey. Dünya kendi ekseni etrafında 24 saat içerisinde 360° döner, bu da demektir ki, bir saatlik zaman farkı 15° boylama eşittir. Dolayısıyla boylamınıza karar vermek için, ölçtüğünüz zamanı mesafeye dönüştürmelisiniz. Boylam sorununa çözümü aslında siz de hissediyorsunuz: Günümüzün yüksek hızlı hava araçları bizi farklı yerel zamanlara sahip yerler arasında ışınlıyor ve bedenlerimiz buna ayak uyduramıyor; işte GPS'in icadından çok önce, denizciler *jet lag*'in (jet sendromu) ardındaki prensibi kullanıyordu!

Kısacası, yerinizi tam olarak tespit etmek üzere bulmanız gereken ikinci koordinat için sekstantı kullanarak, olduğunuz yerdeki yerel zamanı buluyor, sonra onu ilk meridyendeki saatle karşılaştırıyorsunuz. Öte yandan sorun, bu referans zamanı Dünya'nın uzak köşelerine nasıl haber vereceğiniz.

Boylam sorunu, –açık denizlerde geminin sallanmasına dayanıklı ve seyahat süresi boyunca, aylar hatta yıllarca yeterince doğru kalabilecek– uygun saatlerin icat edilmesine kadar indirgendi. Tabii ki bir sarkaç ve denge ağırlığı sistemi bir deniz saati için pek kullanışlı olmayacaktır. Bu iki işlemi de gerçekleştiren yaydır. Bir denge yayı –ileri geri yaylanan bir ağırlık halkasının şaftının etrafına spiral şeklinde sarılmış ince bir metal şerit– kullanılarak uygun bir salıngaç yapılabilir. Bu aletin işlevi de sarkaçla benzerdir ama salınımın uçlarındaki geri çağırıcı kuvvet, yerçekimi kuvveti yerine bir yayın gerilmesiyle yaratılır. Sıkıca sarıldığı için belirli miktarda bir enerji barındıran spiral şeklindeki bir yay, saat mekanizmasının harekete geçirme kuvvetini de sağlar. Bu, düzenli bir şekilde inen bir ağırlıktan çok daha kompakt bir enerji kaynağıdır ama böyle bir yay kullanmak çözülmesi gereken başka bir soruna neden olur ve onun için de yeni bir icat yapmanız gerekli. Sorun, bir yay tarafından sağlanan enerjinin yay gevşedikçe değişmesi; yani yay gerginken daha güçlü olması ve sahip olduğu gerilim azaldıkça düşmesi. Bu gücü eşitlemenin ve dolayısıyla saatin hızını düzenlemenin en iyi yöntemi, sarılı yayın boş ucunu, "*fusee*" olarak bilinen koni şeklinde bir makaranın çevresine sarılmış bir zincire bağlamak. Böylece yay gevşedikçe, koninin daha kalın olan ucunda kademe kademe yukarıya doğru gider ve azalmakta olan gücünü başarılı bir şekilde telafi eden bir kaldıraç kuvvetinden faydalanır.

Nemdeki ve hava sıcaklığındaki dalgalanmaları (bunlar yağın akıcılığını ve yayların gerilimlerini etkiler) ve değişime neden olan diğer unsurları otomatik olarak telafi edecek derecede karmaşık bir saat, sanki içerisinde bir cin saklıyormuş gibi zamanı kendi kendine tutabilen mucizevi bir alettir.* Medeniyetin yeniden inşası sırasında bu noktaya hızla sıçramakla ilgili sorun, elinizdeki sorunun çözümünün ne olduğunu bilmenizin, onu çözmek için her zaman yeterli olmaması. Şeytan bazen inanılmaz ince ayrıntılarda yatıyor ve gelişmiş medeniyete giden yolda, bu tür sıçrayışlar için her zaman kısa yollar ya da fırsatlar mevcut olmuyor. Yeterince doğru bir deniz saati tasarlamak ve yapmak, saplantılı ve takıntılı bir saat yapımcısı olan John Harrison'ın tüm ömrünü almış ve bu arada, sürtünmeyi en aza indirmek için makaralı rulman ile sıcaklık nedeniyle genleşmeyi önleyecek iki metalli kayışlar gibi birçok yeni mekanizma icat etmesi gerekmişti.

Peki sorunun çevresinden dolaşmanın bir yolu var mı? Tahmin edilebileceği üzere, çalışmakta olan herhangi bir duvar saati ya da dijital saat kaldıysa, tek yapmanız gereken birini yerel zamana ayarlayarak (ki bunu hâlâ sekstant gözlemleriyle belirlemek zorundasınız), halihazırda bulunduğunuz boylama dair bir rakam elde etmek. Peki ama ya hiçbir saat kalmadıysa?

18. yüzyılın ilk yıllarında sorun, yerel zamanı tespit etmek mümkün olsa da, Greenwich'te saatin kaç olduğunu uzaktan söylemenin bir yolunun olmamasıydı. Harrison'ın nihai çözümü Greenwich'in saatini gösteren bir saat bulundurmak oldu ama Greenwich, bir şekilde Dünya'nın başka yerlerindeki gemilere saatini bildirmenin bir yolunu bulsa buna gerek kalmayacaktı. Pek akla yakın olmayan önerilerden biri, Londra'daki öğle saatini bildiren top atışlarının seslerini birbirine iletmek üzere okyanusun ortasına demirlemiş sinyal gemilerinden oluşan bir ağ kurmaktı. Ama biz uzak mesafelere sinyal göndermenin çok daha pratik bir yolunu biliyoruz: Radyo.

---

* Büyük keşif gemileri hataların ortalamasını almak ve çoklu yedekleme yapmak için genellikle birden fazla zaman ölçer kullanırdı. HMS *Beagle* 1831 yılında yola çıktığında, yabancı diyarlarda (ki bunların arasında Darwin'i evrim teorisine götüren doğal yaşam gözlemlerini yaptığı Galapagos Adaları da vardı) doğru bir ölçüm alabilmek için yanında tam 22 zaman ölçer vardı.

Kıyamet sonrası medeniyeti, bilimsel keşifler ve teknolojiler şebekesinde bizim gittiğimizden başka bir yoldan ilerlerse, küresel seyrüsefer konusunda bambaşka bir çözüme ulaşabilir. İlkel radyolar (bkz. Onuncu Bölüm) yapmayı, zamanı yeteri kadar kesin bir şekilde gösteren bir saat için inanılmaz karmaşık mekanizmalar ve koşullardaki değişimleri dengeleyen aletler yapmaktan çok daha kolay bulmaları pekâlâ mümkün (tabii ki bu farklı teknolojilerde nasıl bir hızla geliştiklerine bağlı, küçücük mekanik dişli ve yayların görece karmaşıklığı ile elektronik bileşenlerinkini nasıl karşılaştıracaksınız ki?). Boylamlar için referans almak üzere hangi boylamı başlangıç boylamı olarak seçtiyseniz, oradan zamana dair düzenli sinyaller gönderebilir ve çok uzaktaki yerlere giden sinyallerdeki gecikmeler için yer istasyonları ve gemileri kullanabilirsiniz. Böylece toparlanmanın ilk aşamalarında göreceğiniz manzara, tıpkı Yelkenliler çağında olduğu gibi, dünya denizlerini boydan boya geçen ahşap yelkenliler olacak. Ama bir farkla, orta direkte anten niyetine metal bir tel gerili olacak.

Günümüz sanayileşmiş medeniyetinin şehirlerdeki parlak ışıkları ve ışık kirliliği, çoğumuzu gökyüzüyle olan yakın ilişkimizden mahrum bıraktı. Ama kıyametten sonra gökyüzünde neyin nerede olduğuna tekrar aşina olmanız ve mevsimlerin geçişinin ritmiyle olan bağınızı tekrar yakalamanız gerekecek. Bu gökbilimle ilgili gereksiz, esrarlı bir detay değildir: Bilakis, bu bilgi tarımsal döngüleri planlamanızı mümkün kılıp sizi açlıktan ölmekten kurtaracak ya da yaban doğada kaybolmanızı engelleyecektir.

ON ÜÇÜNCÜ BÖLÜM

En Büyük İcat

> Bırakmayalım keşfetmeyi
> Yapıp bitirdiğimizde tüm keşifleri
> Başladığımız yere varacağız
> Ve orayı bu kez başka bir gözle göreceğiz.
>
> *Four Quartets* [Dört Kuartet], T.S. Eliot

Bu kitabın sayfalarında, sürdürülebilir tarım ve inşa malzemeleri gibi, her medeniyet için önem arz eden sayısız konuya değindik, ayrıca toparlanmakta olan bir toplumun, kıyametten uzun yıllar sonra daha gelişmiş bir düzeye ulaştığında ihtiyaç duyacağı gelişmiş teknolojilere baktık. Bilgi yığınının içerisinde yolunuzu bulmanıza yardımcı olacak kestirme yolları, hedeflenmesi gereken çığır açıcı teknolojileri ve ara aşamaları atlayarak daha üstün ama yine de gerçekleştirilebilir çözümleri inceledik.

Ama bu elkitabında verilen tüm önemli bilgilere rağmen, yeni bir medeniyetin gelişmiş bir teknolojik düzeye ulaşabileceğinin garantisi yok. Tarih boyunca birçok büyük toplum gelişti, bilgilerinin zenginliği ve teknolojik yetenekleri o dönemlerde dünya üzerinde parıldayan birer yıldızdı ama çoğu bir noktada donup kaldı ve gelişmenin durma noktasına geldiği durağan, dengeli bir duruma sürüklendi ya da topyekûn silinip gitti. Hatta aslına bakarsanız, bugünkü medeniyetimizin sürekli ilerliyor olması tarihsel açıdan bir çeşit anomali. Avrupa medeniyeti Rönesans, tarım ve bilim devrimleri, Aydınlanma ve nihayet Sanayi Devrimi boyunca ilerlemeye devam ederek, bugün içerisinde yaşadığımız makineleşmiş, elektrik temelli, küresel olarak birbirine bağlı medeniyeti yarattı. Ama bilimsel ilerleme ya da teknolojik gelişmenin gidişatında her şey mümkün ve en canlı toplumlar bile daha ileriye gitmek konusundaki enerjilerini kaybedebilir.

Bu noktada Çin özellikle ilginç bir örnek oluşturuyor. Yüzyıllar boyunca Çin medeniyeti teknolojik açıdan dünyanın geri kalanından çok daha ilerideydi. Günümüzde kullandığımız at hamutu, el arabası, kâğıt, blok baskı, pusula ve barut gibi bu kitapta ele aldığımız ve her biri çığır açan buluşların hepsi Çin'de icat edildi. Çinli kumaş üreticileri merkezi bir güç kaynağı ve çoklu eğirme tezgâhları kullanarak iplikler üretti ve mekanik çırçır makineleri ve gelişmiş dokuma tezgâhları kullandı. Kömür çıkardılar, onu nasıl koka çevireceklerini keşfettiler, büyük dikey su değirmenleri, şahmerdanlar kullandılar ve döküm demir üretmek için maden eritme ocakları kullanmak ve sonra onu dövme demire dönüştürmek konusunda Avrupalılara 500 yıl fark attılar. 14. yüzyılın sonuna gelindiğinde, Çin 1700'lere kadar Avrupa'nın hiçbir yerinde görülmeyecek bir teknolojik düzeye erişmişti ve kendi sanayi devrimini başlatmaya hazır görünüyordu.

Ama şaşılacak şekilde, Avrupa kendi karanlık çağından çıkıp Rönesans'a girerken Çin'in gelişimi yavaşladı ve sonra durma noktasına geldi. Çin'in ekonomisi büyük oranda iç ticaretten dolayı büyümeye devam etti ve artan nüfus daima iyi bir yaşam kalitesine sahip oldu. Ama başka bir önemli teknolojik gelişme gerçekleşmedi ve hatta bazı icatlar daha sonra unutuldu. 350 yıl sonra Avrupa Çin'i yakaladı ve Britanya Sanayi Devrimi'ni başlattı.

Peki bu dönüştürücü süreci başlatan neden 14. yüzyıl Çin'i ya da hatta 18. yüzyıldan başka bir Avrupa halkı değil de aynı dönemin Britanya'sı oldu; neden "orada" ve o "zaman"?

Sanayi Devrimi, eğirme ve dokumanın mekanizasyonu ve küçük ölçekli, evlerde yapılan bu faaliyetlerin büyük, merkezi pamuk fabrikalarına kaymasıyla kumaş üretiminin verimliliğinde önemli bir artışa neden olmuş ve bu dönemde demir üretimi ile buhar gücünde önemli gelişmeler yaşanmıştı. Dahası sanayileşme bir kez başladı mı süreç kendi kendisini beslemiş ve dönüşüm hızlanmıştı: Kömürle beslenen buhar makinelerinin madenlere hava basmasıyla daha çok kömür çıkarılabilmiş, bu kömür de fırınları besleyerek daha çok demir ve çelik üretilebilmesini mümkün kılmıştı, onlar da daha fazla buhar motoru ve diğer makinelerin üretilmesini. Öte yandan, en başta tüm bunları mümkün kılan koşullar oldukça özeldi. Makine üretmek ve böylece insanların üzerindeki yükü azaltmak için mühendislik ve metalürjide belirli bir yetkinliğe ulaşmak tabii ki gerekse de, Sanayi Devrimi'ni tetikleyen temel etmen bilgi değildi. Özel bir sosyoekonomik ortamdı.

İnsanların geleneksel olarak kullandıkları yöntemlerle üretebildikleri şeyleri üretmek için karmaşık ve dolayısıyla pahalı makineler yapmanın ya da fabrikalar inşa etmenin bir nedeni olmalıydı. 18. yüzyıl Britanya'sı, sanayileşme için gerekli olan neden ve fırsatları sunan etmenlerin özel bir bileşimini temsil ediyordu. O dönemde Britanya sadece bol bol enerjiye (kömür) sahip değildi, aynı zamanda emek pahalıydı (yüksek ücretler) ve sermaye ucuzdu (büyük projelere girişmek için ödünç para alınabiliyordu). Bu şartlar emeğin yerine sermayenin ve enerjinin geçmesini teşvik etti: İşçilerin yerlerini otomatik eğirme makineleri ve dokuma tezgâhları gibi makineler aldı. Britanya'daki ekonomik koşullar ilk sanayicilerin inanılmaz büyük kârlar elde etmesini sağladı ve bu durum onların makineleşmeye büyük miktarlarda para yatırmasına neden oldu. Öte yandan, 14. yüzyılın sonunda Çin kömür madenciliğine, maden eritme ocaklarına ve makineleşmiş kumaş üretimine rağmen, bir sanayi devrimine yol açacak ekonomik şartlara sahip değildi. Burada emek ucuzdu ve sanayici olabilecek kişiler verimliliği artıracak yeniliklerden pek kâr bekleyemezdi.

Yani bilimsel bilgi ve teknolojik yeterlilik, bir medeniyetin ilerlemesi için gerekli olsa da, her durumda kâfi değil. Dolayısıyla kıyamet sonrasının toplumu iptidai bir kırsal yaşama geri dönmek zorunda kalırsa, bu kitapta verilen bilgilere rağmen, bir gün nihayetinde ikinci bir sanayi devrimi yaşayacağının garantisi yok; sonuçta bilimsel araştırmaların artırılmasında ya da teknolojilerin benimsenmesinde belirleyici olan toplumsal ve ekonomik etmenler. Bu kitap boyunca, kıyamet sonrasında hayatta kalan insanların sanayileşmiş bir topluma ulaşmak için bizim gelişim çizgimizi takip ederek ilerlemek isteyeceği varsayımıyla hareket edildi. İnsanların daha mutlu olması için teknolojinin gerekli olup olmadığı gibi bir tartışmaya girmek istemesem de, var olmak için mücadele veren, rahatsız ve zor bir yaşam tarzına sahip, sadece temel sağlık hizmetlerine ulaşabilen bir topluluğun, yaşam standartlarının geliştirilmesi için bilimsel ilkelerin uygulamaya geçirilmesini isteyeceğine şüphe olmadığını belirtmek sanırım doğru bir nokta olacaktır. Peki ama teknolojik açıdan ileri bir toplum hangi noktada zirveye ulaşır, daha fazla ilerleme hangi noktadan sonra azalan verime neden olur? Belki de bir sonraki medeniyet bir kez istikrarlı bir ekonomiye, kaldırılabilir bir nüfusa ve doğal kaynakları sürdürülebilir bir şekilde kullanma kapasitesine sahip olduğunda, ne ilerleyen ne de gerileyen, dengede bir teknolojik düzeye ulaşır.

Bilimsel Yöntem

Bu kitap, dünyanızı baştan inşa etmek için ihtiyacınız olan tüm bilgileri tabii ki içermiyor. Birçok şey mecburen dışarıda bırakılmak zorunda kalındı. Mesela organik moleküllerin sentezinden ya da dönüşümlerinden çok, tarımsal gübreleri ve sanayide kullanılan malzemeleri yapmak için ihtiyacınız olan inorganik kimyaya odaklandık. Organik kimya geçtiğimiz yüzyılda gittikçe daha çok önem kazandı: Ham petrolün işlenerek farklı ürünler ortaya çıkarılması, doğal farmasötik bileşenlerin saflaştırılması ve değiştirilmesiyle daha etkili versiyonlarının yaratılması ve plastik gibi, doğada benzeri özelliklere sahip herhangi bir şeyin olmadığı yepyeni malzemelerin üretilmesi.

Karnınızı doyurmak için belirli hayvanları nasıl besleyeceğiniz ve bitki türlerini nasıl yetiştireceğiniz ya da sağlıklı kalmak için mikroorganizmaları nasıl kontrol altında tutabileceğiniz bağlamında biyolojiden bahsettik. Ama hayatın moleküler düzeyde nasıl sürdüğünün ayrıntılarına, mesela neden biz oksijen soluyup karbondioksit verirken bitkilerin, güneş ışığını kullanarak tam tersi bir kimyasal süreç gerçekleştirdiğine bakmadık.

Birçok bilim maddesini ve mühendislik ilkesini es geçtik ve her şeyin temel yapıtaşına, yani atomun yapısına ve doğanın dört temel gücüne sadece üstünkörü baktık. Her atom kararlı değildir ve radyoaktivitenin hem akıl almaz derecede yıkıcı bir silaha hem de temiz bir enerji kaynağına dönüştürülme ihtimali mevcut. Ama atom aynı zamanda bize gezegenimizin yaşını tespit edebilme, zamanın derinliklerine bakabilme imkânı veriyor. Sonra yer bilimlerinde, koca kıtaların bir havuzun üzerindeki yapraklar gibi akıl almaz bir şekilde dünya yüzeyinde sürüklendiğini ve zaman zaman birbirlerine çarparak devasa dağ sıraları meydana getirdiğini söyleyen plaka teknotiği teorisine bakmadık. Dünyanın her zaman şu anda olduğu gibi olmadığını ve insanın aklını başından alacak kadar yaşlı olduğunu bilmek, evrimin bir nesilden diğerine ufak değişikliklerle nasıl gerçekleştiğini anlamak için önemli. Bunların her biri, toparlanmakta olan bir toplumun yeniden keşfetmeye başlayabilmesi ve araştırmalar yoluyla gelişip serpilmesi için ihtiyaç duyacağı bilgi özleri; aynı zamanda, bugün insanlık olarak toplu halde sahip olduğumuz bilgi bolluğunu nihayet yeniden inşa etmeden önce, bu kitapta verilen başka bilgilerin arasındaki boşlukları dolduruyorlar.*

Peki kendi kendinize bir şeyleri nasıl bulacaksınız? Dünyayı baştan öğrenmenin araçları neler? Gelin bir önceki bölümün temellere dönüş yaklaşımıyla devam edelim ve kendi kendinize yeni bilgi üretmenin en etkili stratejisine, bilime bir bakalım.

Tüm bilimsel araştırmaların temeli, evrenin özünde mekanik olduğunun anlaşılması ve bileşenlerinin huysuz tanrılar tarafından değil, genel geçerliği olan fizik

---

* Eminim bu kitabı okuyan birçok insan önemli addettikleri bazı konuların atlanmış olmasından dolayı şaşırmıştır. Yeniden başlama sürecinde vazgeçilmez olduğunu düşündüğüm her konuyu mümkün mertebe kapsamaya çalıştım. İnsan evrimini ya da Güneş sisteminin gezegenlerini bilmeden işler bir teknolojik medeniyeti baştan kurabilirsiniz, ama tarlalarınızın verimini korumayı ya da kimyasal alkaliler üretmeyi başaramadan kuramazsınız. Öte yandan kitabın web sitesi yoluyla (The-Knowledge.org) medeniyeti yeniden kurmakta hayati olduğunu düşündüğünüz bilgilerle ilgili fikirlerinizi ve neden böyle düşündüğünüzü duymayı çok isterim.

kanunları tarafından yönetildiğinin idrak edilmesinde yatar. Bu temel kurallara ilk elden deneyime ve gözleme dayanan akıl yürütmeyle ulaşılabilir. Öncelikle ve en önemlisi, bilim deneye dayanır ve ilkesel olarak, her şeyin sağlaması yapılmalı ve bunlar birbirinden bağımsız olarak doğrulanmalıdır. Ulaştığınız sonuçlar sadece mantığınıza dayanamaz, sadece geçmişteki ve yaşadığınız zamandaki otoritelerin (elinizdeki kitap da dahil olmak üzere) vardığı sonuçlara da güvenemezsiniz. Dolayısıyla, çevrenizdeki dünyayı kendi çıkarlarınız için değiştirmek ve belirli şeylerden yararlanmak için aletler ve teknolojiler üretmek istiyorsanız, önce doğa kanunlarını iyi bir şekilde anlamalısınız. Bunu ancak dünyayı gözlemleyerek ve işleyişindeki örüntüleri tespit ederek yapabilirsiniz. Beklenen örüntülerdeki sapmaları —bir kablonun yanındayken titremeye başlayan bir pusula iğnesi ya da bir küf grubunun çevresindeki bakterisiz alan gibi yeni doğal olguları işaret eden anomalileri— tespit etmek de bir o kadar önemlidir. Bunun için doğru ölçümler yapabilmeli ve doğanın farklı özelliklerine numaralar ve değerler verebilmeli, böylece zaman içerisinde nasıl değiştiklerini gözlemleyebilmelisiniz.

Dolayısıyla bilimin temel kökeni, ölçüm yapmak için özenle tasarlanmış ve yapılmış aletler ve bu aletlerde kullanılan birimlerdir. Örneğin, düzenli aralıklarla çentiklenmiş düz bir çubuk, yani uzunluk ölçmek için kullandığımız cetveller en basit aletlerdir. Öte yandan altı birim uzunluğunda olarak ölçtüğünüz bir nesnenin boyunu başka birine aktarabilmeniz için, karşınızdakinin kullandığınız birimi, yani iki çentik arasındaki kesin mesafeyi bilmesi gerekir. Yani bilimi baştan yaratmanın anahtarı bir dizi ölçüm birimi oluşturmaktan geçer. Kıyamet sonrası bir dünyanın her halükârda bir ölçüm sistemine ihtiyacı olacaktır. Medeniyetin temel işlevleri arasında, inşa ya da seyahat gibi faaliyetlerin gerçekleştirilebilmesi için uzaklıkların ölçülmesi, ticaret için katı ürünlerin ya da bir kap içerisindeki sıvıların ölçülmesi, tarımsal alanların yönetilmesi ya da vergilendirilmesi ve gün içerisinde şehir faaliyetleri zamanlarının belirlenmesi gibi şeyler bulunur. Bu temel özellikleri (uzunluk, hacim, ağırlık ve zaman) doğrudan hislerimizle deneyimleriz ve niceliklerini belirlemek kolaydır. Yine hislerimizle fark ettiğimiz sıcaklık ya da elektrik akımının titreyişleri gibi başka özellikleri ölçmek içinse, zekice tasarlanmış aletlere ihtiyaç duyarız.

Bilimin Araçları

Birçok toplum uzaklık, hacim ve ağırlık için farklı ölçüm sistemleri geliştirdi. Birçok birim gündelik yaşamdan ve insanların kendi deneyimlerinden alındı: Bir İngiliz ölçü birimi olan *"pound"* bir avuç etin ya da tahılın ağırlığıyken, bir saniye yaklaşık olarak insan kalbinin bir atışına denk geliyordu. Aslında, insan vücudunun ölçülerini temel alan "*foot*" ["ayak", 0,3048 m], "inç" [başparmağı temel alır, 2,54 cm], "*cubit*" [dirsekten bileğe kol boyunu temel alır, 46-56 cm] ve mil (1.000 Roma adımı) gibi birçok geleneksel birim var. Öte yandan bu birimlerle ilgili sorun kişiden kişiye değişmeleri ve birbirlerine çevrilmelerinin inanılmaz zor olmasıdır: Mesela bir mil 1.760 "*yarda*"ya, [0,9144 metreye, 5.280 *fit*'e ve 63.360 *inç*'e] denk gelir. Tercihen, elverişli bir hiyerarşik ölçü sisteminde toplanmış, birbirlerine karşılık gelen standart hale getirilmiş bir birimler seti istersiniz.

Bugün dünyanın her yerindeki bilim topluluklarının kullandığı, ulusal idare ve ticaret konusunda neredeyse her yerde genel geçerliği olan metrik sistem, 1790'larda, Fransız Devrimi'nin yeniden düzenleme faaliyetlerinin bir parçası olarak geliştirildi.*

Bu uluslararası birim sistemi (SI, Fransızca *Système International*'ın kısaltması) uzunluk, kütle, zaman ve sıcaklık gibi sadece yedi temel birimi tanımlar ve diğer tüm ölçümler bu birimlerin kombinasyonları kullanılarak doğal bir şekilde türetilebilir. Temel birimin kendisinden daha küçük ve daha büyük katları 10'a bölünebilir olmalı ve üzerinde anlaşılmış bir önekle tanımlanmalıdır. Mesela metre temel uzunluk birimiyken, küçük nesneler metrenin kısımlarıyla (bir santimetre metrenin yüzde biri, milimetre binde biri şeklinde), uzun mesafelerse katlarıyla (bir kilometre eşittir bin metre gibi) ölçülür.

Metre dışında bir başka temel ölçü birimi, zamanı ölçmek için kullanılan saniyedir. Sadece bu iki temel birimi ve onların kombinasyonları ile oranlarını kullanarak birçok başka birim türetebilirsiniz. İki uzaklık birimi (mesela dikdörtgen bir tarlanın uzunluğu ve genişliği) çarpılırsa alan ölçüsü elde edilir, yani alan her zaman uzaklık birimlerinin çarpılmasıyla bulunur. Üç boyutun çarpılması hacmi verir. Bir niceliğin zamana bölünmesi, size hangi hızla değiştiğini –yani değişim oranını– gösterir. Dolayısıyla mesafeyi zamana bölmek, saat başına katedilen kilometre gibi bir hız birimi elde etmemizi sağlar ve onu tekrar zamana bölmek de, bir şeyin ne kadar çabuk hızlandığını ya da yavaşladığını bulmamıza yardımcı olur. Başka fiziksel özellikler tanımlamak için, birimler başka şekillerde de eşleştirilebilir. Kilogram kütle için temel birimdir ve bir kitlenin yoğunluğu (mesela bir sıvının içerisinde

---

* Bu sistemi tamamen benimsemeyen neredeyse tek ülkeler ABD ve İngiltere'dir ve buralarda yol tabelalarında ve araçların hızölçerlerinde mil ve restoranla barlarda yapılan içecek servislerinde "*pint*" [568 mililitrelik bir ölçü birimi] gibi eski birimler kullanılır. Bunun tarihsel nedeni, yeni metrik sistemin kabulünü teşvik etmek için 1798 kongresini topladığında, Napolyon'un İngilizce konuşan dünyayı kongrenin dışında bırakmasıydı. Britanyalılar bundan henüz kısa bir süre önce Nil Muharebesi'nde Fransız filosunu batırmış ve bu yüzden toplantıya davet edilmemişti.

yüzeceği ya da batacağı), kütlesinin hacmine bölünmesiyle bulunur. Kütle ve hızın oranlanması da, hareket etmekte olan bir nesnenin momentini ve enerjisini verir.

Peki elinizde hiç ölçüm kabı, terazi takımı, çalışan saat ya da termometre yoksa, bu ölçüm ve birim sistemini en baştan nasıl yaratacaksınız?

Metreyi en temel birim olarak alarak bundan birçok birim üretebilirsiniz. Her kenarı 10 santimetre olan (metrenizin onda biri) küp şeklinde bir kap yapın. Bu kabın iç hacmi 1.000 santimetre küp, yani bir litredir. Kabınızı arıtılmış, buz gibi soğuk suyla doldurduğunuzda, içerisindeki suyun ağırlığı tam bir kilogram olacaktır. İyi yapılmış kefeli bir terazide (bir teraziniz yoksa düz bir çubuğu tam ortasından asabilirsiniz) bu bir litre suyu merkez noktasına yaklaştırarak ya da uzaklaştırarak, bu birimin katlarını ya da kesirlerini yaratabilirsiniz. Birim takımınıza zamanı eklemek için, geçen bölümde gördüğümüz sarkacı kullanabilirsiniz. 99,4 santimetrelik bir sarkacın tek bir yöne salınışı (yani yarım periyodu) tam bir saniyedir; tam bir metrelik bir sarkaç kullansanız bile sadece üç milisaniyelik –yani bir göz kırpışımızın yüzde birinden daha az bir süre– bir sapma gerçekleşecek.[*] Kısacası sadece metreyi kullanarak hacim (litre), kütle (kilogram) ve zaman (saniye) birimleri elde edebilirsiniz.

Peki kıyametten sağ çıkanlar, her şeyi ondan üretecekleri metrenin uzunluğunu nasıl bulacaklar? Eh, sayfanın altındaki çizginin uzunluğu tam on santimetre, ondan yola çıkarak diğer tüm birimleri üretebilirsiniz.

Şu ana kadar ele aldığımız her şey oldukça basit araçlarla (derecelendirilmiş bir cetvel ya da kefeli terazi) ölçülebilir. Peki ama basınç ya da sıcaklık gibi, fiziksel açıdan daha az somut nitelikleri ölçmek için nasıl sıfırdan bir ölçüm cetveli, metre ya da alet yapacaksınız? Yeni aletler tasarlamak için ihtiyacınız olan genel ilkeler, dünyanın nasıl işlediğinin bilimsel olarak araştırılması için birer olmazsa olmazdır; özellikle de yeni bir şeyle karşılaştığınızda ve onu anlamak istediğinizde.

---

[*] Aslına bakılırsa, tarihsel olarak durum bunun tam tersidir ve 17. yüzyılda metrenin, sarkacın boyunun yarım periyotluk, yani bir saniyelik bir salınışa denk gelecek şekilde tanımlanması önerilmiştir. Tam da bu nedenle, İngilizcede "metre", şiirdeki ya da müzikteki ritmi ifade etmek için de kullanılır. Bu teklif zaman içerisinde, metrenin temeli olarak Dünya'nın boyutlarını temel alan bir başkasının tercih edilmesiyle terk edildi, çünkü Dünya üzerindeki yerel yerçekimi kuvvetinin bir yerden bir yere değişmesi, sarkacın ritminde de değişimlere neden oluyordu.

İcat etmeniz gereken ilk bilimsel aletlerden biri, Sekizinci Bölüm'de gördüğümüz, bir emme tulumbanın bir kuyudaki suyu neden 10 metreden daha yukarı çıkaramadığı sorusuyla yakından ilişkilidir. Uzun bir tüpü suyla doldurun, her iki ucunu mühürleyin ve sonra yüksek bir kuleden sarkıtın. Alttaki ucunu bir su birikintisine batırın ve mührü açın. Su, yerçekimiyle birlikte tüpün altından akacaktır ama hepsi değil ve bu deneyi nasıl yaparsanız yapın, geride kalan su sütununun boyunun her zaman 10,5 metre civarında olduğunu göreceksiniz (ilginç bir şekilde bu rakam, aynı zamanda bir emme tulumbanın kuyudan su çekebildiği maksimum yüksekliktir). Tüpün üst kısmında akan suyun bıraktığı bir boşluk göreceksiniz, boşalan alana hava giremediğinden burada bir vakum oluşur. Su sütununun ağırlığı, hava okyanusunun, yani atmosferin tabanda uyguladığı büyük güçle desteklenir. Çevredeki basınç değişimleri su sütununun yükselmesine ya da alçalmasına neden olur, dolayısıyla elinizdeki şey çalışan bir basınç ölçme aletidir. Daha kullanışlı bir barometre yapmak için daha yoğun bir sıvı kullanabilirsiniz ve atmosfer basıncı, (10 metrenin üzerinde bir su sütunu yerine) sadece 76 santimlik bir cıvaya denktir.

Böyle bir barometreyi cam bir tüp kullanarak yapabilirsiniz ve bu aletin güzelliği, tüpün uzunluğu sabit olduğu sürece, kullanılan tüpün çapının bir öneminin olmamasıdır. Cıva sütunu ne kadar kalın olursa onu aşağı çeken ağırlık o kadar fazla olacaktır ama onu yukarı iten atmosfer basıncı da aynı oranda artacak ve ağırlığı dengeleyecektir: Her cıva sütunlu barometre, nasıl yapıldığı önemli olmaksızın size aynı sonucu verecektir.

Bir kez yeni bir alet yaptığınızda, bu size dünyayı araştırmak için eşsiz bir araç sağlar ve genellikle başka yeni buluşları beraberinde getirir. Örneğin yeni barometrenizle bir dağa çıkabilir ve atmosfer basıncının yükseklikle birlikte nasıl değiştiğini görebilir ya da bulunduğunuz yerdeki sürekli değişen hava basıncı ile hava durumu arasındaki ilişkiye bakabilirsiniz. Bugün sağlıkçılar, kan basıncından bahsederken hâlâ cıva sütununda kan basıncına denk gelen rakamları kullanıyorlar; mesela iki kalp atışı arasındaki normal değer 80 mmHg.

Sıcaklık ölçmek biraz daha marifet gerektiriyor. Nesnelerin sıcaklıklarını hissedebiliyor, bir şeyin sıcak mı soğuk mu olduğunu bilebiliyoruz. Peki bu öznel deneyimi tam olarak ölçmek, sıcaklığa bir rakam vermek için nasıl bir alet geliştirmeniz gerekiyor? Mesele kişisel hislerinizle ilintilendirebileceğiniz fiziksel etkiler bulmak. Mesela ısınan maddeler genellikle genleşir. O halde bir sonraki adım, bu fiziksel olguyu kullanacak şekilde tasarlanmış ve böylece sıcaklığa dair nesnel bir ifade sunabilecek bir alet geliştirmek. Sıvıyla doldurulmuş ve her iki ucu kapatılmış uzun ince bir tüp kullanarak, sıcaklığa duyarlı basit bir alet yapabilirsiniz, bu tür bir alet genleşmenin görünür etkilerini en iyi şekilde görmenizi sağlar. Tüpü bir cetvele bağladığınızda, sıvı sütununun en üst noktası mevcut sıcaklığı temsil eder. Artık kendi öznel algınızdan bağımsız olarak, nesnelerin birbirlerine göre sıcaklıklarını ölçebilirsiniz.

Ama sıvı yüksekliği her alette farklı sıcaklıkları gösterecektir, dolayısıyla elde ettiğiniz ölçüm (az önce gördüğümüz barometrenin tersine) tamamen elinizdeki aletin boyutlarına ve diğer özelliklerine bağlı olacaktır; bu yüzden kendi sonuçlarınızı başkalarınınkilerle karşılaştıramazsınız. Herkesin türetebileceği ve kendi aleti üzerinde işaretleyebileceği standartlaştırılmış bir ölçeğe ihtiyacınız var. Bunun için de, her zaman aynı sıcaklıkta gerçekleşen ve dolayısıyla termometreler için bir referans olabilecek şeylere ihtiyacınız var. Karlı kış sabahlarından tüten bir tencereye kadar, gündelik yaşamda bir sürü değişikliğe şahit olduğumuzdan, sıcaklık ölçeği için suyu kullanmak doğal görünüyor. Bir üst ve alt sınır belirledikten sonra, ikisinin arasını akla yakın sayıda düzenli parçaya bölmek ve mantıklı bir sıcaklık ölçeği oluşturmak kolay bir şey. Santigrat ölçeği suyun donma ve kaynama noktalarını temel alır ve bunları sırasıyla 0° ve 100° olarak tanımlar.* Ama doğru değerler veren bir termometre yaparken sıvı olarak suyu kullanmak yerine, çok daha homojen bir şekilde genleşen cıvayı kullanmanın çok daha iyi olduğunu göreceksiniz. Cıvanın kaynama noktasının ötesindeki sıcaklıklarda (mesela bir fırında ya da kireç ocağında) çalışabilen termometreler yapmak için başka bir fiziksel olguyu kullanmanız gerekecek. Söz gelimi elektrik üzerine yapılan araştırmalar, bir telin direncinin, ısınmasıyla birlikte arttığını gösteriyor.

Bilimsel Yöntem – Sürekli

Kısacası herhangi bir niteliğin ölçülebilmesi için güvenilir araçlar kullanmak bilimsel yöntemin temel süreci. Toparlanmakta olan medeniyet yeni ilginç doğal olgular keşfettikçe, yeni bilimsel araştırma alanları ortaya çıkacaktır. Bu olguların anlaşılabilmesi ve teknolojik uygulamalarının geliştirilebilmesi için, önce onların özelliklerinin ayrıştırılması ve güvenilir bir şekilde ölçülebilir şeylere dönüştürülebilmeleri gerekir. Örneğin elektrik ilk bulunduğunda, araştırmacılar bu yeni olgunun özelliklerini nitelemekte zorluk çekmiş, gayet öznel bir şekilde karşılaştıkları şokun yoğunluğunu ölçmeye çalışmışlardı. Ama olgu araştırıldıkça, tekrar eden bazı etkileri olduğu fark edilmiş ve ölçüm için bunlar temel alınmaya başlanmış, –örneğin motor etkilerinin akımölçer göstergesindeki iğnede yarattığı oynamalar– kullanılmıştı. Ayrıca bu bilimsel aletler laboratuvarlara özgü şeyler

---

* Aslında kaynama süreci sıvının içerisinde bulunduğu kabın sertliği gibi başka etmenlere de bağlı olduğundan, atmosfer basıncında doymuş bir buhar bulutunun sıcaklığı daha tutarlı ve güvenilir bir standarttır.

değildir; termometreler çocukların ateşini ölçmekte, sayaçlar evinize gelen elektriği belirlemekte, sismometreler büyük depremlerin ön şoklarını tespit etmekte ve spektrometreler hastanelerdeki kan testlerinde kullanılıyor.

Dünyayı ölçmek için kullanılan bu aletler ve temel aldıkları birimler bilimin temel araçlarını oluşturuyor. Dünyaya dair bilgilerimiz, ancak onu özenle gözlemlemek ve daha iyisi, belirli bir özelliği ayrıntılarıyla incelemek için dikkatli bir şekilde belirli şartlar oluşturmaktan geçiyor. Deney yapmanın özü burada yatıyor.

Deney yapmak, dikkat dağıtacak ya da karmaşıklaştıracak etmenleri dışarıda tutarak suni koşullar yaratmak ve böylece birkaç özelliğin nasıl gerçekleştiğini yakından incelemektir. Bir deney yapmak, evrene açık bir soru sormak ve nasıl cevap verdiğini dört gözle izlemektir. Doğanın size kendiliğinden gösterdikleriyle yetinmemek ve onu farklı şekillerde dürttüğünüzde, size iyi bir şekilde tanımlanmış yüzlerini göstermeye zorlamaktır. Tüm karmaşıklaştırıcı etmenleri denetiminiz altına aldıktan ve bunlardan sadece bir tanesini saptadıktan sonra bir sonrakine geçer ve bu şekilde devam ederek, sistematik bir şekilde tüm sistemi inceler, her bir öğesinin birbirini nasıl tamamladığını anlarsınız.

İnsanın duyularını artıran ve farklı deney tiplerinin sonuçlarını kaydeden aletlerin (termometre, mikroskop ve manyetometre gibi) yanı sıra, her bir deney kendisi için büyük bir özenle oluşturulmuş senaryolar, özel olarak tasarlanmış bilimsel araçlar gerektirir, böylece çalışmanız için ihtiyacınız olan özel koşulları yaratabilirsiniz. Ayrıca gözlemlerinizi ve deneylerinizin sonuçlarını sayısal olarak kaydetmeli, niteliksel tanımlamaları ölçüme, niceliğe dayalı bir kesinlikle ifade etmelisiniz. Ama sonuçların doğru bir şekilde karşılaştırılabilmesi için, nicelemeyi kullanmanın ötesinde, doğadaki örüntüler ile işleyiş biçimlerini ve parçaları arasındaki ilişkileri kesinlik içerisinde tanımlamak için, çok güçlü bir araç olan matematiğin dilini kullanabilirsiniz. Denklem, karmaşık bir gerçekliğin özeti, onun özüdür. Bunun neticesinde beklenebilir sonuçları yeni, daha önce gözlemlenmemiş koşullarda hesaplayabilir, başka bir deyişle doğru tahminlerde bulunabilirsiniz.[*]

Ama bütün özenli gözlemlerine, çetrefil deneylerine ve yoğun denklemlerine rağmen, bilimin esası, hangi açıklamanın doğru olabileceğine karar verebilmeniz için size bir mekanizma sağlamaktır. Hayal gücü olan herkes dünyada olan biten şeylere dair (yağmur nereden geliyor, bir şey yandığında ne olur, leoparın neden benekleri var) akla yatkın bir şeyler uydurabilir. Ama mevcut açıklamaların han-

---

[*] Matematik burada derinlemesine ele almadığımız konulardan biri. Hesaplama tabii ki mühendisliğe dayanan tasarımlar için önemli ve matematik, fiziksel kanunların ortaya konulmasının yegâne dili. Ama genel olarak matematiğin genel prensipleri bu kitabın kapsamında açıklanmaya uygun değil.

gisinin doğru olabileceğine dair güvenilir bir seçim yönteminiz yoksa, bunlar ne doğrulanabilir ne de yanlışlanabilir etiyolojik hikâyeler olmaktan öteye gitmez.

Bilim insanları önceki bilgilerine ve halihazırda tesis edilmiş kuramlara dayanarak bir en iyi ihtimal senaryosu oluşturur ve bu senaryoların farklı versiyonlarını hedef alan deneyler tasarlar. Hipotezi sistemli bir şekilde sorgulayarak ya da çatışan tezler arasında tercihlerde bulunarak ne kadar tutarlı olduğuna bakarlar. Hipotez tekrar tekrar yapılan deneylere ve gözlemlere karşı ayakta durmayı başarabilir ve eksik bulunmazsa, bir temele sahip bir teori haline gelir ve artık başka bilinmeyen şeyleri açıklamakta güvenle kullanılabilir. Ama o halde bile hiçbir teori dokunulmaz değildir; o da ileride çökertilebilir, açıklayamadığı gözlemler aracılığıyla yıkılabilir ya da yerini, eldeki verilere daha çok uyan bir yenisi alabilir. Bilimin temeli tekrar tekrar hatalı olduğunuzu ve yeni, daha kapsayıcı bir modeli kabul etmekte yatar. Dolayısıyla, diğer inanç sistemlerinin tersine, bilimle iştigal etmek, zaman içerisinde uydurduğumuz senaryoların yavaş yavaş daha doğru bir hale gelmesini sağlamıştır.

Bilim, *ne bildiğinizin* bir listesini yapmaz, bilim bunları *nasıl öğrendiğinizle* ilgilidir. Bir ürün değil bir süreç, gözlem ve teori arasında gidip gelen sonu gelmez bir diyalog, hangi açıklamanın doğru, hangisinin yanlış olduğuna karar vermenin en etkili yoludur. Bilimi dünyanın –bu güçlü, bilgi üreten makinenin– nasıl işlediğini anlamaya dair bu kadar kullanışlı bir sistem yapan budur. İşte bu yüzden de bilimsel yöntem tüm icatların en büyüğüdür.

Ancak kıyamet sonrası dünyasının zorlukları arasında, bilgiyi sadece edinmek için edinmenin önceliklerinin arasında olmaması muhtemeldir; edindiğiniz bilgileri, durumunuzu iyileştirmek için kullanmak isteyeceksiniz.

Bilim ve Teknoloji

Bilimsel bilginin gündelik yaşamdaki uygulamaları teknolojinin temelini oluşturur. Her teknolojinin çalışma sistemi belirli bir doğal olgu kullanır. Örneğin saatler, belirli uzunluktaki bir sarkacın her zaman aynı ritimde salındığı keşfine dayanır ve bu güvenilir düzenlilik zamanı ölçmekte kullanılır. Akkor lambalar elektrik direncinin telleri kızartması ve kızaran nesnelerin ışık yayması olgusundan yararlanır. Hatta en basit teknolojiler dışındaki teknolojiler, bir sürü olguyu birlikte kullanır, çeşitli etkileri kontrol ve organize ederek tasarlanan amaca ulaşırlar. Yeni teknolojiler devamlı olarak eskilerin üzerine inşa edilir, daha önce geliştirilmiş çözümleri hazır bileşenler gibi ödünç alır ve onları yeni durumlara uygular. Bir icatta yeni olan, büyük oranda daha önceden kullanılan parçaların ustalıkla birleştirilmesidir ve bunun iki örneğini bu kitapta gördük: Matbaa ve içten yanmalı motorlar. Her yeni teknoloji yeni bir işlev ya da avantaj sağlar, onlar da birlikte kullanılarak başka yeni icatların yolunu açar; teknoloji, yeni teknolojiler yaratır.

Bu kitap boyunca gördüğümüz üzere, tarihimiz bilim ve teknolojinin sürekli bir şekilde yakından etkileşimine sahne oldu. Araştırmacılar, yaptıkları bir gözlemi daha önceden bilinen herhangi bir olguyla açıklayamadıklarında, karşılaştıkları şeyi genellikle yeni bir olgu olarak tanımlar ve daha sonra onun çeşitli etkilerini keşfedip, bu etkileri nasıl azami seviyeye çıkarabileceklerini ve denetimleri altına alabileceklerini öğrenirler. Bu yeni ilkeleri kullanmak, insanların işlerini kolaylaştıran ya da gündelik yaşamı zenginleştiren yeni aletlerin ya da icatların yaratılmasını mümkün kılar; yaptıkları, temel olarak doğanın tuhaf özelliklerinin ticari metaya dönüştürülmesidir. Yeni doğal ilkeler keşfetmek, ayrıca doğayı başka şekillerde incelemek ve ölçmek için yeni bilimsel aletlerin ve deneylerin geliştirilmesine, bu da daha fazla keşfin ve doğal olgunun gün yüzüne çıkarılmasına olanak sağlar. Bilim ve teknoloji yakın bir karşılıklı ilişki içerisindedir; bilimsel keşifler teknolojik gelişmeye, o da daha fazla bilgi üretilmesine yol açar.

Ama tabii ki tüm icatlar yakın tarihli keşiflere dayanmaz. Mesela çıkrık, faydaya yönelik bir sorun çözme çabasının sonucudur ve Sanayi Devrimi'nin poster çocuğu olan buhar makinesi bile, başta teorik düşüncelerden çok mühendislerin deneysel bilgisine ve yapılan işe dair sezgisine dayanarak inşa edilmiştir. Hatta tarihimizde mucitlerin, yarattıkları şeylerin nasıl işlediğine dair prensipleri bilmediği örnekler bile mevcuttur. Örneğin yiyecekleri konserveleme, mikrop teorisinin ve yiyeceklerin mikroorganizmalar tarafından bozulduğunun keşfedilmesinden çok daha önce başlamıştır.

Bir olgu bilimsel olarak doğru şekilde anlaşılmış olsa bile, işe yarar bir icat, yaratıcı hayal gücünde tek bir sıçrayıştan çok daha fazlasını gerektirir. Her başarılı icat, yaygın bir şekilde benimsenecek kadar güvenilir bir şekilde çalışmadan önce, uzun bir uğraşma ve hataları giderme süreci gerektirir; Amerikalı mucit Thomas Edison bunu, %1 ilhamı takip eden %99 ter dökme süreci olarak tanımlar. Bilimin yürütücü gücü olan aynı titiz, yöntemsel araştırma burada da kullanılır, ama bu sefer doğal dünyayı değil, kendi yaptığımız şeyleri analiz etmek, yeni teknolojimize yönelik deneyler yaparak kusurlarını anlamak ve etkinliğini artırmak için.

Kıyametten sağ çıkanlar, varolan teknolojileri olabildiğince uzun süreler boyunca kullanabilmek için bilimsel bilgi ve eleştirel analizin ne kadar önemli olduğunu fark edeceklerdir. Ancak nesiller geçtikten sonra, insanlık kendisini bir batıl inanç ve büyü komasına girmekten korumalı ve kendi teknolojik yeteneklerini hızla kazanmak için araştırmacı, analitik, kanıtlara dayanan bir zihniyet benimsemelidir. Kıyametten sağ çıkanların yanmaya devam etmesini sağlamaları gereken ateş budur. Yiyecek yetiştirmekteki verimliliğimizi büyük oranda geliştiren; sopalar ve çakmaktaşlarından başka malzemeler üzerinde uzmanlaşmamızı, kendi kas gücümüzü aşıp enerji kaynakları kullanmamızı ve bizi ayaklarımızın götürebileceğinden çok daha uzaklara götürebilen ulaşım araçları yapabilmemizi sağlayan, akla dayalı düşünme biçimimizdir. Günümüzün dünyasını yaratan bilimdir ve bir gün tekrar inşa etmemiz gereken de odur.

Son

Bu kitap, günümüz bilgi ve teknolojisinin sınırsız yapısına dair sadece anlık bakışlar sunabilir. Öte yandan kitapta ele aldığımız alanlar, yeni yeni gelişmekte olan bir toplumun, hızlı bir yeniden başlama sürecindeki gelişimi için en hayati öneme sahip bilgileri içeriyor ve bu bilgiler onların diğer her şeyi baştan öğrenmesini mümkün kılmaya yeterli olacaktır. Umudum, tıpkı benim bu kitap için araştırma yaparken yaşadığım gibi, medeniyetimizin, günümüz yaşamında verili kabul ettiğimiz bol ve çeşitli yiyecekler, inanılmaz etkili ilaçlar, zahmetsiz ve konforlu seyahat ve bol enerji gibi temel ihtiyaçlarımızı nasıl yarattığının ve bir araya getirdiğinin görülmesi.

Homo Sapiens bu gezegen üzerindeki ilk izlerini, yaklaşık on binyıl önce, dünya üzerindeki memelilerin yarısının soyunun bir anda tükenmesiyle bıraktı (bu konuda, takımlar halinde çalışan ve taş baltalar ile taş uçlu mızraklar gibi gelişmiş avlanma teknolojileri geliştiren insanlık baş şüpheli konumunda). Sonraki on binyıl boyunca insanlar Akdeniz civarında ve Kuzey Avrupa'da yayılıp çevredeki alanları temizleyip açtıkça ormanlar düzenli olarak azaldı. Üç yüzyıl önce insan nüfusu hızla artmaya başladı ve tarım yapmaya uygun her arazi parçası giderek zirai alan haline geldi. Yüz milyonlarca yıldır biriken karbon toprağın altından çıkarılıp, sürekli artan bir çabayla havaya pompalandıkça sadece toprakta değil, tüm gezegenin kimyasında önemli değişimler yaşanmaya başladı. Atmosferde artan karbondioksit seviyeleri dünyanın iklimini değiştirdi ve küresel ısınmaya, deniz seviyesinin yükselmesine ve okyanusların asit seviyesinin artmasına neden oldu. Her yana yayılan kasabalar ve şehirler büyüdü ve uzayıp giden sonsuz arazilerde kurdele gibi serdiğimiz, şehirlerin çevresine halka şeklinde sardığımız ve büyük kavşaklarda koca koca düğümler attığımız yollar sayesinde, bakteri kolonileri gibi birbirine bağlandı. Metal araç ordularımız dünya denizleri ve karaları üzerinde bir ileri bir geri gidip geliyor, gökyüzünde zikzaklar çiziyor ve hatta bazıları atmosferi delip ötesine geçiyor. Geceleri sürdürdüğümüz sonu gelmez faaliyet, uzaydan bir yapay ışık denizi, parlayan bir çizgiler ve noktalar ağı şeklinde görülüyor.

Ve sonra birden sessizlik.

Dünyanın trafiği bir anda kesiliyor, ışıklar soluyor ve sönüyor, şehirler paslanıyor ve parçalanıyor.

Bütün bunları baştan inşa etmek ne kadar sürer? Teknolojik medeniyetimiz küresel bir felaketin ardından ne kadar hızlı bir şekilde toparlanabilir? Medeniyetimizi baştan inşa etmenin anahtarı pekâlâ bu kitapta olabilir.

Ek Okuma Listesi ve Referanslar

Bilim ve teknolojinin tarihsel gelişimini anlatan bir dizi kitap, bu kitaptaki birçok bölüm konusunda ne denli vazgeçilmez olduklarını kanıtladı ve bu kitapları *Uygarlığı Yeniden Nasıl Kurarız?*'ın konuları çerçevesinde okunabilecek mükemmel metinler olarak önermek isterim:

W. Brian Arthur, *The Nature of Technology: What It Is and How It Evolves* [*Teknolojinin Doğası: Nedir ve Nasıl Evrilir*, çev. İdil Çetin, İstanbul: Optimist, 2011]

George Basalla, *The Evolution of Technology* [*Teknolojinin Evrimi*, çev. Cem Soydemir, DoğuBatı, 2013]

Peter J. Bowler ve Iwan Rhys Moru, *Making Modern Science: A Historical Survey*

Thomas Crump, *A Brief History of Science: As seen throughout the development of scientific instruments*

Patricia Fara, *Science: A Four Thousand Year History* [*Bilim: Dört Bin Yıllık Bir Tarih*, çev. Aysun Babacan, İstanbul: Metis, 2013]

John Gribbin, *Science: A History 1543–2001* [*Bilim Tarihi*, çev. Barış Gönülşen, İstanbul: Metis, 2013]

John Henry, *The Scientific Revolution and the Origins of Modern Science* [*Bilim Devrimi ve Modern Bilimin Kökenleri*, çev. Selim Değirmenci, İstanbul: Küre Yayınları, 2011]

Richard Holmes, *The Age of Wonder: How the Romantic Generation discovered the beauty and terror of science*

Steven Johnson, *Where Good Ideas Come From: The Natural History of Innovation* [*Parlak Fikirler Nasıl Doğar? İnovasyonun Doğal Tarihi*, çev. Özlem Tüzel, İstanbul: Boyner Yayınları, 2013]

Joel Mokyr, *The Lever of Riches: Technological Creativity and Economic Progress*

Abbott Payson Usher, *A History of Mechanical Inventions*

Bu kitapta konu edilen, kıyamet sonrası dünyanın koşulları ve ilkel şartlardan kurtulmak dahil birçok konu romanlarda işlendi; işte okuduğunuza sonuna kadar değecek birkaç tanesi. Hem Daniel Defoe'nun *Robinson Crusoe*'su hem de Johann David Wyss'in *İsviçreli Robinsonlar*'ında, bir gemi kazasından sonra her şeye en baştan başlamak zorunda kalanların hayatta kalma mücadeleleri anlatılır. Mark Twain'in *A Connecticut Yankee in King Arthur's Court*'u, kazara zamanda seyahat eden birisinin mücadelesinin hikâyesini naklederken,

S.M. Stirling'in *Sea of Time*'ı, bir adanın tüm nüfusunun açıklanamayan bir olayla Tunç Çağı'na dönmesinin ardından, nasıl hızla geliştiklerini anlatır. George R. Stewart'ın *Earth Abides*'ı, vebanın neden olduğu bir kıyametten sonra yaralarını iyileştirmeye çalışan bir topluluğu takip ederken, John Christopher'ın *The Death of Grass*'ı, insanlığı doğrudan etkilememekle birlikte, tüm ot türlerini öldüren bir salgın hastalığın neden olduğu bir felaketi işler. Cormac McCarthy'nin *Yol*'u, bir baba oğulun, neden kaynaklandığını bilmediğimiz bir afetin ardından, kanunsuz bir dünyada yaşamları için sergiledikleri mücadelenin hikâyesidir. Algis Budrys'in *Some Will Not Die*'ı ve David Brin'in *Postacı*'sı, medeniyetin çöküşünden sonra gerçekleşen iktidar mücadelelerine odaklanırken, Richard Matheson'ın *Ben, Efsane!*'si, hayatta kalan son insanın öyküsünü anlatır. Pat Frank'ın *Alas, Babylon*'u ve Nevil Shute'un *On the Beach*'i, bir nükleer savaşın hemen ardından yaşananları tarif ederken, Walter M. Miller, Jr.'ın *Leibowitz İçin Bir İlahi*'si, nükleer bir felaketten yüzyıllar sonra kadim bilgilerin korunmasını ele alır. Russell Hoban'ın *Riddley Walker*'ı da, kıyametten nesiller sonraki bir topluma bakar ama göçebe bir varoluşa gerilemiş bir topluma. Margaret Atwood'un kıyamet sonrasını ele alan iki kitabı, *Antilop ve Flurya* ile *Tufan Zamanı* ve Jack McDevitt'in *Eternity Road*'u ile Kim Stanley Robinson'un *The Wild Shore*'u da, göz alıcı kıyamet sonrası dünyası görünümleri sunar. Ayrıca kıyamet sonrası dünyayı işleyen kurgulardan oluşan okumaya değer antolojiler var: *Ruins of Earth* (der. Thomas M. Disch), *Wastelands: Stories of the Apocalypse* (der. John Joseph Adams) ve *The Mammoth Book of Apocalyptic SF* (der. Mike Ashley).

Ayrıca ilk bölümde değindiğimiz konu olan, harabelerin çekici güzelliği ve çürümekte olan şehirlere dair de kayda değer bir literatür var. İyi ve yeni üç örnek, Andrew Moore'un *Detroit Disassembled*'daki fotoğrafları, Sylvain Margaine'in *Forbidden Places*'i ve RomanyWG'nin *Beauty in Decay*'i.

Ayrıca aşağıda, kitaptaki her bölümün genel konusuyla en çok ilgili kaynaklardan birkaçından ve belirli noktalara dair referans çalışmalardan oluşan bir liste sunuyorum. Bu kitapların çoğu Appropriate Technology Library'ye ait ve bunlar eser isminden sonra parantez içerisinde ATL referans numaralarıyla birlikte verildi. ATL, kendi kendine yeterlilik ve ilkel teknikler konusunda pratik bilgiler vermek üzere seçilmiş binden fazla dijitalize edilmiş ciltten oluşuyor ve http://villageearth.org/appropriate-technology/ adresi üzerinden erişilebilecek Village Earth'ten DVD ya da CD-ROM formatlarında satın alınabiliyor. Kitaplara ait tam künyelere kaynakçadan erişebilir ve alıntı yapılmış tüm yazıların yanı sıra, bunlar arasından ücretsiz olarak indirebileceğiniz kaynaklara *Uygarlığı Yeniden Nasıl Kurarız?*'ın (*The Knowledge*) internet sitesinden (The-Knowledge.org) ulaşabilirsiniz.

Giriş

Nick Bostrom ve Milan Cirkovic (der.), *Global Catastrophic Risks*

Jared Diamond, *Collapse: How Societies Chose to Fail or Survive* [*Çöküş: Medeniyetler Nasıl Ayakta Kalır Ya Da Yıkılır?*, çev. Elif Kıral, İstanbul: Timaş, 2006]

Paul ve Anne Ehrlich, "Can a collapse of global civilisation be avoided?"

John Greer, *The Long Descent*

Bob Holmes, "Starting over: Rebuilding civilisation from scratch"

Debora MacKenzie, "Why the demise of civilisation may be inevitable"

Jeffrey Nekola vd., "The Malthusian Darwinian dynamic and the trajectory of civilization"

Glenn Schwartz ve John Nichols (der.), *After Collapse: The Regeneration of Complex Societies*

Joseph Tainter, *The Collapse of Complex Societies*

s. 18 Moldova'da teknolojik gerileme: Connolly (2001)

s. 19 *"I, Pencil"*: Read (1958). Ayrıca bkz. Ashton (2013)

s. 19 Tost makinesi projesi: Thwaites (2011)

s. 21-2 Her devre uygun bir kitap: Lovelock (1998). Lovelock'un önerisini çürüten bir çalışma için ayrıca bkz. Greer (2006); önemli bilgilerin toplanması ve korunmasıyla ilgili en yeni öneriler için ayrıca bkz. Kelly (2006), Raford (2009), Rose (2010) ve Kelly (2011) ve zaman yolcuları için olmazsa olmaz bir tişört için bkz. www. topatoco. com/bestshirtever

s. 22 İnsan bilgilerinin güvenli bir deposu olarak ansiklopedi: Yeo (2001)

s. 22 Apollo programı: http://www.nasa.gov/centers/langley/news/ factsheets/Apollo.html

s. 22 Wikipedia'ya adanmış 100 milyon çalışma saati: Shirky (2010)

s. 23 Richard Feynman alıntısı: *The Feynman Lectures on Physics* (1964), I. Atoms in Motion, http://www. feynmanlectures.caltech.edu adresinden ücretsiz olarak ulaşılabilir.

s. 24 "Bu parçalarla yıkıntılarımı payandalarım": T.S. Eliot, *Çorak Ülke*, 1922

s. 24 Her şeye sıfırdan başlama hayali için: Her şeye baştan başlarken kullanılan önemli bilgileri, *Robinson Crusoe* veya *İsviçreli Robinsonlar* romanlarına ek olarak, bir dizi başka kurgu daha keşfetmektedir. Bunların arasında Mark Twain'in kazara zamanda seyahat eden birinin hikâyesini anlattığı 1889 tarihli romanı *A Connecticut Yankee in King Arthur's Court*, H.G. Wells'in 1895 tarihli romanı *Zaman Makinesi* ve S.M. Stirling'in koca bir günümüz topluluğunun Tunç Çağı'na dönmesini anlattığı *Island in the Sea of Time* (1998) sayılabilir.

s. 25 El arabası: Lewis (1994)

s. 26 Teknolojik sıçrama: Davison vd (2000), *Economist* (2006), *Economist* (2008a,b), McDermott (2010) s. 13. Japonya'nın teknolojik sıçraması: Mason (1997)

s. 26 Aracı ya da uygun teknoloji: Rybczynski (1980), Carr (1985)

s. 28 Yeniden işlevlendirme: Edgerton (2007)

BİRİNCİ BÖLÜM: Bildiğimiz Dünyanın Sonu

Bruce D. Clayton, *Life After Doomsday: Survivalist Guide to Nuclear War and Other Major Disasters*

Aton Edwards, *Preparedness Now! (An Emergency Survival Guide)*

Dan Martin, *Apocalypse: How to Survive a Global Crisis*

James Wesley Rawles, *How To Survive The End Of The World As We Know It: Tactics, Techniques And Technologies For Uncertain Times*

Laura Spinney, "Return to paradise: If the people flee, what will happen to the seemingly indestructible?"

Matthew R. Stein, *When Technology Fails: A Manual for SelfReliance, Sustainability and Surviving the Long Emergency*

Neil Strauss, *Emergency: One Man's Story of a Dangerous World and How to Stay Alive in it* [*Acil Durum: Bu Kitap Hayatınızı Kurtacak,* çev. Füsun Doruker, İstanbul: Altın Kitaplar, 2011]

United States Army, *Survival (Field Manual 3-05.70)*

Alan Weisman, *The World Without Us* [*Bizsiz Dünya,* çev. Füsun Doruker, İstanbul: Altın Kitaplar]

John "Lofty" Wiseman, *SAS Survival Handbook: The ultimate guide to surviving anywhere*

Jan Zalasiewicz, *The Earth After Us: What Legacy Will Humans Leave in the Rocks?*

(Bu arada, bu kıyamet sonrası hayatta kalma rehberlerinde verilen bilgilerin, özellikle de tıp konusundakilerin, iyi tavsiyeler olmadığı konusunda sizi uyarmış olayım.)

s. 31 Epigraf: Denis Diderot'nun *Ansiklopedi*'sinden, kendisinin "Ansiklopedi" tanımı *"ou dictionnaire raisonné des sciences, des arts et des métiers"* [ya da bilimler, sanatlar ve zanaatlar sözlüğü], alıntılayan Yeo (2001). [Ansiklopedi ya da Bilimler, Sanatlar ve Zanaatlar Açıklamalı Sözlüğü: Seçilmiş Maddeler, çev. Selahattin Hilav, İstanbul: YKY]

s. 34 Veba ve toplumsal sonuçları: Sherman (2006), Martin (2007)

s. 34 *Ben, Efsane!* senaryosu: Richard Matheson, *I Am Legend* (1954)

s. 35 Yeniden çoğalma için gerekli teorik asgari sayı: Murray McIntosh vd. (1998), Hey (2005)

s. 36 Doğanın yeniden hâkimiyet kurması ve şehirlerin çürümesi: Spinney (1996), Weisman (2008), Zalasiewicz (2008)

s. 39 Kıyamet sonrası iklimi: Stern (2006), Vuuren (2008), Solomon (2009), Cowie (2013)

İKİNCİ BÖLÜM: Refah Dönemi

Godfrey Boyle ve Peter Harper, *Radical Technology*

Jim Leckie vd., *More Other Homes and Garbage: Designs for Self-sufficient Living*

Alexis Madrigal, *Powering the Dream: The History and Promise of Green Technology*

Nick Rosen, *How to Live Off-grid*

John Seymour, *The New Complete Book of Self-sufficiency*

Dick ve James Strawbridge, *Practical Self Sufficiency*

Jon Vogler, *Work from Waste: Recycling Waste to Create Employment*

s. 41 Epigraf: Daniel Defoe'nun 1719 tarihli romanı, *Robinson Crusoe*'dan alıntı. Metne ücretsiz olarak Project Gutenberg'den ulaşılabilir: http://www.gutenberg.org/ebooks/521

s. 41 Büyük bir kriz sırasında hazırlık yapma ve hayatta kalma: Clayton (1980), Edwards (2009), Martin (2011), Rawles (2009), Stein (2008), Strauss (2009), Birleşik Devletler Ordusu (2002)

s. 43-4 Su arıtımı: Huisman (1974), VITA (1977), Conant (2005)

s. 46 Birleşik Krallık ulusal yiyecek rezervi: DEFRA (2010), DEFRA (2012)

s. 47 GPS doğruluğunda azalma: Birleşik Devletler Sahil Güvenliği Seyrüsefer Merkezi özel muhaberesi.

s. 48 Bir ilaç zulası bozulmadan ne kadar dayanır: Cohen (2000), Pomerantz (2004)

s. 50 Şebeke dışı elektrik: Clews (1973), Leckie (1981), Rosen (2007), Madrigal (2011)

s. 51 Goražde el yapımı hidroelektrik üretimi: Sacco (2000)

s. 53 İlkel yöntemlerle plastik dönüştürme: Vogler (1984)

ÜÇÜNCÜ BÖLÜM: Tarım

Mauro Ambrosoli, *The Wild and the Sown: Botany and Agriculture in Western Europe, 1350–1850*

Percy Blandford, *Old Farm Tools and Machinery: An Illustrated History*

Felipe Fernandez-Armesto, *Food: A History*

John Seymour, *The New Complete Book of Self-sufficiency*

Tom Standage, *An Edible History of Humanity*

s. 57 Epigraf: John Wyndham'ın 1951 tarihli kıyamet sonrası romanı *Day of the Triffids*'ten (Penguin, 2001) alıntı. David Higham Associates Ltd.'nin izniyle çoğaltılmıştır.

s. 62 Toprak yapısı: Stern (1979), Wood (1981)

s. 63 Tarım aletleri: Blandford (1976), FAO (1976), Hurt (1985)

s. 65 Sabana öküz koşmak: Starkey (1985)

s. 67 İnsanlık doğrudan ya da dolaylı olarak otla yaşar. Bunun muhtemel sonuçları, John Christopher'un, kıyamete neden olan şeyin insanları etkileyen bir virüs değil, ot türlerini silip süpüren bir bitki patojeni olduğu romanı *The Death of Grass*'ta dâhiyane bir şekilde anlatılmıştır.

s. 67 Tahıllar: FAO (1977)

s. 73 Kompost yapımı: Gotaas (1976), Dalzell (1981), Shuval (1981), Decker (2010a)

s. 74 Biyogaz: House (1978), Goodall (2008), Strawbridge (2010)

s. 74 Bangalore'daki bal emici kamyonlar: Pearce (2013)

s. 74 Dillo Dirt: http://austintexas.gov/dillodirt

s. 75 Londra'daki süper fosfat gübre fabrikaları: Weisman (2008)

s. 74 Kanada potası: Mokyr (1990)

s. 75 Yiyecek üretim tuzağı: Standage (2010)

DÖRDÜNCÜ BÖLÜM: Yiyecek ve Giyecek

Agromisa Foundation, *Preservation of Foods*

Felipe Fernandez-Armesto, *Food: A History*

Joan Koster, *Handloom Construction: A Practical Guide for the Non-Expert*

Michael Pollan, *Cooked: A Natural History of Transformation*

John Seymour, *The New Complete Book of Self-sufficiency*

Tom Standage, *An Edible History of Humanity*

Carol Hupping Stoner, *Stocking Up: How to Preserve the Foods you Grow Naturally*

Abbott Payson Usher, *A History of Mechanical Inventions*

s. 77 Epigraf: İsmi bilinmeyen Sakson bir yazar tarafından 8. yüzyılda yazılan şiir kitabı *Exeter Book*'taki, Roma harabelerine ağıt niteliği taşıyan "Harabe" şiirinden alıntı. Çeviri Tainter'den (1988) alınmıştır.

s. 78 Yiyeceklerin korunması: Agromisa Foundation (1990), The British Nutrition Foundation (1999), Stoner (1973)

s. 80 El yapımı tütsüleme odası: Stoner (1973)

s. 81 Alkali pişirme: Fernandez-Armesto (2001)

s. 82 Tahılların hazırlanması: UNIFEM (1988)

s. 84 Ekşi maya hazırlanması: Avery (2001a ve b), Lang (2003)

s. 86 Moğol stili: Sella (2012)

s. 88 "Zeer" çömleği: Löfström (2011)

s. 88 Einstein'ın buzdolabı: Silverman (2001), Jha (2008)

s. 89 Kompresör ve soğurucu buzdolabı tasarımları: Cowan (1985), Bell (2011)

s. 90-1 Yün eğirme: Wigginton (1973)

s. 92 Basit dokuma: Koster (1979)

s. 93 Düğme: Mokyr (1990), Mortimer (2008)

s. 93 Eğirme ve dokumanın makineleşmesi: Usher (1982), Mokyr (1990), Allen (2009)

BEŞİNCİ BÖLÜM: Kimyasallar

Alan S. Dalton, *Chemicals from Biological Resources*

William B. Dick, *Dick's Encyclopedia of Practical Receipts and Processes*

Kevin M. Dunn, *Caveman Chemistry: 28 Projects, from the Creation of Fire to the Production of Plastics*

s. 95 Epigraf: Margaret Atwood'un 2003 tarihli, kıyamet sonrasını anlatan romanı *Antilop ve Flurya*'dan alıntı. O.W. Toad Ltd © O.W. Toad 2003'ü temsilen Bloomsbury Publishing PLC and Curtis Brown Group Ltd, Londra'nın izniyle çoğaltılmıştır.

s. 96 Tarih boyunca termal enerji: Decker (2011a)

s. 96 Sanayi Devrimi'nde kokun önemi: Allen (2009)

s. 97 Yakıtlık korular: Stanford (1976)

s. 97 Odunkömürü: Goodall (2008)

s. 98 Çelik üretiminde kullanılan Brezilya odunkömürü: Kato (2005)

s. 98-9 Yedek teknolojiler: Edgerton (2008)

s. 100 Kireç yakımı: Wingate (1985)

s. 102 El yıkama ve sindirim sistemi hastalıklarının azaltılması: Bloomfield (2009)

s. 103 Tarih boyunca alkalilerin önemi: Deighton (1907), Reilly (1951)

s. 105 Odun pirolizi: Dumesny (1908), Dalton (1973), Boyle (1976), McClure (2000)

s. 107 I. Dünya Savaşı sırasında aseton kıtlığı: David (2012)

s. 109 Sülfürik asit: McKee (1924), Karpenko (2002)

ALTINCI BÖLÜM: Yapı Malzemeleri

Kevin M. Dunn, *Caveman Chemistry: 28 Projects, from the Creation of Fire to the Production of Plastics*

Albert Jackson ve David Day, *Tools and How to Use Them: An Illustrated Encyclopedia*

Carl G. Johnson ve William R. Weeks, *Metallurgy*

Richard Shelton Kirby vd., *Engineering in History*

s. 111 Epigraf: Walter M. Miller, Jr.'ın, nükleer bir kıyametten çok uzun bir zaman sonrasında geçen 1960 tarihli romanı *Leibowitz İçin Bir İlahi*'den alıntı.

s. 111 Odun: Forest Service Forest Products Laboratory (1974)

s. 114 Temel inşaat teknikleri: Leckie (1981), Stern (1983), Lengen (2008)

s. 114 Roma puzolan çimentosu: Oleson (2008)

s. 115 Güçlendirilmiş beton: Stern (1983)

s. 116 Demirin işlenmesi: Weygers (1974), Winden (1990)

s. 117 Aletlerin sertleştirilmesi ve tavlanması: Gentry (1980)

s. 117 Oksiasetilen hamlacı: Parkin (1969)

s. 117 Ark kaynağı: The Lincoln Electric Company (1973)

s. 120 Alet yapımı ve kullanımı: Weygers (1973), Jackson (1978)

s. 118 Küçük çaplı dökümhane ve metal dökümü: Aspin (1975)

s. 119 Küçük ölçekli bir metal işleme atölyesinin kurulumu: Gingery (2000a, b, c, d ve e)

s. 120 Demirin eritilmesi: Johnson (1977), Allen (2009)

s. 120 Çinlilerin maden eritme ocağı: Mokyr (1990)

s. 122 Bessemer süreci: Mokyr (1990)

s. 122 Cam yapımı: Whitby (1983)

s. 123 Kurşunlu kristal cam: MacLeod (1987)

s. 125 Camın bilim tarihindeki temel işlevi: Macfarlane (2002)

YEDİNCİ BÖLÜM: Tıp

Murray Dickson, *Where There Is No Dentist Roy Porter, Blood and Guts: A Short History of Medicine*

Anne Rooney, *The Story of Medicine*

David Werner, *Where There Is No Doctor*

s. 127 Epigraf: John Lloyd Stephens'tan alıntı, *Diamond* (2005)

s. 128 Hayvanlardan geçen hastalıklar: Porter (2002), Rooney (2009)

s. 128 Sanitasyonun önemi: Mann (1982), Conant (2005), Solomon (2011)

s. 129 Kolera: Clark (2010)

s. 129 Ağızdan sıvı tedavisi: Conant (2005)

s. 130 Doğum kaşıklarının bir sır olarak tutulması: Porter (2002)

s. 131 Araba parçalarından yapılma kuvöz: Johnson (2010), http://designthatmatters. org/portfolio/projects/incubator/

s. 133 X-ışınlarının tesadüfen keşfedilmesi: Gribbin (2002), Osman (2011), Kean (2010)

s. 134 Söğüt kabuğu ve aspirin: Mokyr (1990), Pollard (2010)

s. 136 İskorbüt ve ilk klinik deneme: Osman (2011)

s. 136 Cerrahlığın ilkeleri: Cook (1988)

s. 137 Anestezi: Dobson (1988)

s. 137 Azot oksit: Gribbin (2002), Holmes (2008)

s. 138 İptidai mikroskop yapımı: Casselman (2011)

s. 138 Leeuwenhoek: Crump (2001), Macfarlane (2002), Gribbin (2002), Sherman (2006)

s. 139 Marcus Terentius Varro: Rooney (2009)

s. 140 Antibiyotiklerin tesadüfen keşfedilmesi: Lax (2005), Kelly (2010), Winston (2010), Pollard (2010)

s. 140-1 Penisilinin özütlenmesi ve seri üretimi: Lax (2005)

SEKİZİNCİ BÖLÜM: Enerji

Godfrey Boyle ve Peter Harper, *Radical Technology*

Alexis Madrigal, *Powering the Dream: The History and Promise of Green Technology*

Abbott Payson Usher, *A History of Mechanical Inventions*

s. 143 Epigraf: Pat Frank'ın, bir nükleer savaşın akabinde geçen, 1959 tarihli romanı *Alas, Babylon*'dan alıntı (eserin başlığı Vahiy 18:10'dan alınmıştır). © 1959 by Pat Frank. HarperCollins Publishers ve Paul S. Levine Literary Agency'nin izniyle çoğaltılmıştır.

s. 144 Roma su değirmeni: Usher (1982), Oleson (2008)

s. 147 "Karanlık" olduğu söylenen ortaçağda gerçekleşen önemli icatlar: Fara (2009)

s. 146 Yel değirmenleri: McGuigan (1978a), Mokyr (1990), Hills (1996), Decker (2009)

s. 148 Hareketin yönünü değiştiren mekanizmalar: Hiscox (2007), Brown (2008)

s. 148 Su ve yel değirmenlerinin önemi: Basalla (1988)

s. 149 Su ve yel değirmenlerinin farklı kullanımları: Usher (1982), Solomon (2011)

s. 149 Emme tulumba: Fraenkel (1997)

s. 149 Buhar makinası: Usher (1982), Mokyr (1990), Crump (2001), Allen (2009)

s. 150 Voltaik pil: Gribbin (2002)

s. 151 Bağdat pili: Schlesinger (2010), Osman (2011)

s. 152 Elektromanyetizmanın keşfi: Crump (2001), Gribbin (2002), Hamilton (2003), Fara (2009), Schlesinger (2010), Ball (2012)

s. 153 Dört kanatlı geleneksel bir yel değirmeninde iyileştirme: Watson (2005)

s. 154 Charles Brush'ın elektrik üreten yel değirmeni: Hills (1996), Winston (2010), Krouse (2011)

s. 155 Su türbinleri: McGuigan (1978b), Usher (1982), Holland (1986), Mokyr (1990), Eisenring (1991)

DOKUZUNCU BÖLÜM: Ulaşım

s. 159 Epigraf: Roald Dahl'ın 1975 tarihli çocuk kitabı *Dünya Şampiyonu Danny*'den alıntı.

s. 160 Rudolf Diesel'den alıntı: Goodall (2008)

s. 161 Biyoetanol: Solar Energy Research Institute (1980), Goodall (2008)

s. 161 Biyodizel: Rosen (2007), Strawbridge (2010)

s. 162 Gaz torbalı araçlar: House (1978), Decker (2011b)

s. 163 Odun gazlaştırıcı: FAO Forestry Department (1986), LaFontaine (1989), Decker (2010b)

s. 163 Odun yakan Tiger tankları: Krammer (1978)

s. 164 Guayule: National Academy of Sciences (1977)

s. 165 Öküzlerin kullanımı: Starkey (1985)

s. 166 Boğaz-bel koşumu ve hamut: Mokyr (1990)

s. 166 At kullanımının zirve yapması: Edgerton (2008)

s. 166 Küba'da hayvanların çekiş gücünün tekrar canlanması: Edgerton (2008)

s. 167 Yelkenliler: Farndon (2010)

s. 169 Penny-farthing ve modern, güvenli bisikletler: Broers (2005)

s. 169 Yeni teknolojilerin doğası ve önceden varolan mekanik çözümlerin otomobillerle birlikte kullanılması: Mokyr (1990), Arthur (2009), Kelly (2010)

s. 170 İçten yanmalı motor ve motorlu araç mekanizmaları: Bureau of Naval Personnel (1971), Hillier (1981), Usher, (1982)

s. 173 Elektrikli araçların tarihi: Crump (2001), Edgerton (2008), Brooks (2009), Decker (2010c), Madrigal (2011)

ONUNCU BÖLÜM: İletişim

J.S. Davidson, *Planet Word*

s. 175 Epigraf: Percy Bysshe Shelley'nin 1918'de yayımlanan *Ozymandias* isimli şiirinden alıntı

s. 176 Kâğıdın tarihi: Mokyr (1990)

s. 177 Selüloz liflerinin kimyasal yolla serbest bırakılması: Dunn (2003)

s. 177-8 Kâğıt yapımı: Vigneault (2007), Seymour (2009)

s. 178 Yemişlerden mürekkep elde edilmesi: HowToons (2007)

s. 178 Demir mazı mürekkebi: Finlay (2002), Fruen (2002), Smith (2009)

s. 179 Matbaanın icadının toplumsal sonuçları: Broers (2005), Farndon (2010)

s. 180-2 Matbaanın gelişimi: Usher (1982), Mokyr (1990), Finlay (2002), Johnson (2010)

s. 184 Basit radyo vericileri ve alıcıları: Crump (2001), Field (2002), Parker (2006)

s. 188 Siper / savaş esiri radyoları: Wells, Ross (2005), Carusella (2008) ve savaş esirlerinin diğer dâhiyane buluşları için bkz. Gillies (2011)

ON BİRİNCİ BÖLÜM: İleri Kimya

Kevin M. Dunn, *Caveman Chemistry: 28 Projects, from the Creation of Fire to the Production of Plastics*

Sam Kean, *The Disappearing Spoon: and other true tales from the Periodic Table* [*Kayıp Kaşık*, çev. Baha Okar, Burçin Duan, İstanbul: Kolektif Kitap, 2013]

Joel Mokyr, *The Lever of Riches: Technological Creativity and Economic Progress*

s. 191 Epigraf: Douglas Coupland'ın 1992 tarihli romanı *Shampoo Planet*'ten alıntı. Atria / Scribner / Gallery Publishing © 1992 izniyle çoğaltılmıştır. Tüm hakları saklıdır.

s. 192 Suyun elektrolizi: Abdel-Aal (2010)

s. 192 Alüminyum: Johnson (1977), Kean (2010)

s. 192 Elektroliz ve yeni elementlerin keşfi: Gribbin (2002), Holmes (2008)

s. 193 Periyodik tablo: Fara (2009), Kean (2010)

s. 194 Ölümsüzlük iksiri olarak kara barut: Winston (2010)

s. 196 Nitrogliserin ve dinamit: Mokyr (1990)

s. 196 Fotoğrafçılık uygulamaları: Gribbin (2002), Osman (2011)

s. 197 Basit fotoğrafçılık: Sutton (1986), Ware (1997), Crump (2001), Ware (2002), Ware (2004)

s. 199 Sanayi kimyası: Mokyr (1990)

s. 200 Sodaya talep: Deighton (1907), Reilly (1951)

s. 200 Leblanc süreci, erken dönem endüstriyel kirlilik, Solvay süreci: Deighton (1907), Reilly (1951), Mokyr (1990)

s. 203 William Crookes'tan alıntı: Standage (2010)

s. 204 Nitrojen gazının en az reaktif iki atomlu madde olması: Schrock (2006)

s. 205 Haber-Bosch süreci: Standage (2010), Kean (2010), Perkins (1977), Edgerton (2008)

ON İKİNCİ BÖLÜM: Zaman ve Mekân

Eric Bruton, *The History of Clocks & Watches*

Adam Frank, *About Time*

Dava Sobel, *Longitude: The True Story of a Lone Genius Who Solved the Greatest Scientific Problem of His Time* [*Boylam*, çev. Miyase Göktepeli, Ankara: TUBİTAK, 2004]

s. 207 İkinci paragraf: Goodman'ın (1995) Denis Diderot'dan yaptığı alıntı. Yale University Press izniyle çoğaltılmıştır.

s. 208 Kum saatinin su saatine göre zamanı daha doğru göstermesi: Bruton (2000)

s. 209 Şehir boyutlarında bir Stonehenge olarak Manhattan: Astronomy Picture of the Day, 12 July 2006 http://apod.nasa.gov/apod/ap060712.html

s. 210 Güneş saatleri: Oleson (2008)

s. 210 Mekanik saatler: Usher (1982), Bruton (2000), Gribbin (2002), Frank (2011)

s. 211 60 saniye, 60 dakika, 24 saat: Crump (2001), Frank (2011)

s. 212 Saatin söylenme şekli: Mortimer (2008)

s. 213 Sirius'un ilk görünmesi: Schaefer (2000)

s. 214 Gregoryen takvimi yeniden yaratmak: Seneyi farklı bir şekilde aylara bölmek konusunda bir öneri için bkz. Pappas (2011)

s. 214 Doğru çalışan saatlerin ortaya çıkışından önce bir enlem boyunca seyrüsefer: Usher (1982)

s. 221 Boylam sorununu çözmek: Sobel (1996)

s. 221 Yaylı mekanik saatler: Usher (1982), Bruton (2000)

s. 222 HMS *Beagle*'ın 22 kronometresi: Sobel (1996)

ON ÜÇÜNCÜ BÖLÜM: En Büyük İcat

s. 225 Epigraf: T.S. Eliot'un *Four Quartets*'indeki dördüncü şiir olan "Little Gidding"ten alıntı, yayın yılı 1943.

s. 225 Teknolojik ilerleme konusunda hiçbir şeyin beklendiği gibi olmaması ve Çin tarihi: Mokyr (1990)

s. 226 18. yüzyıl Britanya'sında Sanayi Devrimi: Allen (2009)

s. 230 Metrik sistem ve Birleşik Krallık ile ABD'nin neden onu benimsemediği: Crump (2001)

s. 232 Barometre ve termometrenin icadı: Crump (2001), Chang (2004)

s. 233 Bilimsel devrim ve bilimin nasıl yapılacağı: Shapin (1996), Kuhn (1996), Bowler (2005), Henry (2008), Ball (2012)

s. 235 Bilim ve teknolojinin karşılıklı var oluşu: Basalla (1988), Mokyr (1990), Bowler (2005), Arthur (2009), Johnson (2010)

Kaynakça

Abdel-Aal, H.K., K.M. Zohdy ve M. Abdel Kareem, "Hydrogen Production Using Sea Water Electrolysis", *The Open Fuel Cells Journal*, 3:1-7, 2010.

Adams, John Joseph (der.), *Wastelands: Stories of the Apocalypse*, Night Shade Books, 2008.

Agromisa Foundation Human Nutrition and Food Processing Group, *Preservation of Foods (ATL 07–289)*, Agromisa Foundation, 1990.

Ahuja, Rajeev, Andreas Blomqvist, Peter Lorrson vd., "Relativity and the lead-acid Battery", *Physical Review Letters*, 106(1), 2011.

Allen, Robert C., *The British Industrial Revolution in Global Perspective*, Cambridge University Press, 2009.

Ambrosoli, Mauro, *The Wild and the Sown: Botany and Agriculture in Western Europe*, 1350–1850, Cambridge University Press, 2009.

Arthur, W. Brian, *The Nature of Technology: What It Is and How It Evolves*, Penguin, 2009.

Ashton, Kevin, "What Coke Contains", 2013, https://medium.com/the-ingredients-2/221d449929ef'dan.

Aspin, B. Terry, *Foundrywork for the Amateur (ATL 04–94)*, Model and Allied Publications, 1975.

Avery, Mike, "What is sourdough?", 2001a, http://www.sourdoughhome.com/index.php?content=whatissourdough'dan.

———, "Starting a Starter", 2001b, http://www.sourdoughhome.com/index.php?content=startermyway2'dan.

Ball, Philip, *Curiosity: How Science Became Interested in Everything*, The Bodley Head, 2012.

Basalla, George, *The Evolution of Technology*, Cambridge University Press, 1988.

Bell, Alice, "How the Refrigerator Got its Hum", 2011, http://alicerosebell.wordpress.com/2011/09/19/how-the-refrigerator-gotits-hum/'dan

Blandford, Percy, *Old Farm Tools and Machinery: An Illustrated History*, David & Charles, 1976.

Bloomfield, Sally F. ve Kumar Jyoti Nath, *Use of ash and mud for handwashing in low income communities*, International Scientific Forum on Home Hygiene, 2009.

Bostrom, Nick and Milan M. Ćirković (der.), *Global Catastrophic Risks*, Oxford University Press, 2011.

Bowler, Peter J. ve Iwan Rhys Morus, *Making Modern Science: A Historical Survey*, The University of Chicago Press, 2005.

Boyle, Godfrey ve Peter Harper, *Radical Technology: Food, Shelter, Tools, Materials, Energy, Communication, Autonomy, Community (ATL 01–13)*, Undercurrent Books, 1976.

British Nutrition Foundation, *Nutrition and Food Processing*, 1999.

Broers, Alec, *The Triumph of Technology (The BBC Reith Lectures 2005)*, Cambridge University Press, 2005.

Brooks, Michael, "Electric cars: Juiced up and ready to go", *New Scientist*, 2717, 20 Temmuz 2009.

Brown, Henry T., *507 Mechanical Movements: Mechanisms and Devices*, 18. basım, BN Publishing, 2008. İlk basım 1868.

Bruton, Eric, *The History of Clocks & Watches*, Little Brown, 2000.

Bureau of Naval Personnel, *Basic Machines and How They Work (ATL 04–81)*, Dover Publications, 1971.

Carr, Marilyn (der.), *AT Reader: Theory and Practice in Appropriate Technology (ATL 01–20)*, ITDG Publishing, 1985.

Carusella, Brian, "Foxhole and POW built radios: history and construction", 2008, http://bizarrelabs.com/foxhole.htm'den.

Casselman, Anne, "Microscope, DIY, 3 Minutes", 2011, http://www.lastwordonnothing.com/2011/09/05/guest-postmicroscope-diy/'dan.

Chang, Hasok, *Inventing Temperature: Measurement and Scientific Progress*, Oxford University Press, 2004.

Clark, David P., *Germs, Genes & Civilization*, FT Press, 2010.

Clayton, Bruce D., *Life After Doomsday: Survivalist Guide to Nuclear War and Other Major Disasters*, Paladin Press, 1980.

Clews, Henry, *Electric Power from the Wind (ATL 21–466)*, Enertech Corporation, 1973.

Cohen, Laurie P., "Many Medicines Are Potent Years Past Expiration Dates", *Wall Street Journal*, 28 Mart 2000.

Collins, H.M., "The TEA Set: Tacit Knowledge and Scientific Networks", *Science Studies*, 4(2):165-86, 1974.

Conant, Jeff, *Sanitation and Cleanliness for a Healthy Environment*, Hesperian Foundation, 2005.

Connolly, Kate, "Human flesh on sale in land the Cold War left behind", *Observer*, 8 Nisan 2001.

Cook, John, Balu Sankaran ve Ambrose E. O. Wasunna (der.), *General Surgery at the District Hospital (ATL 27–721)*, World Health Organization, 1988.

Coupland, Douglas, *Shampoo Planet*, Simon & Schuster, 1992.

———, *Girlfriend in a Coma*, Flamingo, 1998.

Cowan, Ruth Schwartz, "How the Refrigerator Got its Hum", *The Social Shaping of Technology*'den, MacKenzie, Donald ve Judy Wajcman (der.), Open University Press, 1985.

Cowie, Jonathan, *Climate Change: Biological and Human Aspects*, Cambridge University Press, 2013.

Crump, Thomas, *A Brief History of Science: As seen through the development of scientific instruments*, Constable & Robinson, 2001.

Dalton, Alan P., *Chemicals from Biological Resources*, Intermediate Technology Development Group, 1973.

Dalzell, Howard W., Kenneth R. Gray ve A.J. Biddlestone, *Composting in Tropical Agriculture (ATL 05–165)*, International Institute of Biological Husbandry, 1981.

David, Saul, "How Germany lost the WWI arms race", 2012, http://www.bbc.co.uk/news/magazine-17011607'den.

Davidson, J.P., *Planet Word*, Penguin, 2011.

Davison, Robert, Doug Vogel, Roger Harris ve Noel Jones, "Technology Leapfrogging in Developing Countries – An Inevitable Luxury?", *The Electronic Journal of Information Systems in Developing Countries*, 1(5):1-10, 2000.

Decker, Kris De, "Wind powered factories: history (and future) of industrial windmills", 2009, http://www.lowtechmagazine. com/2009/10/history-of-industrial-windmills.html'den.

————, "Recycling animal and human dung is the key to sustainable farming", 2010a, http://www.lowtechmagazine.com/2010/09/recycling-animal-and-human-dung-is-the-key-tosustainable-farming.html'den.

Decker, Kris De, "Wood gas vehicles: firewood in the fuel tank", 2010b, http://www.lowtechmagazine.com/2010/01/wood-gas-cars.html'den.

————, "The status quo of electric cars: better batteries, same range", 2010c, http://www.lowtechmagazine.com/2010/05/ the-status-quo-of-electric-cars-better-batteries-same-range.html'den.

————, "Medieval smokestacks: fossil fuels in pre-industrial times", 2011a, http://www.lowtechmagazine.com/2011/09/peatand-coal-fossil-fuels-in-pre-industrial-times.html'den.

————, "Gas Bag Vehicles", 2011b, http://www.lowtechmagazine.com/2011/11/gas-bag-vehicles.html'den.

DEFRA, *UK Food Security Assessment: Detailed Analysis*, Department for Environment, Food and Rural Affairs, 2010.

————, *Food Statistics Pocketbook*, Department for Environment, Food and Rural Affairs, 2012.

Deighton, T. Howard, *The Struggle for Supremacy: Being a Series of Chapters in the History of the Leblanc Alkali Industry in Great Britain*, Gilbert G. Walmsley, 1907.

Department for Transport, *Vehicle Licensing Statistics*, 2013.

Diamond, Jared, *Collapse: How Societies Chose to Fail or Survive*, Penguin, 2005.

Dick, William B., *Dick's Encyclopedia of Practical Receipts and Processes (ATL 02–26)*, Dick & Fitzgerald, 1872.

Dickson, Murray, *Where There Is No Dentist*, Hesperian Health Guides, 2011.

Dobson, Michael B., *Anaesthesia at the District Hospital (ATL 27–720)*, World Health Organisation, 1988.

Dumesny, P. ve J. Noyer, *Wood Products: Distillates and Extracts*, Scott Greenwood & Son, 1908.

Dunn, Kevin M., *Caveman Chemistry: 28 Projects, from the Creation of Fire to the Production of Plastics*, Universal Publishers, 2003.

Economist, "Behind the bleeding edge: Skipping over old technologies to adopt new ones offers opportunities – and a lesson", *The Economist*, 21 Eylül 2006.

Economist, "Of internet cafés and power cuts: Emerging economies are better at adopting new technologies than at putting them into widespread use", *The Economist*, 7 Şubat 2008.

Economist, "The limits of leapfrogging: The spread of new technologies often depends on the availability of older ones", *The Economist*, 7 Şubat 2008.

Economist, "Doomsdays: Predicting the End of the World", *The Economist*, 20 Aralık 2012.

Edgerton, David, *The Shock Of The Old: Technology and Global History since 1900*, Profile Books, 2006.

————, "Creole technologies and global histories: rethinking how things travel in space and time", *Journal of History of Science and Technology*, 1:75-112, 2007.

Edwards, Aton, *Preparedness Now! (An Emergency Survival Guide)*, Process Media, 2009.

Ehrlich, Paul R. ve Anne H. Ehrlich, "Can a collapse of global civilisation be avoided?", *Proceedings of the Royal Society: B*, 280:1-9, 2013.

Eisenring, Markus, *Micro Pelton Turbines (ATL 22–543)*, SKAT, Swiss Center for Appropriate Technology, 1991.

FAO, Farming with Animal Power (ATL05–150), *Better Farming Series 14*, Food and Agriculture Organization of the United Nations, 1976.

————, *Cereals (ATL 05–151)*, Better Farming Series 15, Food and Agriculture Organization of the United Nations, 1977.

————, Forestry Department, *Wood Gas as Engine Fuel*, Food and Agriculture Organisation of the United Nations, 1986.

Fara, Patricia, *Science: A Four Thousand Year History*, Oxford University Press, 2009.

Farndon, John, *The World's Greatest Idea: The Fifty Greatest Ideas That Have Changed Humanity*, Icon Books, 2010.

Ferguson, Niall, *Civilization: The West and the Rest*, Penguin, 2011.

Fernández-Armesto, Felipe, *Food: A History*, Macmillan, 2001.

Field, Simon Quellen, "Building a crystal radio out of household items", *Gonzo Gizmos: Projects and Devices to Channel Your Inner Geek*, Chicago Review Press, 2002.

Finlay, Victoria, *Colour: Travels Through the Paintbox*, Hodder and Stoughton, 2002.

Forest Service Forest Products Laboratory, *Wood Handbook: Wood as an Engineering Material (ATL 25–662)*, US Department of Agriculture, 1974.

Fraenkel, Peter, *Water-Pumping Devices: A Handbook for Users and Choosers (ATL 14–370)*, Intermediate Technology Publications, 1997.

Frank, Adam, *About Time: Cosmology and Culture at the Twilight of the Big Bang*, OneWorld, 2011.

Fruen, Lois, "The Real World of Chemistry: Iron Gall Ink", 2002, http://www.reals-cience.breckschool.org/upper/fruen/files/Enrichmentarticles/files/IronGallInk/IronGallInk.html'den.

Gentry, George ve Edgar T. Westbury, *Hardening and Tempering Engineers' Tools (ATL 04–98)*, Model and Allied Publications, 1980.

Gillies, Midge, *The Barbed-wire University: The Real Lives of Prisoners of War in the Second World War*, Aurum, 2011.

Gingery, David J., *The Charcoal Foundry*, David J. Gingery Publishing LLC, 2000a.

——, *The Drill Press*, David J. Gingery Publishing LLC, 2000b.

——, *The Metal Lathe*, David J. Gingery Publishing LLC, 2000c.

——, *The Metal Shaper*, David J. Gingery Publishing LLC, 2000d.

——, *The Milling Machine*, David J. Gingery Publishing LLC, 2000e.

Goodall, Chris, *Ten Technologies To Fix Energy and Climate*, Profile Books, 2009.

Goodman, John (der.), *Diderot on Art*, Yale University Press, 1995.

Gotaas, Harold B., *Composting: Sanitary Disposal and Reclamation of Organic Wastes (ATL 05–166)*, World Health Organization, 1976. İlk basım 1956.

Greer, John Michael, "How Not To Save Science", 2006, http://thearchdruidreport.blogs-pot.co.uk/2006/07/how-not-tosave-science.html'den.

——, *The Long Descent: A User's Guide to the End of the Industrial Age*, New Society Publishers, 2008.

Gribbin, John, *Science: A History 1543–2001*, Penguin, 2002.

Hamilton, James, *Faraday: The Life*, HarperCollins, 2003.

Henry, John, *The Scientific Revolution and the Origins of Modern Science*, 3. baskı, Palgrave Macmillan, 2008.

Hey, Jody, "On the Number of New World Founders: A Population Genetic Portrait of the Peopling of the Americas", *PLoS Biology*, 3(6):e193, 2005.

Hillier, V. A. W. ve F. Pittuck, *Fundamentals of Motor Vehicle Technology*, 3. basım, Hutchinson, 1981.

Hills, Richard L., *Power from Wind: A History of Windmill Technology*, Cambridge University Press, 1996.

Hiscox, Gardner Dexter, *1800 Mechanical Movements, Devices and Appliances*, Dover Publications, 2007.

Holland, Ray, *Micro Hydro Electric Power (ATL 22–531)*, Intermediate Technology Publications, 1986.

Holmes, Bob, "Starting over: Rebuilding Civilisation from Scratch", *New Scientist*, 2805, 28 Mart 2011.

Holmes, Richard, *The Age of Wonder: How the Romantic Generation discovered the beauty and terror of science*, Harper Press, 2008.

House, David, *The Biogas Handbook (ATL 24–568)*, Peace Press, 1978. Gözden geçirilmiş baskı House Press tarafından 2006'da yayınlandı.

HowToons, "Pen Pal", *Craft*, 5, Kasım 2007, http://www.arvindguptatoys.com/arvind-gupta/penpal.pdf

Huisman, L. ve W. E. Wood, *Slow Sand Filtration (ATL 16–376)*, World Health Organisation, 1974.

Hurt, R. Douglas, *American Farm Tools: From Hand-Power to Steam-Power (ATL 06–262)*, Sunflower University Press, 1982.

Jackson, Albert ve David Day, *Tools and How to Use Them: An Illustrated Encyclopedia (ATL 04–122)*, Alfred A. Knopf, 1978.

Jha, Alok, "Einstein fridge design can help global cooling", *Observer*, 21 Eylül 2008.

Johnson, Carl G. ve William R. Weeks, *Metallurgy (ATL 04–106)*, 5. baskı, American Technical Publishers, 1977.

Johnson, Steven, *Where Good Ideas Come From: The Natural History of Innovation*, Allen Lane, 2010.

Karpenko, Vladimir ve John A. Norris, "Vitriol in the History of Chemistry", *Chemické Listy*, 96:997-1005, 2002.

Kato, M., D. M. DeMarini, A. B. Carvalho d., "World at work: Charcoal Producing Industries in Northeastern Brazil", *Occupational and Environmental Medicine*, 62(2):128-32, 2005.

Kean, Sam, *The Disappearing Spoon: and other true tales from the Periodic Table*, Black Swan, 2010.

Kelly, Kevin, "The Forever Book", 2006, http://www.kk.org/thetechnium/archives/2006/02/the_forever_book.php'den.

———, *What Technology Wants*, Viking, 2010.

———, "The Library of Utility", 2011, http://blog.longnow. org/02011/04/25/the-library-of-utility/'den.

Kirby, Richard Shelton, Sidney Withington, Arthur Burr Darling ve Frederick Gridley Kilgour, *Engineering in History*, Dover Publications, 1990.

Koster, Joan, *Handloom Construction: A Practical Guide for the Non-Expert (ATL 33-778)*, Volunteers in Technical Assistance, 1979.

Krammer, Arnold, "Fueling the Third Reich", *Technology and Culture*, 19(3):394-422, 1978.

Krouse, Peter, "Charles Brush used wind power in house 120 years ago: Cleveland Innovations", 2011, http://blog.cleveland com/metro/2011/08/charles_brush_used_wind_power.html'den.

Kuhn, Thomas S., *The Structure of Scientific Revolutions*, 3. baskı, University of Chicago Press, 1996.

LaFontaine, H. ve F.P. Zimmerman, *Construction of a Simplified Wood Gas Generator for Fueling Internal Combustion Engines in a Petroleum Emergency*, Federal Emergency Management Agency, 1989.

Lang, Jack, "Sourdough Bread", 2003, http://forums.egullet. org/topic/27634-sourdough-bread/'den.

Lax, Eric, *The Mould In Dr Florey's Coat: The Remarkable True Story of the Penicillin Miracle*, Abacus, 2005.

Leckie, Jim, Gil Masters, Harry Whitehouse ve Lily Young, *More Other Homes and Garbage: Designs for Self-sufficient Living (ATL 02–47)*, Sierra Club Books, 1981.

Lengen, Johan van, *The Barefoot Architect: A Handbook for Green Building*, Shelter, 2008.

Lewis, M.J.T., "The Origins of the Wheelbarrow", *Technology and Culture*, 35 (3):453-75, Temmuz 1994.

Lincoln Electric Company, *The Procedure Handbook of Arc Welding (ATL 04–115)*, Lincoln Electric Company, 1973.

Lisboa, Maria Manuel, *The End of the World: Apocalypse and its Aftermath in Western Culture*, OpenBook Publishers, 2011.

Löfström, Johan, "Zeer pot refrigerator", 2011, http://www.appropedia.org/Zeer_pot_refrigerator

Lovelock, James, "A Book for All Seasons", *Science*, 280(5365):832-3, 1998.

Macfarlane, Alan ve Gerry Martin, *The Glass Bathyscaphe: How Glass Changed the World*, Profile Books, 2002.

MacGregor, Neil, *A History of the World in 100 Objects*, Penguin, 2011.

MacKenzie, Debora, "Why the demise of civilisation may be inevitable", *New Scientist*, 2650, 2 Nisan 2008.

MacLeod, Christine, "Accident or Design? George Ravenscroft's Patent and the Invention of Lead-Crystal Glass", *Technology and Culture*, 28(4):776-803, 1987.

Madrigal, Alexis, *Powering the Dream: The History and Promise of Green Technology*, Da Capo Press, 2011.

Mann, Henry Thomas ve David Williamson, *Water Treatment and Sanitation: Simple Methods for Rural Areas (ATL 16–381)* (gözden geçirilmiş baskı), Intermediate Technology Publications, 1982.

Margaine, Sylvain, *Forbidden Places: Exploring our abandoned heritage*, Jonglez, 2009.

Martin, Dan, *Apocalypse: How to Survive a Global Crisis*, Ecko House Publishing, 2011.

Martin, Felix, *Money: The Unauthorised Biography*, The Bodley Head, 2013.

Martin, Sean, *The Black Death*, Chartwell Books, 2007.

Mason, Richard ve John Caiger, *A History of Japan* (gözden geçirilmiş baskı), Tuttle Publishing, 1997.

McClure, David Courtney, "Kilkerran Pyroligneous Acid Works 1845 to 1945", 2000, http://www.ayrshirehistory.org.uk/ AcidWorks/acidworks.htm'den.

McDermott, Matthew, "Techo-Leapfrogging At Its Best: 2,000 Indian Villages Skip Fossil Fuels, Get First Electricity From Solar", 2010, http://www.treehugger.com/natural-sciences/techoleapfrogging-at-its-best-2000-indian-villages-skip-fossil-fuelsget-first-electricity-from-solar.html'den.

McGuigan, Dermot, *Small Scale Wind Power*, Prism Press, 1978a.

———, *Harnessing Water Power for Home Energy (ATL 22–507)*, Garden Way Publishing Co., 1978b.

McKee, Ralph H. ve Carroll M. Salk, "Sulfuryl Chloride: Principles of Manufacture from Sulfur Burner Gas", *Industrial and Engineering Chemistry*, 16(4):351-3, 1924.

Miller, Walter M., Jr., *A Canticle for Leibowitz*, Bantam Books, 2007. İlk baskı 1959.

Mokyr, Joel, *The Lever of Riches: Technological Creativity and Economic Progress*, Oxford University Press, 1990.

Moore, Andrew, *Detroit Disassembled*, Damiani, 2010.

Mortimer, Ian, *The Time Traveller's Guide to Medieval England*, The Bodley Head, 2008.

Murray-McIntosh, Rosalind P., Brian J. Scrimshaw, Peter J. Hatfield ve David Penny, "Testing migration patterns and estimating founding population size in Polynesia by using human mtDNA sequences", *Proceedings of the National Academy of Sciences*, 95(15):9047-52, 1998.

National Academy of Sciences, *Guayule: An Alternative Source of Natural Rubber (ATL 05–183)*, 1977.

Nekola, Jeffrey C., Craig D. Allen, James H. Brown vd., "The Malthusian Darwinian dynamic and the trajectory of civilization", *Trends in Ecology & Evolution*, 28(3):127-30, 2013.

Office of Global Analysis, *Cuba's Food & Agriculture Situation Report*, Foreign Agricultural Service, ABD Tarım Bakanlığı, 2008.

Oleson, John Peter (der.), *The Oxford Handbook of Engineering and Technology in the Classical World*, Oxford University Press, 2008.

Osman, Jheni, *100 Ideas That Changed the World*, BBC Books, 2011.

Pappas, Stephanie, "Is It Time to Overhaul the Calendar?", *Scientific American*, 29 Aralık 2011.

Parker, Bev, "Early Transmitters and Receivers", 2006, http://www.historywebsite.co.uk/ Museum/Engineering/Electronics/ history/earlytxrx.htm'den.

Parkin, N. ve C.R. Flood, *Welding Craft Practices: Part 1, Volume 1 Oxy-acetylene Gas Welding and Related Studies (ATL 04–126)*, Pergamon Press, 1969.

Pearce, Fred, "Flushed with success: Human manure's fertile future", *New Scientist*, 2904, 21 Şubat 2013.

Perkins, Dwight, *Rural Small-Scale Industry in the People's Republic of China (ATL 03–75)*, University of California Press, 1977.

Pollan, Michael, *Cooked: A Natural History of Transformation*, Penguin, 2013.

Pollard, Justin, *Boffinology: The Real Stories Behind Our Greatest Scientific Discoveries*, John Murray, 2010.

Pomerantz, Jay M., "Recycling Expensive Medication: Why Not?", *MedGenMed*, 6(2):4, 2004.

Porter, Roy, *Blood and Guts: A Short History of Medicine*, Penguin, 2002.

Raford, Noah ve Jason Bradford, "Reality Report: Interview with Noah Raford", 17 Temmuz 2009, http://www.resilience.org/stories/2009-07-17/reality-report-interview-noah-raford'dan

Rawles, James Wesley, *How To Survive The End Of The World As We Know It: Tactics, Techniques And Technologies For Uncertain Times*, Penguin, 2009.

Read, Leonard E., *I, Pencil: My Family Tree as told to Leonard E. Read*, The Foundation for Economic Education, 1958. Yeni baskı 1999.

Reilly, Desmond, "Salts, Acids & Alkalis in the 19th Century: A Comparison between Advances in France, England & Germany", *Isis*, 42(4):287-96, 1951.

RomanyWG, *Beauty in Decay: Urbex: The Art of Urban Exploration*, CarpetBombingCulture, 2010.

Rooney, Anne, *The Story of Medicine: From Early Healing to the Miracles of Modern Medicine*, Arcturus, 2009.

Rose, Alexander, "Manual for Civilization", 2010, http://blog.longnow.org/02010/04/06/manual-for-civilization/'dan

Rosen, Nick, *How to Live Off-grid: Journeys Outside the System*, Bantam Books, 2007.

Ross, Bill, "Building a Radio in a P.O.W. Camp", 2005, http://www.bbc.co.uk/history/ww2peopleswar/stories/70/a4127870.shtml'den

Rybczynski, Witold, *Paper Heroes: A Review of Appropriate Technology (ATL 01–11)*, Anchor Press, 1980.

Sacco, Joe, *Safe Area Goražde: The War in Eastern Bosnia 1992–95*, Fantagraphics, 2000.

Schaefer, Bradley E., "The heliacal rise of Sirius and ancient Egyptian chronology", *Journal for the History of Astronomy*, 31(2):149-55, 2000.

Schlesinger, Henry, *The Battery: How portable power sparked a technological revolution*, Smithsonian Books, 2010.

Schrock, Richard, "MIT Technology Review: Nitrogen Fix", 2006, http://www.technologyreview.com/notebook/405750/nitrogen-fix/'den

Schwartz, Glenn M. ve John J. Nichols (der.), *After Collapse: The Regeneration of Complex Societies*, The University of Arizona Press, 2010.

Sella, Andrea, "Classic Kit – Kenneth Charles Devereux Hickman's Molecular Alembic", 2012, http://solarsaddle.wordpress.com/2012/01/06/classic-kit-kenneth-charles-devereux-hickmansmolecular-alembic/'den.

Seymour, John, *The New Complete Book of Self-sufficiency*, Dorling Kindersley, 2009.

Shapin, Steven, *The Scientific Revolution*, The University of Chicago Press, 1996.

Sherman, Irwin W., *The Power of Plagues*, ASM Press, 2006.

Shirky, Clay, *Cognitive Surplus: Creativity and Generosity in a Connected Age*, Penguin, 2010.

Shuval, Hillel I., Charles G. Gunnerson ve DeAnne S. Julius, *Appropriate Technology for Water Supply and Sanitation: Nightsoil Composting (ATL 17–389)*, The World Bank, 1981.

Silverman, Steve, *Einstein's Refrigerator: And Other Stories from the Flip Side of History*, Andrews McMeel Publishing, 2001.

Smith, Gerald, "The Chemistry of Historically Important Black Inks, Paints and Dyes", *Chemistry Education in New Zealand*, 2009.

Sobel, Dava, *Longitude: The True Story of a Lone Genius Who Solved the Greatest Scientific Problem of His Time*, Fourth Estate, 1996.

Solar Energy Research Institute, *Fuel from Farms: A Guide to Small-scale Ethanol Production (ATL 19–417)*, ABD Enerji Bakanlığı, 1980.

Solomon, Steven, *Water: The epic struggle for wealth, power and civilization*, Harper Perennial, 2011.

Solomon, Susan, Gian-Kasper Plattner vd., "Irreversible climate change due to carbon dioxide emissions", *Proceedings of the National Academy of Sciences*, 106(6):1704-9, 2009.

Spinney, Laura, "Return to paradise – If the people flee, what will happen to the seemingly indestructible?", *New Scientist*, 2039, 20 Temmuz 1996.

Standage, Tom, *An Edible History of Humanity*, Atlantic Books, 2010. İlk baskı 2009.

Stanford, Geoffrey, *Short Rotation Forestry: As a Solar Energy Transducer and Storage System (ATL 08–301)*, Greenhills Foundation, 1976.

Starkey, Paul, *Harnessing and Implements for Animal Traction: An Animal Traction Resource Book for Africa (ATL 06–294)*, German Appropriate Technology Exchange (GATE) ve Friedrich Vieweg & Sohn, 1985.

Stassen, Hubert E., *Small-Scale Biomass Gasifiers for Heat and Power: A Global Review*, Energy Series, World Bank Technical Paper Number 296, 1995.

Stein, Matthew R., *When Technology Fails: A Manual for SelfReliance, Sustainability and Surviving the Long Emergency*, Chelsea Green Publishing, 2008.

Stern, Nicholas, *The Stern Review on the Economics of Climate Change*, HM Treasury, 2006.

Stern, Peter, *Small Scale Irrigation (ATL 05–217)*, Intermediate Technology Publications, 1979.

———, (der.) *Field Engineering (ATL 02–71)*, Practical Action, 1983.

Stoner, Carol Hupping, *Stocking Up: How to Preserve the Foods you Grow, Naturally (ATL 07–292)*, Rodale Press, 1973.

Strauss, Neil, *Emergency: One Man's Story of a Dangerous World and How to Stay Alive in it*, Canongate Books, 2009.

Strawbridge, Dick ve James Strawbridge, *Practical Self Sufficiency: The Complete Guide to Sustainable Living*, Dorling Kindersley, 2010.

Sutton, Christine, "The impossibility of photography", *New Scientist*, 25 Aralık 1986.

Tainter, Joseph A., *The Collapse of Complex Societies*, Cambridge University Press, 1988.

Thwaites, Thomas, *The Toaster Project: Or a Heroic Attempt to Build a Simple Electric Appliance from Scratch*, Princeton Architectural Press, 2011.

UNIFEM, *Cereal Processing (ATL 06–299)*, Birleşmiş Milletler Kadın Kalkınma Fonu, 1988.

United States Army, *Survival (Field Manual 3-05.70)*, US Army Publishing Directorate, 2002.

Usher, Abbott Payson, *A History of Mechanical Inventions* (gözden geçirilmiş baskı), Dover Publications, 1982. İlk baskı 1929.

Vigneault, François, "Papermaking 101", *Craft*, 5, Kasım 2007.

VITA, *Using Water Resources (ATL 12–327)*, Volunteers in Technical Assistance, 1977.

Vogler, Jon, *Work from Waste: Recycling Wastes to Create Employment (ATL 33– 804)*, ITDG Publishing, 1981.

————, *Small-Scale Recycling of Plastics (ATL 33–799)*, Intermediate Technology Publications, 1984.

Vuuren, D.P. van, M. Meinshausen vd., "Temperature increase of 21st century mitigation scenarios", *Proceedings of the National Academy of Sciences*, 105(40):15258-62, 2008.

Ware, Mike, "On Proto-photography and the Shroud of Turin", *History of Photography*, 21(4):261-9, 1997.

————, "Luminescence and the Invention of Photography", *History of Photography: "A Vibration in The Phosphorous"*, 26(1):4-15, 2002.

————, "Alternative Photography", 2004, http://www.mikeware.co.uk'den

Watson, Simon ve Murray Thomson, *Feasibility Study: Generating Electricity from Traditional Windmills*, Loughborough University, 2005.

Weisman, Alan, *The World Without Us*, Virgin Books, 2008.

Wells, Lieutenant Colonel R. G., "Construction of Radio Equipment in a Japanese POW Camp", http://www.zerobeat.net/qrp/powradio.html'den

Werner, David, *Where There Is No Doctor: A Village Healthcare Handbook*, Hesperian Health Guides, 2011.

Westh, H., J. O. Jarløv vd., "The Disappearance of Multiresistant Staphylococcus aureus in Denmark: Changes in Strains of the 83A Complex between 1969 and 1989", *Clinical Infectious Diseases*, 14(6):1186-94, 1992.

Weygers, Alexander G., *The Making of Tools (ATL 04–103)*, Van Nostrand Reinhold Company, 1973.

———, *The Modern Blacksmith (ATL 04–108)*, Van Nostrand Reinhold Company, 1974.

Whitby, Garry, *Glassware Manufacture for Developing Countries (ATL 33–792)*, Intermediate Technology Publications, 1983.

Wigginton, Eliot (der.), *Foxfire 2: Ghost Stories, Spring Wild Plant Foods, Spinning and Weaving, Midwifing, Burial Customs, Corn Shuckin's, Wagon Making and More Affairs of Plain Living (ATL 02–33)*, Anchor, 1973.

Winden, John van, *General Metal Work, Sheet Metal Work and Hand Pump Maintenance (ATL 04–134)*, TOOL Foundation, 1990.

Wingate, Michael, *Small-scale Lime-burning: A practical introduction (ATL 25–675)*, Practical Action, 1985.

Winston, Robert, *Bad Ideas? An arresting history of our inventions*, Bantam Books, 2010.

Wiseman, John "Lofty", *SAS Survival Handbook: The ultimate guide to surviving anywhere* (gözden geçirilmiş baskı), Collins, 2009.

Wood, T.S., *Simple Assessment Techniques for Soil and Water (ATL 05–213)*, CODEL, Environment and Development Program, 1981.

Yeo, Richard, *Encyclopaedic Visions: Scientific Dictionaries and Enlightenment Culture*, Cambridge University Press, 2001.

Zalasiewicz, Jan, *The Earth After Us: What Legacy Will Humans Leave in the Rocks?*, Oxford University Press, 2008.

Dizin

www.ingramcontent.com/pod-product-compliance
Lightning Source LLC
Chambersburg PA
CBHW061807210326
41599CB00034B/6912